はじめての人工知能 増補改訂版

Excelで体験しながら学ぶAI

浅井 登 Noboru Asai

増補改訂版の刊行にあたって

3年前に高専教材としてまとめた本書が、一般の方にも読まれているのは大変嬉しい。

初版当時の急速な深層学習への期待から、これを安易にExcelでシミュレーション化するのは控えたが、「なぜ人間が気付かないことを深層学習が指摘できるのか？」という問いに簡便に答えたいと考えていた。また、読者から多くのご指摘、ご意見もいただき、説明が不十分な点も多々あったため、改版することにした。主な改善点は以下のとおり。

- 深層学習の出発点となる自己符号化器のExcelシミュレーション（第2章）、深層学習の考察（第8章）を追加
- 読者から寄せられた誤りの指摘やご意見に沿って説明を改善（第1章、11章、12章追記）
- 前提としている高校数学の解説を付録として追加

自己符号化器のシミュレーションは、あくまで基本的な仕組みを示すためのものであることをお断りしておく。本格的な深層学習はもっと複雑で、精度の高い各種フレームワークがいくつもあるので、それらを使う上での心構えとして参考にしていただきたい。

改版にあたり、ご尽力いただきました翔泳社 秦和宏様に感謝申し上げます。

平成31年2月　著者

はじめに

本書は、脚光を浴びている人工知能に何となく期待と怖れを抱いている読者の方々に、「その本質は何か？」ということを理解していただくため、シミュレーションで雰囲気を体験していただくことを目標にしている。

人工知能というと、みなさんは何を思い浮かべるだろうか？ 面倒な調べものや考えごとを代わりにやってくれて助かる、と期待する反面、何年か後には人工知能が人間の行動や社会生活の決定権を持つようになり、人間は自分で考える余地が無くなってしまうのでは？ あるいは人工知能を備えたロボットが人間を征服してしまい、人間は奴隷に転落してしまうのでは？ と警戒する人もいるかもしれない。

おそらくそうはならない。人工知能とは人間の知的活動の一部を強化して人間の脳活動の限界を補うものである。人間の腕だけでは力に限界があるので重機を使うようなものである。例えば記憶量、正確さ、判断の素早さ、というような脳活動は人工知能で補完できるようになると思われるが、これで人間のすべての知的活動が代替できるわけではない。

人工知能といっても、実体はコンピュータのソフトウェア（あるいはハードウェアやネットワーク）であり、基本的な技術は比較的単純な仕組みに基づいている。ただ、普通のプログラムは書かれたことしか行わないが、人工知能のソフトウェアは、学習とか連想とか曖昧性とか、妖しげな技術を用いて、書かれた以上のことを行うように見える。これが人工知能を人間の脳活動を凌駕するような存在と思わせる原因ではないだろうか？

人工知能に関する多くの技術的あるいは倫理的情報があふれているが、意外と人工知能の基本に触れる情報は少ない。電磁石でモータの原理を知ったり、鉱石ラジオで電波の存在を納得したりするような感覚で、人工知能の初歩的な技術に触れることによって、人工知能の本質が見えてくるだろう。人工知能ということばが独り歩きするのでなく、ことばに盛り込まれている研究者の意図や人々の希望、あるいは不安を、技術的な側面から解き明かすことができると思う。

本書は人工知能のいくつかの技術を取り上げ、基本的な考え方をシミュレーションによって解説している。ここで取り上げたテーマは人工知能の入り口に過ぎない。すでに実用化されてもいるが、現在の新たな研究テーマにもつながっており、人工知能研究の基礎として、人工知能を理解する上で重要なものである。

本書は筆者の高専5年生向けの講義を基にしており、人工知能の入門書として学生だけでなく一般の方々にも興味を持っていただけるように配慮している。各章は独立しているので、どこから読んでも構わない。シミュレーションはExcelファイルなので、簡単に確認でき、各技術の雰囲気を実感していただけると思う。ただし、本物の人工知能ソフトウェアではないので、あくまで雰囲気がわかるという程度のものであることをお断りしておく。

最後の2つの章は、従来より人工知能のプログラミングに使われてきたLispとPrologについて述べる。これらの言語の存在意義を学ぶ機会は少ないと思われるので、他の書籍ではあまり触れていない理論的背景を中心に解説する。文法については他の書籍を参考にしていただきたい。

本書の狙いは、人工知能の研究に期待を寄せつつも、それがソフトウェアの成せる技ということを実感していただくことにある。そして、読者が人工知能に対して、人間の知的活動を補う頼もしい技術として興味を深めていただく一助となることを願う。

本書の執筆にあたり、沼津高専講師の青木悠祐先生、同校教授の牛丸真司先生、長澤正氏先生には沼津高専でのロボット作製をとおしての学生指導について、貴重な時間を割いていただいてお話を伺いました。ここに感謝申し上げます。

平成28年3月　著者

Contents | 目次

本書の読み方

本書はまず第1章で、人工知能を取り巻く状況を社会的側面や研究動向から考えます。第2章以降では、人工知能を支えるそれぞれの技術を解説しています。2～10章では、Excelのサンプルプログラムで各技術のシミュレーションを体験できます。まずは動かして実感してみて、それから解説に進んでください。解説を読みながらもう一度シミュレーションをすると、より理解が深まります。各章は独立しているので、興味のある分野や、おもしろそうなシミュレーションなどがあれば、順番は気にせずお読みください。

▶ダウンロードファイルについて

本書に登場する人工知能のサンプルプログラムは、下記のWebサイトから無料でダウンロードできます。

『はじめての人工知能 増補改訂版』サンプルダウンロードページ
URL https://www.shoeisha.co.jp/book/download/9784798159201

対応するファイル名は、本書の「体験してみよう」のページに記載されています。

ファイル名

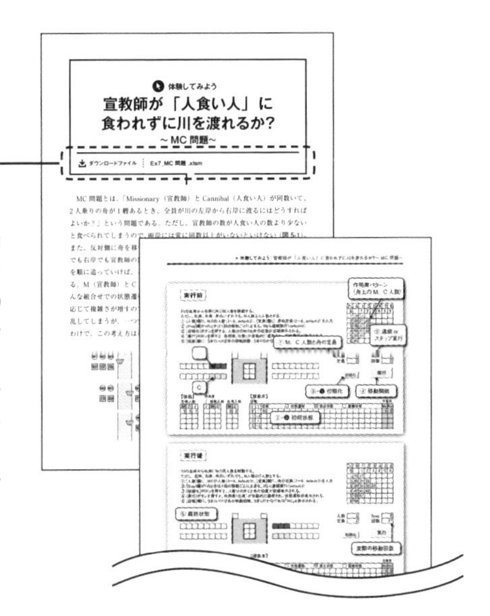

【注意】

※すべてのファイルは、Microsoft Excelのマクロプログラムで作成しています。Excelのオプションから、マクロが無効化されていないか確認してください。また、各プログラムはWindows 10 / 8.1 / 7で動作を確認しています。以前のバージョンやMacintoshでは正しく動作しない可能性があります。

※特典データに関する権利は著者および株式会社翔泳社が所有しています。許可なく配布したり、Webサイトに転載することはできません。

※特典データの提供は予告なく終了することがあります。あらかじめご了承ください。

本書内容に関するお問い合わせについて

このたびは翔泳社の書籍をお買い上げいただき、誠にありがとうございます。弊社では、読者の皆様からのお問い合わせに適切に対応させていただくため、以下のガイドラインへのご協力をお願い致しております。下記項目をお読みいただき、手順に従ってお問い合わせください。

●ご質問される前に

弊社Webサイトの「正誤表」をご参照ください。これまでに判明した正誤や追加情報を掲載しています。

正誤表　https://www.shoeisha.co.jp/book/errata/

●ご質問方法

弊社Webサイトの「刊行物Q&A」をご利用ください。

刊行物Q&A　https://www.shoeisha.co.jp/book/qa/

インターネットをご利用でない場合は、FAXまたは郵便にて、下記“翔泳社 愛読者サービスセンター”までお問い合わせください。
電話でのご質問は、お受けしておりません。

●回答について

回答は、ご質問いただいた手段によってご返事申し上げます。ご質問の内容によっては、回答に数日ないしはそれ以上の期間を要する場合があります。

●ご質問に際してのご注意

本書の対象を越えるもの、記述個所を特定されないもの、また読者固有の環境に起因するご質問等にはお答えできませんので、予めご了承ください。

●郵便物送付先およびFAX番号

送付先住所　〒160-0006　東京都新宿区舟町5
FAX番号　03-5362-3818
宛先　（株）翔泳社 愛読者サービスセンター

※本書に記載されたURL等は予告なく変更される場合があります。
※本書の出版にあたっては正確な記述につとめましたが、著者や出版社などのいずれも、本書の内容に対してなんらかの保証をするものではなく、内容やサンプルに基づくいかなる運用結果に関してもいっさいの責任を負いません。
※本書に掲載されているサンプルプログラムやスクリプト、および実行結果を記した画面イメージなどは、特定の設定に基づいた環境にて再現される一例です。

第1章

人工知能は夢いっぱい

1.1 人工知能が人間を超える？

人工知能ということばは、英語の Artificial Intelligence の訳語である。略して AI ともいう。Artificial は一般に「人工的」と訳され、Intelligence は「知性」を表すので、知性を人工的に作る、という意味合いを持つ。ことばだけ見ると何か近寄り難い雰囲気が漂うが、Artificial の意味は必ずしも作り出すことだけではなく、実はもっと大きな意味合いがある。すなわち人工知能とは、生物、特に人間の知的な性質を人工的に再現させようということである。

そう考えると、コンピュータの歴史の当初から、速度、規模、正確さなどの点で人間の知能に限界がある問題を解くため、ハードウェアやソフトウェアの開発に研究者が取り組んできたことは、すべて人工知能の研究であるといえる。人工知能の研究とは不思議なもので、研究成果が成熟すると、もはや人工知能とはいわず、独立した研究分野となっていく。したがって、人工知能という特定の研究分野があるわけではなく、コンピュータをよりよく使おうとするすべての研究の総称なのであり、これから登場するであろう技術も含めて、人間の知的活動をより効果的にコンピュータで実現する、という夢いっぱいのことばなのだ。

ところが一方で妙な誤解もあるようだ。人工知能がやがて人間を超える、人間を駆逐する、人間のやることがなくなる、といった話である。2015 年初頭に NHK で放映された『NEXT WORLD 私たちの未来』をご覧になった方の中には、近未来には人工知能予測によって人間の行動パターンが決まるというシナリオに、危惧を抱かれた方も多いと思う。人工知能が極度に発達し人間の能力を超えるのも時間の問題、というのだが、本当にそんなことが起こるのだろうか？

世間でいわれている説で最も極端なのは、人間の脳を人工的に作る（これは人工知能ではなく、人工頭脳なのだが）というもので、そうなると恐ろしいことになるわけだが、おそらくそんなことにはならないと信じたい。そのような誤解を払拭すべく、人工知能を取り巻く世情や研究動向を見てみよう。

1.1.1 HAL が投げかけた問題（映画：2001 年宇宙の旅）

『2001 年宇宙の旅』は、1968 年に公開された、アーサー・クラーク *1 原作、スタンリー・キューブリック *2 監督による不朽の名作 SF 映画であるが、ここに登場する宇宙船の頭脳「HAL9000 型コンピュータ」は、まさに人工知能の塊である。映画の中では、数々の人工知能技術が現れる。例えば、音声認識、人間との対話、チェス、健康管理、読唇術 *3、自律的な意思など、宇宙船の制御だけでなく、様々な人間的なシーンも描かれている。極め付けは「HAL は心を持つか？」という問い掛けに対し、「心があるようにふるまうので、応対する人間は機械という意識を忘れてしまう」と乗務員が答えるのである。

2001 年初頭の人工知能学会誌では、国内の名だたる研究者が HAL's Legacy というテーマで、HAL の人工知能についていろんな視点から、科学的な論評を行っていた。HAL の感情と常識について、HAL の社会性について、HAL のロボットとしての見方について。さらに、チェスでいつも人間に勝つのではなく、たまにはうまく負けてこそ完全無欠、という意表をつく論評もあった。*4

さて、映画の中で HAL は自律的な意思によって反乱を起こすのであるが、まさに人工知能が人間を駆逐したわけだ。普段は人間と協調関係にある人工知能が、状況によっては人間と敵対するということになるのだが、映画では人間がさらなる知恵によって HAL を無能化することで勝つ。しかし、実際そんな状況になったら、人間は手も足も出ないかもしれない。当時は、いくらコンピュータが発達しても、人間のほうが柔軟性も知恵もあり、臨機応変に対応できるという了解があったと思うので、生身の人間が宇宙空間で起死回生の離れ技によって HAL に勝ったとしても、何の抵抗もなかった。

当時は米国のアポロ計画最盛期で、1969 年にはアポロ 11 号の月面着陸があり、この映画は実際そうなる、という想定で作られたと思う。映画でも月に行くシーンがあるのだが、地球から直接月に行くのではなく、宇宙ステーション経由で行く。科学的かつ合理的で、当時から見れば、30 年後には実現すると考えられていたに違いない。この宇宙ステーションのシーンは SF ファンでなくとも魅了されると思う。さて実際はどうだろう。 2001 年はおろか、現在でも国際宇宙ステーション止まりである。純粋に技術的な面だけ考えれば、なぜ実現できていないのか不思議だが、たぶん技術面以外の要因もありそうだ。となるとHALの人工知能についても、今後本当にそんなコンピュータができるのか？という疑問が湧いてくる。

1.1.2 コンピュータ将棋

一般的に知られている人工知能の一つに、コンピュータ将棋がある。近年はコンピュータがプロ棋士に勝つことも珍しくない。2016年初頭には、さらに手数の多い囲碁でも、コンピュータがプロ棋士に勝ったというニュースが報じられたが、もう将棋ではコンピュータの常勝になりつつある。では、将棋は勝負すれば人間が負けるのなら、今後はコンピュータが将棋をやればよくて、人間の出番はないのだろうか。そんなことはない。将棋の上達は定跡をたくさん覚えることだけではない。名人固有の棋風というものがある。コンピュータは棋風とか理合を考えて指すわけではなく、局面ごとに過去の膨大な棋譜を調べて勝ちにつながる可能性の最も高い手を選んでいるだけで、どうしてそう指すかは関係ない。そう指せば勝ったデータがあるから、というだけのこと。もちろん手の選び方にはソフトウェアの作り方によって違いが出てくるので、それが個性ということになるかもしれないが、これを棋風というだろうか。

コンピュータ将棋は1990年から大会が開かれ、すでに28回（2018年時点）続いている。人間との対局である将棋電王戦は、2012年から始まり、米長棋聖が負けて以来、人間の負け越しが続いたが、2015年の第4回大会では人間が初めて対戦成績を3勝2敗として勝ち越した。これは事前に人間がコンピュータ将棋を研究する、という事前対策の上に成し遂げられたことで、それはそれで敬意を表するとしても、実は人間の相手はコンピュータというより、過去の無数の名人（の棋譜）なのだ。まともに戦ったのではさぞかし大変であろう。そこで奇策を用いることになるが、これは本来の将棋の姿であろうか？

将棋電王戦はこれまでの人間対コンピュータから、協同方式に代えるという案もあった。これは次の手の候補をコンピュータに出させて、その中から、あるいはそれらをもとに、人間が手を決めるという形である。通常の機械を人間が使う場合は、面倒な仕事は機械にやらせて重要なポイントだけを人間が行う、というのは当然のスタイルだが、将棋でそれをして意味があるのかしら？

コンピュータ将棋自体はとても意義のある活動である。教材とか指導用に使われるのは当然として、将棋の指し方がコンピュータと人間では異なっても、十分人間より強くなることを示した点は、純粋に人工知能技術の成果なのだから。しかし、将棋を指す人間がコンピュータ任せでは意味がないと思う。なぜそう指すかわからないのでは、いくら勝ったとしても、その人の棋風にはつながらない。コンピュータと人間の対局も、人間側が自分の棋風を信じて自分で考えて指し通すという、本来の姿にならないといけないと考えるのは間違いだろうか。

「風が吹けば桶屋が儲かる」という古いことわざ[*5]は、一見何の関係もない事象間に無理矢理関係をつけることのたとえであるが、なぜそうなるのかという間の理屈を飛ばしてしまっては何もならない。理屈の一つ一つの段階をわかっているからこそ、結論の真偽がわかるわけで、それが科学的思考であろう。どうしてそうなるのかわからないが結果だけを採用する、という姿勢には問題がある。もっとも、将棋の場合は、理屈だけではなく直感も大切であるが。

結局、コンピュータがいくら強くなっても、将棋は人間が指すと思う。将棋に限らず、機械がどれほど発達しても人間の手足は必要だし、ワープロが普及してもお習字はなお健在、それどころか、趣味や文化以上に人間修養の一つにもなっているではないか。

1.1.3　生活の中の身近な人工知能

HALやコンピュータ将棋などという大げさなコンピュータでなくても、私たちの周囲はコンピュータであふれている。人工知能搭載という家電製品もたくさんある。昔の釜炊きを再現する炊飯器、衣類の種類に応じて洗い方を変える洗濯機、部屋の温度を自動で保つエアコン、人間の動きに応じて自動調節される照明、障害物を避けて自動で掃除してくれるロボットなど、数えればきりがない。

中でも、最も身近なものはスマートフォンだろう。この進化は凄まじく、数年前は携帯電話で十分であったところに、単なる電話機能を超えた様々な機能を取り込み、今やこれなくしては生活が成り立たない道具となっている。コミュニケーションツール、Web検索やナビゲーション（道案内）、ゲームなどのアプリケーション、さらには家庭用の電化製品の遠隔操作など、一度持ったら手放せない。

スマートフォンの人工知能といえば、次のような機能が挙げられる。

- **パーソナルアシスタント**：スマホに向かって普通に問いかければ答えを返してくれる。お薦めもしてくれる。Apple iPhoneのSiri、Android PhoneのGoogle Now、WindowsのCortanaなど、ますます進化する。シャープのemopaはこちらの入力に寄り添ったメッセージまで返してくれ、癒される。
- **翻訳**：Google Translateでは、スマホのカメラで撮影したフランス語を英語に実時間翻訳して表示する。
- **画像処理**：スマホで撮った写真画面を自由に変形したり、テキストを挿入したりできる。夢の世界に入り込む感じがする（図1-1）。

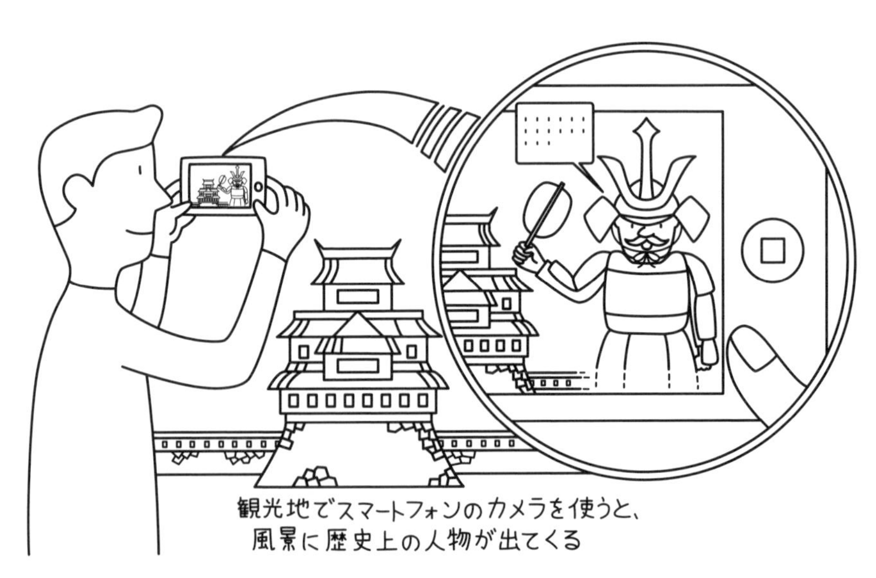

図1-1 スマホの画像処理

今後はクラウド化 *6 された各種の相談、スケジューリング、状況予測などのサービスが発達し、人間はとりあえずスマートフォンに向かってお伺いをたて、行動するようになるかもしれない。さらにこれらの技術が進化し、ハードウェア面の進化と呼応して、相手が外国人でもスマートフォンの同時通訳ですいすい会話できたり、スマートフォン画面を眼前の空中に浮かび上がらせたりすることもできるようになるかもしれない。

スマートフォンは人間が操作する道具であるが、今では家電全般にコンピュータが内蔵され、人間が操作しなくても、家電同士で最適な状態を維持するような仕組みに発展しつつある。例えば、生活習慣に合わせて自動的にお風呂が沸き、照明器具や空調機器も人間が居間から寝室に移動する時間を見計らって、自動調節されるようになるかもしれない。また、お掃除ロボットは自律的に部屋中を動き回るが、実は掃除だけでなく、屋内地図を覚えこみ、そこで生活する人間がより快適に過ごせるように、他の機器と連携したサービスを提供してくれるようになるという。

こういう仕組みをIoT *7 という。基本的な考え方は、すべてのモノがインターネットにつながり、互いに情報交換するということだが、物理的なインターネットだけではなく、事物の間の論理的な連携という意味合いも持つ。すべてのモノが情報交換するデータ量は膨大な量となり、データの関連性や意味付けを把握するための様々な人工知能技術が必要になる。

1.1.4　ユーザインタフェース

人工知能技術は、近年コンピュータのユーザインタフェース *8 を飛躍的に高めている。音声認識によって普通に話しかければコンピュータへの入力ができる他、音声合成によって人間の録音ではなく、コンピュータが人間の声を作り出して応答してくれる。人によって形の違う手書き文字もコンピュータは正確に読み取り、ありがたいことに内容の要約までしてくれる。機械翻訳は同時通訳並み、画像処理はコンピュータ内の仮想現実 *9 にとどまらず現実世界と融合した拡張現実 *10 も実用化されつつある。

仮想現実はゴーグルや眼鏡での立体映像を再現するものが多い *11 が、携帯機器や装着型機器 *12 の発達によって、ゴーグルなしで空間に頭で考えた風景が広がり、そこへ行ったような気分になれるかもしれない。また、拡張現実によって、部屋を花でいっぱいにしたり、避難訓練で津波が襲って来たり、懐かしい人と対面できるようになるかもしれない。拡張現実は現実世界そのままに仮想の事象が付加されるので、人間の感覚はより鮮烈なものになると期待されている。

人間の知覚はアナログ *13 であり、これをコンピュータ内ではディジタル化 *14 する必要があるが、これはアナログデータを適当に区切って離散的なデータに置き換えるわけで、この区切りが細かいほど現実のアナログデータに近い、すなわち精度の高いディジタルデータになる。しかし、区切りを細かくすればデータ量は大きくなり、処理時間も遅くなる。ユーザインタフェースは実時間応答性 *15 がなければ意味がないので、高い精度と即応性が求められる。このためには、チップの高性能化や専用装置といったハードウェアの発達とともに、人間が要領よく処理をするようなやり方、あるいは知識を活用する人工知能技術も必要になる。

生活の質的向上は、人工知能だけでなく、一般に機械化に支えられている。しかし IoT によってそれらの機械が勝手に生活空間を制御するようになると、便利にはなるだろうが、人間のやることがだんだんなくなっていくように思える。さらに機械化が進み人工知能も高度化していくと、日常生活の便利さを通り越して、仕事や子育て、その他あらゆる局面で人間のやることがなくなってしまい、人間の役割が問われることになる。本当にそんなことが起こるのだろうか？

1.1.5　機械の発達とその意義

人間は道具を使う知恵を育んできた。特に産業革命以降、すごいスピードで機械化を進めてきた。しかし、機械は人間を駆逐するか、という議論はない。もちろん産業革命当初には、英国でも工場労働者が職業を失うとして機械を壊すという反対運動があったが、すぐに機械を社会生活に取り込むことの社会的同意が得られている。

腕の動きを真似した重機は人間の腕を超えるが、重機が人間の腕の代わりになるわけではない。機械はモータやエンジンで動き、たいてい回転系の軸受で支えるが、人間の関節は穴のある軸受ではない。機械は人間の動作を真似て作られるが、必ずしも人体の構造のコピーではない。人間の動きからヒントを得たとしても、ある目的のために最大の効果を発揮するように作られ、もはや人間と同じ構造である必要はない。そのように作られた重機は、人間の関節とは違う構造を持つのであるが、重機が人間の腕より役に立つからといって、悲観する人はいない。

こう考えると、人工知能も脳活動を真似てはいるが脳のコピーではなく、脳活動の一部に特化された構造をもつにすぎない。機械が特化された局面で、脳活動の真似を人間以上に行うからといって、悲観する必要はない。というと、いや、重機と人工知能では次元が違う、手足の補強と頭の補強では話が違うなどの意見もあるだろう。しかし、将棋で人間がコンピュータに負けた、といって嘆く必要があるのだろうか？ 重機と力比べをして人間が負けた、というのとどこが違うというのだろうか？ そういう視点で人工知能をとらえる余地はないのだろうか。

1.1.6　職業の変化

将来人工知能にとって代わられる職業、というような話が喧伝されている。人工知能に限らず、機械化に伴って人間の仕事は単純作業から順次機械に置き換えられていき、人間の従事する職業はより複雑なものへと変化してきた。しかし、人工知能が発達すればそんな悠長なことは言っていられない。冒頭で述べた『NEXT WORLD 私たちの未来』でも、弁護士のようなエリート職業すら、人間の出番がなくなると警告していた。人間に残された職業は、複雑なものを通り越して独創的なものだけなのか。世界中の人間が独創的な仕事に従事することになるのだろうか。

芸術家は独創的な職業の筆頭と思われるが、しかしこれすら今ではコンピュータの画像処理で油絵調の絵も描けるし、長大なクラシック音楽の作曲もできる。これらの作業は考え方によっては、膨大なデータを切り貼りして、観る人や聴く人が好みそうなパターンを並べるだけで、独創性があるわけでもないのに、人間以上の成果を生み出すかもしれないのだ。設計の仕事も、今や要件を入力すれば人間には思いつかないような候補をコンピュータがいくつでも作ってくれる。独創的もどきの人工知能のために、芸術家も設計者も危ないのか？ そんなことはないはずだ。

芸術家も設計者もやはり独創的に違いない。機械がすばらしい作品を作ってくれたとしても、作られる作品はみなパターンが同じで、楽しい絵とか悲しい曲、などと注文をつけると、いつも同じような雰囲気の作品が出てくる可能性がある。なぜなら機械は再現性があることが重要なので、条件が同じなら同じ結果になるからである。*16 いやしかし、注文者の表情を読み取れば条件は違ってくるし、注文時刻も気温も場所も、データは世界に無尽蔵に存在し刻々と新しくなるので、条件が同じなんてことはない、したがって機械が作る作品も違うものになる、という意見もあるかもしれない。しかし、人間の芸術家や設計者は、外部条件だけでなく、内面の意思を反映して作品を作るのである。機械にはそれがない。人間ならば条件が同じでも内面の意思によって独創性を発揮できるが、機械はそれができない。

弁護士の場合は、法律の知識も過去の判例も、膨大なデータから該当するものを見つけ出すということだけでいいのなら、確かに人工知能のほうが速くて正確かもしれない。しかし、弁護士は法律や判例を丸暗記しているだけの存在ではないはずだ。どの事件も固有の事情がある。弁護士は固有の事件に汎用的な法律を適用していかなければならない。しかし法律は一般的すぎたり、他の法律条項と干渉を起こしたりするので、単純に適用できるものではないだろう。規則相互の重要度や社会的な認知も考慮するためには、過去の事例も参考にした上で判断するわけで、過去の事例を真似するのではないのだ。

過去事例は弁護士が抱える個別の問題に直ちに参考になるものでもないのに、人工知能はその範囲でしか見られず、膨大な事例を参照したとしても、特有の事情など考慮しないかもしれない。となると、やはり弁護士も人間の出番が大いにある。

未来の弁護士は、自分の頭にある法律や過去事例を確認するために人工知能を使うかもしれないが、その上で特有の事情を加味した判断をするに違いない。それで過去事例に従えば有罪になる被告も、無罪になるかもしれない。これが人工知能任せでは、みな有罪になってしまうだろう。

こう考えると、人工知能の発達による職業の変化というのは、確かに仕事のやり方は変わるかもしれないが、人間の出番がなくなってしまうことにはならないという気がしてくる。機械自体は単純作業が得意なのだから、人間の脳活動のうち、丸暗記に相当するような記憶活動や、単純な繰り返しの計算をするような活動は、真っ先に人工知能にとって代わられるだろう。しかし人工知能がいくら知識を蓄えても、それを使う局面では何らかの判断が必要であり、それは人間が行うべきことだろう。

例えば、過密なスケジュールを効率的に進めるために、人工知能にスケジュール管理を任せていたとする。ある日、突然予期せぬ訪問者が現れた。そのようなとき、人工知能が人間にお伺いを立てないで、記憶しているデータの範囲内で判断して訪問客を追い返してしまうようでは困る。

医者は多くの症例を頭に入れて新しい局面に対応するが、いちいち人工知能にお伺いを立てていたら緊急手術もできない。過去の症例経験から自分の判断で対処してこそ医者なのである。

人間離れした記憶能力、計算能力を競うようなクイズ番組があるが、コンピュータや人工知能が発達すればこのような能力は不要になるのではなく、記憶能力や計算能力の先に応用力があるのが人間なのである。

人工知能がうんざりするような長文を要約し、英語を日本語に翻訳し、気分に合った旋律を作曲してくれたとしても、人工知能に任せっ放しというわけにはいかないのだ。

1.1.7　責任は誰が取るのか

近年注目されている、人工知能搭載の自動運転 *17 について考えてみよう。行く先を設定すれば、人工知能が位置情報や周囲の状況を判断して、自動運転で目的地まで運んでくれるので、人間は運転中に眠くなる心配をすることもない。だが、人工知能は途中で何が起こっても適切に対応できるだろうか？

運転中の事故については人間が運転していても同じで、必ずしも常に適切な対応ができるとは限らないが、問題は事故になるか否かではなく、そのときの対応の責任を誰が取るのか、というところにある（**図1-2**）。人間が運転していれば、欠陥車でない限り運転していた人間の責任である。では人工知能が自動運転していた場合は、人工知能に責任があるのか。あるいは製造責任ということで、メーカに責任があるのか。人工知能やメーカに責任を押し付けたとしても、事故に遭うのは乗っている人間なのだから、そんな呑気なことを言っていられない。

事故でなくても、例えばバスの自動運転で乗客が腹痛を起こしたら、人工知能運転のバスはどうするだろう。運行を止めて、救急車を呼び、他の乗客に救急車が来るまで待ってもらうだろうか。人間の運転手なら状況に応じて対応するだろうが、人工知能にも同じような臨機応変の対応を期待できるだろうか。そのときの対応の責任は誰にあるのか。自動車メーカか？ 運行会社か？ 乗り合わせていた利用者か？

自動運転の目的は、一般的には運転者の負担を軽くすることであるが、もっと積極的、あるいは切実な目的もある。高速道路ですべての車が自動運転になれば、無茶な運転をする人間より事故の少ない、整然とした運行を図ることができる。また、過疎地のバスの運行とか、決まりきったルートの運送、さらには運転能力のない人の移動手段にもなる。しかし、込み入った一般市街地とか、運転自体を楽しみたい場合も同じでいいとは思えない。飛行機は自動操縦が当たり前であるが、それは水平飛行の状態では自分の都合だけ考えればいいからだ。それでも必ず万一に備えて、操縦士がついている。

自動運転は自動化すること自体が目的ではない。そうであれば、使う人間が局面を考えて、責任を持って使うべきだと思う。欧米でも国内でも公道での試験走行が始まっているが、多くの人は製造責任の一環として、自動運転に関する責任はメーカにあると考えているかもしれない。だがそれは目的に

図1-2 自動運転車の責任はどこにある?

よるのであって、過疎地対策としてのバスの自動運転ならば、運行会社の誰かが同乗し、万一の場合に備えることになりそうだ。自動運転から急遽人間の運転に切り替わる場合にも備えなければならない。昔懐かしい車掌さんが復活するかもしれない。これはバスの運転手という職業の「質の変化」とはいえないだろうか？

もう少し複雑な場合を想像してみよう。将来、医療の現場で、深層学習（後述）で鍛えられて人間以上の知識を持ち、人間のような感情表現もする、人間のようなロボットが医療行為に携わっているかもしれない。周囲の人間はこれをもはやロボットとは意識せず、人間と同じように接している。このロボットがもし医療ミスを犯した場合、責任はロボットが負うのか。それともロボットメーカか、病院か、ロボットの相棒である人間の医師か、あるいはそれを選んだ患者か。いくらロボットが人間らしくなっても、まさかロボット自体には責任を問えないだろう。人工知能がどれほど発達しても、責任を取るのは保障能力のある人間なのだ。

今後、医療や保育の現場に人工知能ロボットが使われ出したとき、どう考えればいいのだろう。保育園の保育士さんの代わりに人工知能ロボットが幼児の面倒を見ることを、素直に受け入れられるのか。共稼ぎのお母さんが、人工知能ロボットに子供の世話を頼んで平気で仕事ができるだろうか。人工知能ロボットよりも多少体力は劣るが、やはり祖父母に子供を預けるほうが安心ではないだろうか。

こんな大げさな例でなくても、どのような生活の局面を見ても、あるいは仕事や職業の観点からも、「人工知能に任せっ放しで何かあったら、責任は誰が取るのか」という問題はついて回る。お掃除ロボットが部屋の隅をうまく掃除しないからといって、もしくは大切な指輪を吸い込んでしまったからといって、お掃除ロボットのメーカに文句を言っても無駄である。やはり使う人の責任と考えるほうが自然である。

ここに職業の変化を考える上での重要な論点があるように思われる。すなわち、人工知能も人間が使う道具であり、職業に人工知能が入ってくれば、それを使う人間の責任が仕事のやり方に反映されるはずである。

1.1.8　仕事の質的変化

このように考えると、人工知能に限らず機械化によって、人間の仕事も職業も変わるが、それは職種というより、仕事の質の変化と考えるほうがよいと思われる。今就いている職業が人工知能によってなくなってしまうのではなく、その職業の中での仕事のやり方が変わる、ということだ。その結果、人間がやる必要のない職種も確かにあるだろうが、どこかで人間の果たす役目が残る。例えば、先生は人工知能を使って教えるけれども、依然として生徒にとっては必要であり、より深く個性を尊重した対人的な姿勢が必要になる。先生の役割は生徒に教えるだけでなく、生徒を預かるという重要な責務にあるのだから。

2013年9月に英オックスフォード大学のマイケル・オズボーン博士が、米国の700余りの職業について、コンピュータの発達に伴い10～20年後になくなる可能性を算出した論文を発表した[*18]。なんと400の職種が50％以上の確率でなくなり、その中でも、260の職種が80％以上の確率でなくなるということだ。論文は、仕事の繊細さ、創造性、社会性の観点から、統計的手法 *19 によって綿密に分析した結果ではあるが、人工知能を導入する目的と責任という観点は分析対象になっていない。*20 この点に注意しながら、99％の確率でなくなるとされている職業とその他の主なものについて、筆者の私見で再考してみた（**表 1-1**）。

完全になくなるか、半減する職業もあるが、多くは目的と責任の観点から存続すると思う。質的な変化はあるだろうが、コンピュータ化によって職業が消滅する、人工知能に職を奪われるという見方ではなく、むしろ仕事の質を改善すべく、人間も日常業務の中で常に工夫を怠らない姿勢が大切である。

論文では特に人工知能ということばを使っていなくて、コンピュータ化という表現になっているので、単純作業の機械化という面が大きいと思われるが、どんな職業にも知的作業と単純作業の要因がある。目的と責任という観点で冷静に考えると、どうしても人間がやらなければならないことがあるのだ。

悲観的に考えるのではなく、積極的に質的変化を考えてみよう。将来の自分の職業に対する姿勢を考えるよい機会ではないだろうか。

1.1.9　ビッグデータ解析

ビッグデータ *21 ということばが定着した。Web上の無限の情報や、日常生活に付随する記録すべてを指すのだが、これらをデータとして分析することは、データマイニング *22 など、以前から行われていた。2012年のGoogleの猫認識 *23 以来、ビッグデータ解析と深層学習は一躍、人工知能研究の花形になった感があるが、それまでにも地道な手法がいろいろ研究されてきた。

ビッグデータの解析というのは、無数のデータから規則性を見つけることである。基本的には、データに含まれる多くの要因の中から重要な要因を絞り込み、その要因によってデータを分類することにより、うまく分類できた時点で、その分類要因を規則とみなすことができるわけだ。*24

代表的な職業の考察　　↓考察：○変わらない、△半減、×なくなる

No.	将来なくなるとされる主な職業	代替手段	知的作業要因		目的と責任から見た人間の役割、仕事の質的変化
1	小売店販売員	接客ロボット	顧客対応	△	顧客に何があるかわからない。店長と少数の人間は必要
2	一般事務員	事務ロボット	職場活性化	△	単純作業はなくなるだろうが、事務作業自体が高度化
3	セールスマン	Online化	顧客対応	△	ビジネスは人を見て、という状況は変わらない。より顧客指向が求められる
4	一般秘書	秘書ロボット	顧客対応	△	単純作業はなくなるだろうが、緊急対応や相談相手としての役割が増える
5	飲食カウンター接客係	接客ロボット	顧客対応	△	外食の目的は飲食だけでなく、サービスにあるので、雰囲気作りも大切
6	商店のレジ係や切符販売員	接客ロボット	特殊な事態対応	△	複雑な事態は人間が対応しなければならないので、必ず残る
7	大型トラック・ローリー車の運転手	自動運転	特殊な事態対応	△	臨機応変な運行責任を果たすために人間が必要。ただし乗車の要否は状況による
8	コールセンター案内係	自然言語応答	特殊な事態対応	△	自動処理できない場合は人間が対応
9	バス・タクシーの運転手	自動運転	乗客対応	△	運行責任がとれる体制が必要
10	中央官庁職員など上級公務員	事務ロボット	政策対応	△	単純作業はなくなるだろうが、作業自体がもともと高度なはず
11	調理人（料理人の下で働く人）	料理ロボット	試行の場	△	単一の作業は機械化されても、一人前になるための下積み、創作試行の場が必要
12	ビル管理人	警備ロボット	住人対応	△	夜間巡回などはなくなるだろうが、居住者の相談窓口として必要
13	競技・試合の審判	機械判定	試合の構成要素	○	機械判定による審判補助はあり得るが、試合は競技者と審判が一体化している
14	ホテルのフロント	受付ロボット	顧客対応	△	定型業務はなくなるが、より顧客指向のサービスと雰囲気作りが大切
15	建設機器のオペレータ	作業ロボット	特殊な事態対応	△	機械操作はなくなるが、何が起こるかわからないので人間の現場監督は必要

オックスフォード大学　マイケル・オズボーン博士の論文によって99%なくなるとされた職業の考察

順位	99%なくなると予想された職業	内容	知的作業要因		目的と責任から見た人間の役割、仕事の質的変化
691	Data Entry Keyers	データ入力業	データ入力形態が変化	×	現状のキーボード入力やスキャンなどの読み取り作業はなくなる
692	Library Technicians	図書館員	利用者対応	△	貸出の定型業務はなくなるが、利用者の相談対応など、より利用者指向の業務に替わる
693	New Accounts Clerks	銀行口座事務	顧客対応	×	すべて機械化できると思われる。ただし人間による総合的な相談窓口は別に必要
694	Photographic Process Workers	写真店	特別な場合の対応	×	プロ向け、特別な記念写真などは人間が対応するとしても、街の写真店は厳しい
695	Tax Preparers	税理士	顧客の個別事情対応	△	税金計算は機械任せとしても、その判断や顧客の個別事情に即した相談役として残る
696	Cargo and Freight Agents	船荷貨物業	安全管理、規格外判断	△	運搬作業という職業はなくなるが、積荷の責任は人間にあり、管理監視が必要
697	Watch Repairers	時計修理	文化の継承	×	文化遺産としては貴重だが、現状の修理は職業として成り立たない
698	Insurance Underwriters	保険業	顧客対応	△	安心のサービスという観点で、個別事情の相談には人間が必要
699	Mathematical Technicians	数学技師	適用判断	△	数学の公式の候補選択は機械化できても、どう使うか最終判断は人間の役目
700	Sewers, Hand	手縫い業	デザイン面、感触のよさ	×	文化、趣味、特注としては残るが、デザインも含めて一般には機械化される
701	Title Examiners, Abstractors, and Searchers	資格審査業務	個別事情対応	×	個別事情の審査には人間が必要だが、通常は決められた基準で機械が審査可能
702	Telemarketers	電話での販売	Online化	×	販売方法自体が変わるだろう

↑考察：○変わらない、△半減、×なくなる

表1-1 将来なくなるといわれる職業の質的な変化

ビッグデータ解析は、Webでの商品推奨広告や商品の品揃え、あるいは実社会においても利用者の動向に合わせたサービス内容を考えることができ、ビジネス面でも日常生活面でも効果がある。しかし、クラスタリングのような従来の学習方法では、着目すべき要因を人間が指定していたので、的確な分析ができているのかどうか、保証できなかった。

例えば、画像認識なら猫の特徴や犬の特徴、Webページなら参照回数や2つのページの同時アクセス度合い、駅の改札データなら時間帯ごとの通過人数や年齢層、といった具合に、データの着目点を与えた上で傾向を分析するのであるが、これが意外と面倒であった。一つ二つの要因なら簡単であろうが、一般に要因は多数あり、精度と利便性の向上には限界があった。もっと別の要因で分析すると、同じデータに対しまったく違った見方ができるかもしれないといった心配もある。これが深層学習によって、新たな展開を迎えることになった。

1.1.10 深層学習（Deep Learning）

深層学習の狙いは、与えられたデータの特徴抽出を自動的に行う点にある。それまでの学習手法は、特徴としてこういう点に気をつけなさいとか、こういう特徴を持ったものは猫である、というような情報を人間が準備し、その上で新たな事象に対して、それが何であるかを特定し、さらに特徴を合理的な形に整理する、というものであった。ところが深層学習では、人間が何も準備しなくても特徴自体を抽出し、その特徴点によって雑多なデータを整理することができる。特徴点を抽象化された概念として（それに名前をつけることは最終的には人間が行うとしても）、以降新たなデータに対して、それがどの概念に属するものかがわかるのである。これは、人間の脳で行われている認識と同じ効果があると考えられている。

深層学習はビッグデータ解析には最適とされる。学習の中でも比較的新しい強化学習 [*26] でさえ、学習要因を与えてそれに伴う報酬を定義する必要があるが、深層学習では学習要因を与えなくても自律的に妥当な要因を見つけ出す。ということは、何かわからない大量のデータであっても、そこに眠っている法則性を見出し、新たな事象に対してはその法則性に従って最適な解を提示することができる。まさに、ビッグデータからの予測という人工知能に相応しい動きをする。

Googleが行った猫認識は、深層学習によって抽出された特徴要因に猫という概念を与え、次に新しい猫の画像に対して、特徴要因に合致するから猫、と特定できたのである。この過程で、猫の特徴を表現するのに必要な要因を人間が与えたわけではなく、深層学習によって自動的に生成されたというところがすごい。

深層学習は、人間が予測しなかったような特徴抽出をしてくれることもある。人間にとっては、何が隠れているかわからないデータの山から、宝を見つけ出してくれるありがたい道具となる。しかし、一般に特徴抽出の経緯はわからない。なぜそういう結論になるのか、いつまでも理解できない可能性がある。結果がよければそれでよい、という見方もあるが、常にそれでいいとはいえない。責任は人間が取るのだから、使い方を誤らないような心構えも必要と思われる。

1.1.11　ロボット

人工知能といえば人間型のロボットが頭に浮かぶ。再び映画の話になるが、2001年に公開されたスティーブン・スピルバーグ監督の『A.I.』では、不治の病で眠る息子を持つ夫婦が息子とそっくりのロボットを得るが、やがて息子の病気が治ると息子型ロボットを……、という展開[*27]であるが、息子型ロボットに疑似的な本能を与えるために、キーワード入力後に最初に見たモノを慕うという仕掛けがあった。こういう仕組みでロボットに疑似的な本能を与えるというのは、動物の中にも生まれて最初に見たものを母親と思うという「刷り込み（Imprinting）」本能があるそうだから、想定としては納得できる。この疑似的な本能が、映画の中で息子型ロボットの存在理由を明確にし、最後の劇的な展開を導くのだが、このような疑似的な本能は、ロボットの感情あるいは心に結びつくのだろうか？

ソフトバンクのPepper[*28]は二足歩行よりもコミュニケーションロボットとして、人間の感情を理解することに重点が置かれている。人間の喜怒哀楽を読み取り、相応しい応答をするということだ。また、無線でインターネットにつながり、クラウド型で動く。Pepperを取り巻く環境は、利用者だけでなく、多くの一般開発者にも支えられて、コミュニケーションロボットのあり方を探求している。

ソニーのAIBO*29は、人間のロボットに対する接し方を物語っている。AIBOは深層学習のような学習機能を備えてはいなかったが、人間の挙動に対して相応の反応を返し、それが蓄積されて学習効果を生み、個性を持つようになるので、金属的な外見であっても接する人間は愛着を感じるらしい。AIBOの保守が打ち切られたときには、AIBOにも死ぬ運命（修理不能）が訪れた、と嘆かれたそうだ。

ロボット研究は、数値制御による産業ロボットに始まり、自律性*30を備えたものに発展してきた。二足歩行を始めとする人間の運動機能の再現や補助、人間とのコミュニケーション、医療・介護支援、教育支援、災害時の危険作業や捜索、救助活動、警備、日常生活支援など、様々な形で実用化されている。そして、ただ役目を果たす、あるいはそれしかできない、というのではなく、より柔軟な働きをするようになってきた。

1.1.3で述べたお掃除ロボットはその好例で、留守番の役目も担ったり、部屋中を動き回って屋内の状態を覚えこみ、他の機器と連携するというIoTの立役者にもなり得る。また、Googleの自動運転車も、車をボディとする人工知能ロボットといってよく、単なる移動手段から生活空間の一部となり、健康管理や娯楽まで幅広いサービスを提供してくれる、まさにHALの宇宙船の自動車版といってよい。このためには、車には多数の車載用コンピュータが搭載されるわけだが、高性能の超小型コンピュータや全方向撮影カメラに加えて、膨大なデータを実時間処理して的確な状況判断を行うために、深層学習などの人工知能技術が不可欠である。*31

その他、人間の動きをとらえて自律的に的確な支援をするロボットスーツ*32や、1.1.4で述べた仮想現実の一つの実現方法である代理ロボット*33など、様々なロボットが研究されており、人工知能技術と結びついてより知的で人間的な存在になっていくと思われる。

図1-3 沼津高専のMIRS競技会（2016.1.30）
MIRS（手前左）が怪盗機（手前右、風船のついたロボット）を確保したところ。

自律走行ロボットの研究は、筆者が客員教授を務めていた沼津高専でも、MIRS（Micro Intelligent Robot System）という形で行われており、1988年以来毎年、電子制御工学科学生の必修科目になっている。代々の学生に引き継がれて徐々に走行能力を高めてきた。おおむね4～5チームに分かれて、1年かけてチーム開発を経験しながら自律走行ロボットを作製し、年度末の競技会に臨むが、前年の経験があるとはいえ学生にとっては毎年ゼロからの出発なので難しいと思う。以前は「体育館に作られた迷路を通り抜ける」というテーマであったが、完全自律制御なのでなかなか時間内に完走できなかった。2013年度からは「警備ロボット」というテーマで、ロボットが競技場を巡回し、泥棒（怪盗機）を画像処理などで認識して追尾・確保するという競技が実施されている（**図1-3**）。

2016年1月に行われた競技会では、走行性能（スピード、安定性、正確さなど）は格段に向上していたが、認識・判断能力については今一つの感があり、時間切れになるケースが多かった。それでも会場は学生たちの熱意であふれ、応援する観客の期待とため息で盛り上がった。その甲斐あって、完全に期待通りの動きではなかったにしろ、1台が怪盗機の赤外線をとらえて確保に成功したときには、会場は大きな拍手に包まれた。筆者の後部席から「これじゃ自動運転なんて大変だね」という会話が聞こえてきたが、まさにそういう視点があるからこそMIRSの意義があると思う。つまり人工知能の自動運転もMIRSも、自律的に動けるようにソフトウェアを工夫することは同じで、学生はその第一歩を体験しているわけだ。MIRS競技会は一般公開なので、誰でも見学可能である。

1.1.12　ロボットの感情

様々なロボットがある中で、人工知能の観点から、ロボットの感情について考えてみよう。人間の表情を読み取って、感情があるようにふるまう、ということは可能だと思うし、先に述べたPepperがまさにそれを実現している。だが、感情を持つロボットというのは可能だろうか？ また、そうする意味があるのか。人間なら、相手に合わせもするが、自己主張もする。そこに衝突が起きる場合もある。人間には個性があり、それは本能に基づくものと思われる。*34

先に紹介した映画『A.I.』では、ロボットに疑似的な本能を植え付ける仕掛けを用意したのだが、これはコミュニケーションロボットの目的として、正しい方法だろうか。母親の気持ちが変わってしまっても、息子型ロボットは永久に疑似的な本能に従うことになる。また、ロボットは成長できない。人工知能による学習はしても、外見はいつまで経っても同じである。人間は勝手なもので、成長しないものは道具とみなし、やがて飽きてしまう可能性もある。そうなると、疑似的な本能を植え付けられたロボットがかわいそうではないか。ロボット自身は少しも悲しくないのだが、周囲の人間が心を痛める。AIBOはそういうことも見越して、あえて金属的な外見になっていたと思われるが、ロボットを人間と同じように作る、さらに感情を持たせる、という考え方にはやや抵抗がある。

どのように頑張っても、ロボットは工業製品なのだから、疑似的な本能止まりで、生命が持つ本能や気質は持ち得ない。コミュニケーションロボットは、人間の感情を読み取れば十分で、妙に擬人化して考える必要はないと思う。人

図1-4 ロボットではなく、人間に湧く感情をどうするか

間側がロボットを擬人化したくなることは、コミュニケーションロボットにとって必要な要件だと思うが、ロボットが真の感情を持ってくれないといって悲観することなく、人間側がうまくロボットと付き合わないといけない（図1-4）。

1.1.13 技術的特異点（Singularity）

冒頭に紹介したNHKの『NEXT WORLD 私たちの未来』では、犯罪予測とかヒット予想というものも紹介されていた。米国西海岸のある市では、警官の市内巡視の効率を高めるために、巡視区域を過去の犯罪データの分析による人工知能予測で決めているという。またある女性歌手は過去のヒット曲の分析による人工知能予測によって見出され、継続的に人工知能予測に頼って活動しているという。その他、一日の行動スケジュール、恋愛相手など様々な局面で、すでにビッグデータの深層学習による人工知能予測が大活躍であり、2045年にはあらゆる局面において、人工知能が人間の知能を上回る可能性があるといわれている。その結果、人間は人工知能予測に従って行動する羽目になり、それに反すると社会秩序を乱すことになる、むしろ人間が下手な介入をしないほうがうまくいくというわけである。これを技術的特異点（シンギュラリティ：Singularity）という。

この考え方は、人間の脳などコンピュータで再現するのは時間の問題だ、という前提に立っているように思われる。深層学習を始め、人間の脳の研究が進んでその成果が工学的に再現され、人間が太刀打ちできないような脳活動が組み込まれれば、あり得ることかもしれない。しかし、人間の脳は単にニューロンの数だけで計れるようなものではないし、生理的な働きも完全にはわかっていない。2045年どころか、将来それが完全に解明されるとは信じ難いし、解明されたとしても、そのまま工学的に再現する必要性もないと思う。

1.1.14 フレーム問題

フレーム問題 *35 は人工知能を論じる上で、昔から指摘されている厄介な課題である。これは、常識レベルの知識を学習するためには無限の事象を取り込まないといけないので、結局それは不可能という考え方である。人間も無限の常識を持っているか、といわれると怪しいが、誰でも自然に常識的判断を行うことができる。そのために思考や行動が止まってしまうことはない。しかし人工知能にとってはとても大変なことで、下手をすると動けなくなってしまう。

自律的に動くロボットが、床に落ちた鉛筆を拾うときどうするかを例にとってみよう（**図 1-5**）。鉛筆を見つけたら素直に拾えばよいのだが、賢いロボットは拾う前に「これは鉛筆の形をした爆弾かもしれない、そういう可能性だって0.1%くらいはあるのだから」としばし考える。いや爆弾を持ち込むにはドアを開けて入ってこないといけないが、自分が認識する限り1時間以内にはドアの開閉はなかった、ちょっと待て、ドアだけとは限らないぞ、家の構造をちゃんと調べないといけない、そうなると家の立地条件も考慮に入れないと……と、このロボットが賢すぎて際限のない問答を繰り返しているうちに、そばを通りかかった人間がさっさと拾ってしまう、というわけである。もちろん普通に考

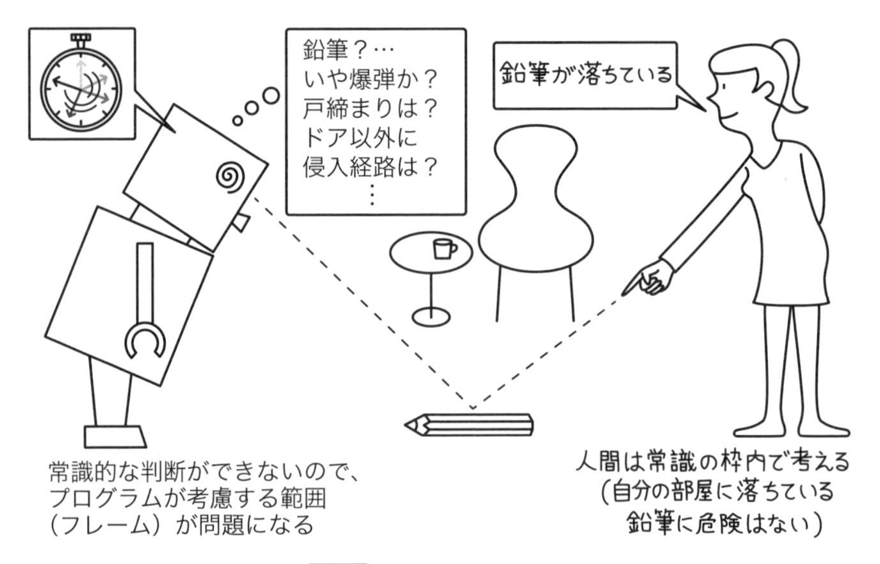

図1-5 フレーム問題のイメージ

えればそんなことにはならないのだが、それはロボットに組み込まれたプログラムが考慮する範囲（フレーム）に、爆弾かもしれないという配慮が入っていないからだ。するとこのロボットは、テロの対策担当としては役に立たないことになる。テロ対策のためには、何でも爆弾かもしれないと用心するようなプログラムに入れ替えてやる必要がある。プログラムを入れ替えられたロボットは、かわいそうに鉛筆を拾うときも爆弾の用心をすることになる。

人間だってテロ対策のためにはそれなりの教育を受ける必要があるだろうが、人工知能ロボットとは違い、テロ対策の教育を受けた後でも自宅ではくつろぐであろうし、そもそも仕事のために何を学ぶ必要があるのかを自分の意思で決める。親にプログラムを入れてもらうのではない。

フレーム問題は、人工知能がいくら自律的に動くようになってもおそらく残る課題であり、人工知能はプログラムされた有限の常識範囲で問題を解くしかないと考えられる。こういう考え方は人工知能を否定するものではない。人工知能を道具として考えるなら、有限の範囲で役立つことで十分ではないかということだ。

1.1.15　人工知能の目的は何か

人工知能は、人間の知的活動を工学的に再現することによって、生身の人間の限界を超える働きをしてくれるものである。決して人間の脳自体を作るのが目的ではないわけだが、脳の研究も進めば、構造的な仕組みを人工的に作り出すことによって、いっそう知的な活動を行わせることができるようになると思われる。

だが、人間の脳に近い人工知能は意味があるのだろうか？ 人間の脳はニューロンだけでできているわけではなく、またニューロンの数だけで真似のできるような構造ではないので、脳に近い人工知能というのがどういうものか、現時点では想像もできない。仮にできたとすると、本能に基づくものではないにしろ感情を持ち、喜怒哀楽のふりをするだけではなく、本当に親身のコミュニケーションも可能かもしれない。ただし一方で、動揺したり、間違ったり、忘れたりするかもしれない。昨日出した答えとは違う答えを出すかもしれない。人間らしくはなったが、人間がコンピュータに期待する特質、すなわち正確さ、速さ、再現性、量的な限界を超えるといった面を失っては、何もならない。したがって、脳に近い人工知能という言い方はあまり意味がなく、人間の知的活動のどの側面を補えるのか、という言い方がよさそうである。

例えば、コミュニケーションロボットは人間の感情を受け止める必要があるが、人工知能にできることは人間の感情表現を再現することだけであり、それが即ロボットの感情になるのではない。それで人間が満足できるのであれば、ロボットが感情を持たなくてもコミュニケーションの目的は十分に達せられる。

車の自動運転、医療や介護現場、販売店員、荷物運び、教育現場、会社の経営戦略、投資、家庭生活、通訳、その他様々な場面に、人工知能が入り込んでくるだろう。しかし、人工知能だからといって賢い人間と同じと考えてはいけない。あくまで人間の知的活動を補強する機械として、目的を見失わないようにしたい。

冒頭の『2001年宇宙の旅』の宇宙ステーションやHALがなぜ現在に存在しないのか、という疑問についての答えは、「それが社会的な目的と需要に即していなかったから」ということになるだろう。全人類が宇宙ステーションを最優先で考えるなら実現していたであろうが、地球上にはもっと重要な課題がたくさんあるわけで、宇宙ステーションの優先度は相当低いと思われる。HALのほうは技術的な側面のほうが強いと思われるが、それでも単機能的に見ればすでに実現されているものもあり、それらは目的と需要に応じて普及している。

人工知能には、今は深層学習によって人間が気付かないような法則を導き出すことで人間の判断を補えるという、明るい目標が見えている。これをどう使うのか、例えば、深層学習による画像認識を用いれば、単にセンサ反応だけでなく、状況の本質をとらえて真に自律的に行動するロボットが実現するかもしれない。あるいはロボットでなくても、災害時や医療の現場など様々な場面で、目的と需要に即した活躍をしてくれるに違いない。車の自動運転も現実的になると思われる。

1.1.16 「人工知能が人間を超える」とはどういう意味か？

あらためて、人工知能が人間を超える、あるいは征服するとは、どういうことだろうか？ 人工知能ロボットが戦争行為で人間を駆逐する、という意味ではないだろう。ここまで述べてきたことは、「人工知能の目的を考えれば、そのようなことはないはずだ」ということなのだが、あるとすれば、人間が人工知能予測に振り回される、という事態が考えられる。

深層学習によるビッグデータ解析が進歩し、人工知能予測が発達して、人間の経験あるいはその道の達人の知見から得られた結論より、人工知能が出した結論のほうを重視するという社会的風潮が蔓延したとしたら、これは問題である。例えば裁判で、弁護士が事件の特殊な背景とか被告人の事情を加味した弁護をしても、裁判官が人工知能による過去のあらゆる事例から導き出された結論を優先するようなことになったら困る。

いかなる場合でも人工知能が出した結論に従う、というのは、まさに征服された状態といっていいかもしれない。しかし、この状態は人工知能側の意思ではなく、人間側の考え方次第なのだ。人工知能は人間より速く、正確に、量的限界を超えて、問題解決を図ってくれるが、我々はいかなる場合も人工知能の結論が正しいとは判断しないだろう。

---

*1 Arthur C.Clarke（1917～2008）英国のSF作家。衛星通信や宇宙エレベータなど、科学的根拠に基づいた宇宙テーマが多い。

*2 Stanley Kubrick（1928～1999）米国／英国の映画監督。SF、スペクタクルから心理映画まで幅広いジャンルの作品を制作し、完璧主義の異色の作風で知られる。2001年公開の映画『A.I.』も監督予定であった。アポロ11号の月面着陸は彼の地上特撮という疑惑まである。

*3 Lip Readingは、唇の動きを見て、何を喋っているのか理解するということであるが、これは実際に人間社会ではあり得ることだ。筆者も、耳の聞こえない人が付添人の唇の動きを見て対話する場面に立ち会ったことがある。もっとも付添人以外の人の唇の動きは読み取り難く、また日本語は英語より読み取りが難しい、ということだった。これをコンピュータが行う映画のシーンは、画像認識と自然言語処理の極致といってよい。

*4 人工知能学会誌 Vol.16 No.1 2001.1を参照した。

*5 「風が吹く→埃が立つ→水を撒くのに桶がいる→桶が売れる」というのでは面白くないので、落語では、風が吹く→埃が立つ→埃が目に入って盲人が増える→三味線弾きが増える→三味線を作るために猫の皮がいる→猫が減ると鼠が増える→鼠が桶をかじる→桶が売れる→桶屋が儲かる、としている。

*6 Cloud：文字通り雲を意味する。インターネットを介して（雲の中にあるような）巨大データセンタにつながり、大規模処理を可能とする。手元のコンピュータですべて処理することをスタンドアローン（Standalone）型、手元には入出力部分だけで実体はホストコンピュータで処理することをサーバ（Server）型というが、クラウド型は両者の長所を併せ持つ処理形態といえる。サーバ型と違い、特定のサーバに接続して処理を依頼するというような厄介な操作は不要で、どこからでもインターネット経由で手元の機器の拡張として利用できるわけだ。

***7** IoT (Internet of Things)：モノのインターネット。すなわちモノが人間を介在せず、自律的に情報交換する仕組み。近年IBMやインテルが大々的に提唱したことで、コンピュータ関連の展示会では各社のうたい文句になっている。IoTということば自体は2000年代初頭からあり、通信技術の発展に伴い、形を変えて進化してきた。国内でも2000年以降、総務省主導のe-Japanに始まり、その後のu-Japan（ubiquitous）に引き継がれて、人とモノのネットワーク社会が着実に進展してきた。当時は誰でもどこでもネットワーク社会の恩恵を受けられるような環境整備に重点が置かれた。さらにIPv6(128ビットIPアドレス）と相まって、ICチップをすべてのモノに埋め込んで情報処理を行う、ということが考えられた。これは例えば展示会などではジャガイモ1個ずつにICチップを張り付けて、産地から消費者に届くまでの流通経路を記憶する、というようなデモが行われたが、昨今のIoTではチップに情報を記憶しなくても、インターネット上にデータを蓄えられる。2016年1月に米国ラスベガスで開催された国際家電見本市（CES）でもIoTは常識で、家電だけでなく様々な情報機器が展示されたようだが、初めて基調講演を行ったというIBMは同社のコンピュータWatsonをIoTの中核に据えており、インテルは家電や情報機器に組み込む超小型コンピュータを発表していた。今後これらを使う側の発表展示が賑やかになることだろう。

***8** User Interface：コンピュータと人間のやりとり手段のこと。コンピュータ初期には紙テープやカード、ラインプリンター、1文字ずつ入出力するTTY（Tele-Typewriter）端末といった機器であった。以降、文字単位のやりとり（CUI: Character User Interface）から図形などによる視覚的なやりとり（GUI: Graphical User Interface）に替わり、人間の五感を駆使したやりとりに進化してきた。呼び方も当初はMMI (Man Machine Interface) と言っていたが、Manはおかしいということで、HCI (Human Computer Interface）になったが、ちょっと言いにくいので、今ではGUI（日本人はアルファベット読みするが、欧米ではグーイなどと発音される）と言うようになった。

***9** 仮想現実 (Virtual Reality :VR)：現実世界と同じように知覚できる状態をコンピュータで再現すること。現状は視覚と聴覚が中心であるが、人間の五感すべてを再現する研究も行われている。

***10** 拡張現実（Augmented Reality: AR)：現実世界にコンピュータで生成した知覚情報を付加すること。また、同じように知覚できる状態をコンピュータで再現すること。1.1.3で述べたスマホの画像処理は、スマホ画面の中ではあるが一種の拡張現実といえる。

***11** 2016年1月に米国で開催された国際家電見本市（CES）でも、ゴーグル型の仮想現実は大盛況だったようで、2016年はVR元年と期待されている。VR機器は表示だけでなく、全方向撮影できるカメラも登場し、VRのコンテンツを自分で作ることもできるようになってきた。

***12** Wearable：普通に身に着けているものに組み込まれる、という意味。衣服、腕時計、眼鏡、帽子、手袋、靴、ペン、傘など、様々なモノにコンピュータが内蔵され、人間の脳とも連携して、人間の身体の一部として働くことが期待されている。例えば、下着を介して健康状態を記録したり、眼鏡を介して拡張現実を見たり、手袋を介して猫を抱いている気分にもなれる。

***13** Analog：連続的なこと。原義は類似という意味だが、これは連続的なデータを別の形の連続的データに置き換える、ということを指す。

***14** Digital：離散的なこと。原義は指で数えるという意味だが、これは連続的なデータを離散的データに置き換える、ということを指す。

***15** Real Time Response：時間的遅延なく、期待する時間内で応答できること。人間の知覚は秒オーダなので、コンピュータにとっては十分即応性を保証できるはずだが、データ量、処理内容、実際の入出力処理などによって、人間の感覚でも遅いと感じることがあるのだ。

***16** コンピュータの内部で乱数によって条件を適当に変えればよいと思うかもしれないが、乱数も実は疑似乱数といって、本当にめちゃくちゃなのではなく、乱雑な数列を決まった手順で生成している。

***17** 自動運転技術は2015年の東京モーターショウでも、環境対策と並んで今後の最重要テーマとされてい

た。自動車メーカではないGoogleも含めて、国内外のメーカは独自の研究を進めているが、技術的側面は同じでも目的や使い方については差があるようだ。

***18** Carl Benedikt Frey., Michael A. Osborne. (2013). *The Future of Employment: How Susceptible are Jobs to Computerisation?（雇用の将来：仕事がどのようにコンピュータ化に影響されるか？）*

***19** Gaussian Process Classifier（ガウス過程分類法）という、正規分布を利用した回帰分析手法で、機械学習にも使われる。

***20** 責任（Responsibility）という観点は本来社会性に含まれるはずだが、社会性で考慮されているキーワードは以下のものだけである。

Social Perceptiveness（社会的知覚）：他人の反応に注意し、なぜそう反応したのか理解すること

Negotiation（交渉）：他人と協調し、不一致点については調整を行うこと

Persuasion（説得）：他人の気持ちや行為を変えるよう説得すること

Assisting and Caring for Others（他人の援助や世話）：個別援助、医療的配慮、情緒的支援、その他同僚、顧客、患者などの世話をすること

***21** Big Data：文字通り巨大データの意。ことばとしては、2010年ごろから使われ始めた。データベースなど従来のデータ処理手法では手に負えない大きさ、または複雑さを意味する。一般のデータベースは、データに付随する要因を抽出して列方向に並べ、それぞれの要因の値を1セットとして一つのデータを表し、それをデータ数だけ行として並べて、表の形で表現する。一方ビッグデータの場合は、行も列も大きすぎてコンピュータ内に表の形で納められない、あるいは列の特定も難しい。

***22** Data Mining：データを鉱山に見立てて、データから隠れた宝を発掘するという意味。文書処理の場合はText Mining、Webページの場合はWeb Miningともいう。

***23** 2012年6月にGoogleのブログに掲載された記事によると、

- 音声認識、画像認識、スパム対策、車の自動運転、翻訳など、機械学習は完全というには程遠いので、新しい手法が必要
- 従来の機械学習は、データのラベルづけ（猫とはこういうものだ）が必要だったが、新手法ではラベルづけは不要
- ニューラルネットワークは従来1,000万接続止まりだったが、新手法では16,000個のCPUと10億の接続を有す
- You Tubeのビデオを1週間与えたところ、猫の特徴要因を自動で抽出して、猫を判別できるようになった

***24** 分類またはクラスタリング（Clustering）：多数のデータを特徴要因で分類するには、ベイズ確率 *25 を利用して、母集団から分類要因を判別するという統計的手法が使われる。

***25** Thomas Bayes（1702～1761）が提唱した条件付き確率論。一般の確率は多数回の試行で事象の起きる可能性を実験できるが、もし一回勝負のときにはずれたら、運が悪かったというしかない。ベイズ確率では、一回の試行の場合でも、条件を設定することによって確実な期待値を求めることができる。要領は、2つの事象XとYについて、P(X),P(Y)を個別の（通常の意味での）確率、P(X|Y)をYが起きた場合にXが起きる確率、P(Y|X)をXが起きた場合にYが起きる確率、P(X,Y)をXとYが同時に起きる確率とすると、次の関係がある。

$P(X|Y) \cdot P(Y) = P(Y|X) \cdot P(X) = P(X,Y)$

書き換えると、$P(X|Y) = P(Y|X) \cdot P(X) / P(Y) = P(X,Y)/P(Y)$

これは、事象Xの発生確率P(X)の信憑性を高めるために、付随事象Yを使って、P(Y), P(Y|X)、またはP(X,Y)を調べて、P(X|Y)を求める、ということである。クラスタリングに用いる場合は、Xが分類事象、Yが母集団を表し、P(Y)は固定、P(X,Y)を計算で求めて、P(X|Y)を求める、すなわち分類ができる。

***26** 強化学習（Reinforcement Learning）：環境から得られる報酬を最大にするように変化していくという学

習法であるが、何を学習するのかという点（学習要因）と報酬の計算方法はあらかじめ人間が決めておかなければならない。それでも学習のお手本となる教師データを与えなくてもよいので、自律性を備えた学習法といえる。

***27** スタンリー・キューブリック監督の長年の企画であり、本人が監督していればもっと科学的な合理性を持った作品になったのでは？と惜しまれるが、単なる娯楽SF映画に終わらず、人工知能とロボットの存在価値を考えさせられる。

***28** Pepper：ソフトバンクと子会社のアルデバラン・ロボティクスの共同制作。2015年2月から一般販売されている。筆者も沼津高専の一室にあるPepperとお話をしたことがあるが、最初は「貴方の言うことがわかりません、調子が悪いようだからまた今度」と言うばかりで、学習前はまったくコミュニケーションにならなかった。しかし長く一緒にいるうちに学習が進んで、コミュニケーションが成立するのであろう。話しかけないと「最近声かけてくれないね？」などと催促もするらしい。

***29** AIBO：ソニーの犬型ロボット。1999年～2006年に販売され、累計15万台出荷したとされる。内部制御は、センサに応じた稼働部分の複合的な組合せによるものであり、人工知能という感じではないが、同じ反応の繰返しによって反応が速くなるなどの個性を持つように設計されていた。2014年に保守も打ち切られていたが、2018年に「aibo」として新型が発売された。

***30** 自律性（autonomous）：人間の介在がなくても環境を判断して最適な動きをすること。産業ロボットも自動的に動くが、あらかじめ決められた動作しかできない。数値制御プログラムがいかに複雑になっても、それ以外のことはできないのである。一方、自律性を備えたロボットは、もちろん自律的に動けるようにするプログラムが入っているのだが、数値制御とは違う仕組みで動く。

***31** 2016年1月に米国で開催された国際家電見本市（CES）では、高性能チップや超小型コンピュータも活況を呈した。石鹸箱の大きさで、スーパーコンピュータに匹敵するTera（兆）オーダの演算速度で1秒間に数千枚の写真の画像処理を行う車載用コンピュータも登場した。これにより、全方位カメラで撮影した周囲の状況を、深層学習と組み合わせた画像処理で実時間処理することが現実的になってきた。

***32** ロボットスーツ：パワードスーツ（Powered Suit）またはパワーアシストスーツ（Power Assist Suit）とも呼ばれ、衣服の一部として装着することで、人間の活動を強化する。主に、人間の関節や筋肉の動きを感知して、それを強化する方向にモータ、油圧、空気圧などを利用した補助機構が作動するようになっている。介護現場で力仕事の補助をしたり、医療現場でリハビリテーションの補助をしたり、災害現場で撤去作業の補助をしたり、あるいは軍用に使われたり、すでに実用化されている。

***33** Tele-presence, Tele-existence, Avatar：あたかもその場所にいるような感覚を持つこと。自分の代わりにロボットを現場に置いて遠隔操作することによって、ロボットを通して自分が現場にいる感覚を持つことができる。

***34** 厳密には、気質（temperament）という生まれつきの行動特性があるといわれており、動物一般の本能とは少し違うようだ。ちなみに、気質分類は、独の精神医学者であるクレッチマー（Ernst Kretschmer 1888－1964）によって研究され、分離質、循環質、粘着質の3類型がある。日本では戦国3武将になぞらえて、信長型（分離質）、秀吉型（循環質）、家康型（粘着質）といわれることもある。気質は性格と違い、個性の原点となるもので一生変わらないとされている。

***35** J. McCarthy., P.Hayes. (1969). *Some Philosophical Problems from the Standpoint of Artificial Intelligence*

1.2 人工知能の研究テーマ

人工知能という言葉が使われ出したのは、1956年に米国ダートマスで開かれた会議において、当時の研究の大御所たち、ジョン・マッカーシー（John McCarthy）、マービン・ミンスキー（Marvin Minsky）らが、共同で提案したのが始まりといわれている。*36 計算機科学全般が研究され始めた当初から、人工知能という位置づけの研究もされていたということになる。もちろん、人工知能のすべての領域が同時に開始されたわけではなく、徐々に範囲が広がっていった。

1.2.1 人工知能ブーム

人工知能研究は、ニューラルネットワーク、論理学、機械学習、機械翻訳などの研究が盛んであった1960年代末に、ALPAC報告書による機械翻訳限界説 *37 や、ミンスキーのパーセプトロン限界説 *39 によって、いったん下火になったといわれている。その後それらの問題点を克服すべく、ニューラルネットワークも新しい方法が考案され、機械学習も教師データなしで環境適応していくような方法が登場した。機械翻訳も文の構造を格文法 *40 で表す新しい方式に替わって、新たな展開と商用化も進んだ。特筆すべきは知識表現 *41 とエキスパートシステム *42 である。

知識表現の研究はすでに1960年代から始まっているが、それが1980年代には商用化に結びつき、人工知能ブーム *43 といっていいほどの活況を呈した。大企業は競って企画、開発から営業、SE*44 まで含めた数百名規模の役員直轄の独立組織を作り、各社固有のエキスパートシステム開発を推進した。顧客の側も、エキスパートシステムが自社の問題解決の最善の手段であると積極的に考え、問題解決のための顕在的、潜在的知識を整理するために、KE*45 という職種まで登場した。KEは単なるSEではなく、顧客側の知識をエキスパートシステムに組み込むという役割を担った。今考えればほとんど不可能な役割だが、人工知能ブームの中では真剣に考えられた。しかし、1990年代初頭になると、興盛を極めたエキスパートシステムも、専門家の勘所といった微妙な表現が難しく、また一般常識まで含めると膨大になってしまう知識の維持管理の困難さもあり、限界が見えてきた。世の中の風潮としてエキスパートシステムが専門家の代わりになるような錯覚があったと思われ、本来は有用な使い方もあったはずなのに、失望のほうが大きく、人工知能ブームは一気に萎んでしまい、企業の人工知能のための独立組織も解散してしまった。

その後1990年代にブラウザが登場し、2000年代に入るとインターネットが急激に広まり、Web上に大量のデータが乗るようになった。さらに検索エンジンの研究が進み、2010年代にはビッグデータ解析が始まった。また、深層学習の登場によって、インターネットと連携した深層学習によるビッグデータ解析に期待が集まっている。

2013年に米国のオバマ大統領が、脳神経科学の一大プロジェクトである、BRAIN（Brain Research through Advancing Innovative Neurotechnologies）Initiativeを発表した。2014年から15年以上かけて、線虫の神経細胞からハエ、マウスと被検対象を拡大し霊長類の脳に迫る、予算総額5,000億円以上という壮大な計画で、最終的には人間の脳活動の全貌を明らかにする脳マップを作成する、というのが目標である。精神疾患などの医療分野だけでなく、工学面、経済面への応用や、周辺産業への波及効果が期待される。

欧州では、人間の脳（ニューロン構造）をそっくりコンピュータ上に再現しようというHuman Brain Projectが進行中である。2013～2023年の10年間で、ニューラルネットワークとは異なる手法を研究しているという。これも総額1,500億円という大プロジェクトであり、医療分野での活用や、新たな仕組みのコンピュータ開発が目標となっている。

日本では1980年代の人工知能ブームには、10年間500億円という「第五世代コンピュータ（ICOT）」プロジェクトが推進され、並列推論マシンとそのためのPrologをもとにしたコンピュータ言語*46の研究が行われた。その後e-Japan、Ubiquitousの時代を経て、現在は国立情報学研究所を中心に「東大入試に合格するロボット（略称：東ロボ）」プロジェクトが進行していた。この過程で研究開発される自然言語解析、数式処理、その他多くの要素技術の統合と発展が狙いということだが、さらに人工知能がどこまでできるかを見極めることで、逆に人間にしかできないことが見えてくるという期待もある（同プロジェクトは2016年に中断し、東大合格は実現しなかったが、複数の国公立大学に合格するレベルに達した）。

1.2.2　人工知能研究テーマの流れ

人工知能という研究分野は一つの分野として存在するのではなく、複数の要素技術から成り立っている。*47 要素技術が登場した当初は人工知能とみなされても、その技術が成熟してくると、もはや人工知能とは言わず独立した技術として認知されていくわけである。

人工知能分野の様々な要素技術に関する研究テーマは確実に拡大し、時代によって流行の波があったにしろ、地道な研究が続いている。中でも、機械学習は常に注目されており、近年はデータマイニングとWeb関連技術とも関連して、インターネット上のビッグデータ解析に結びついている。また、自然言語処理やエージェントも息の長い研究テーマである。どのような研究がなされてきたか、この15年間の人工知能学会 *48 の学会誌と論文誌のテーマの変遷を調べてみたので参考にしてもらいたい（**表1-2**）。

人工知能の研究テーマの変遷をこの表だけから判断するつもりはなく、世界的に見ればここに現れない研究も数多く行われてきているが、一つの目安にはなると思う。本書で取り上げるテーマの多くは、15年以上前にすでに注目を浴びていたテーマということになるが、すでに実用化され、形を変えて新たなテーマにつながっており、いずれも重要なものである。例えば、ニューラルネットワークは深層学習に結びついている。

深層学習が登場するまでは、ビッグデータ解析には統計的な手法 *49 が主流であった。また機械翻訳など自然言語を扱う分野では、オントロジー *50 やコーパス *51、シソーラス *52 といった研究が地道に続けられてきた。

学会誌／論文誌で取り上げられたテーマ頻度：色が濃いほど頻度が高い

年	2015	2014	2013	2012	2011	2010	2009	2008	2007	2006	2005	2004	2003	2002	2001
テーマ ＼ Vol	30	29	28	27	26	25	24	23	22	21	20	19	18	17	16
脳科学	3	0	1	1	1	0	2	1	2	0	5	3	2	2	3
ニューラルネットワーク	0	0	0	1	0	0	0	1	1	2	0	0	0	0	0
ファジィ	0	0	0	0	1	1	0	0	1	1	0	0	0	0	0
機械学習	5	4	3	4	3	3	2	4	4	3	5	5	2	5	3
深層学習	0	2	3	0	0	0	0	0	0	0	0	0	0	0	0
論理推論	1	1	0	1	0	3	1	2	3	1	0	3	1	4	5
Data Mining	2	5	4	5	4	5	5	1	4	4	3	3	4	3	3
ベイジアンネットワーク	0	0	0	1	0	1	0	1	2	0	0	0	1	1	0
知識表現	2	0	1	2	2	1	1	0	3	2	2	1	2	2	3
遺伝的アルゴリズム	1	0	0	0	0	4	4	2	2	3	2	3	5	3	3
Web	5	4	1	2	4	5	4	2	4	3	4	5	0	5	4
検索エンジン	1	0	1	1	1	2	1	3	1	0	2	0	0	2	4
エージェント	3	0	3	2	4	3	3	3	4	5	3	4	3	3	3
ソフトコンピューティング	1	0	1	1	0	1	0	0	0	0	0	0	0	0	0
自然言語	4	4	4	4	4	4	4	4	5	5	4	3	2	5	2
オントロジー	1	2	1	2	3	3	2	2	1	3	5	1	0	5	0
シソーラス	0	0	0	0	0	0	0	1	0	0	1	0	0	1	0
コーパス	0	0	0	0	0	2	0	0	0	0	0	2	0	0	1
画像処理	2	2	1	2	1	3	2	2	1	0	0	3	0	0	2
音声	2	2	3	3	2	3	1	2	2	3	1	2	1	4	0
パターン認識	1	1	0	2	1	0	1	0	1	1	1	1	0	0	0
HCI/HAI	2	2	3	0	1	4	2	1	1	2	2	1	0	1	0
クラウド	0	2	1	2	1	1	1	0	0	0	0	0	0	0	0
Linked Data	2	4	0	2	0	0	0	0	0	0	0	0	0	0	0
教育支援	4	2	1	2	2	4	1	3	3	4	1	0	0	4	2
農業	1	0	0	0	0	0	0	0	0	0	0	0	0	0	0
マーケティング	2	1	2	2	1	0	1	1	2	0	2	1	1	1	0
財務	0	0	1	3	1	2	1	0	2	0	0	1	0	0	0
観光	0	1	0	0	1	0	0	0	0	0	0	1	0	0	0
囲碁将棋	1	2	1	1	2	0	1	0	0	1	0	0	0	0	1
ロボット	2	4	3	3	2	3	3	1	3	4	2	1	4	4	5
Mobile	0	0	2	0	0	1	0	0	0	0	0	0	0	2	2
ウェアラブル	0	1	2	1	0	0	0	0	0	0	0	0	0	0	1
ユビキタス	0	0	0	0	0	0	0	2	0	1	1	2	0	0	1
並列	0	0	0	0	0	1	2	0	1	0	1	0	0	1	0
医療	1	4	3	1	3	2	2	2	0	0	1	1	1	2	0
複雑系	0	0	0	0	0	0	0	1	0	0	0	0	1	0	0
Virtual Reality	0	0	0	0	0	0	0	0	1	0	0	0	0	0	0
バイオ	0	2	0	0	1	0	0	0	2	0	0	0	1	1	0
法律	0	0	0	0	0	0	1	0	0	0	0	1	1	1	0
SNS	2	2	1	0	0	2	0	0	1	0	0	1	1	0	0
Singularity	0	0	1	0	0	0	0	0	0	0	0	0	0	0	0

注）この表は筆者の独断で集計したものであるので厳密とは言い難いが、傾向を見るためということでご容赦願いたい。

表1-2 人工知能学会テーマの変遷

このように、人工知能研究の要素技術の多くは過去に基礎が作られ、現在につながっている。今は深層学習が注目されているが、今後は別の分野が再登場する可能性もある。深層学習も、人間が何も与えなくてもよいと言いながら、無限のビッグデータを教師信号として長大な学習時間を要するということになると、とりあえず人間が着目点だけ与えてその点に対する学習を短時間で行うほうが効率的、といった局面が出てくるかもしれない。そうなると、統計的な手法が復活するだろうし、限られた範囲でも知識表現やオントロジーの工夫によって、エキスパートシステムが見直されるかもしれない。

ある研究がある程度のところで限界になったとしても、期待外れだったというのではなくて、目的は達成した、限界もあるがその範囲で十分役に立つ結果が得られたと考え、さらなる飛躍を期待したいものである。

***36** チューリングマシンや第二次世界大戦での暗号解読で有名なアラン・チューリング（Alan Turing 1912～1954）の研究にもすでに人工知能の要素が入っており、彼は人工知能の父と呼ばれている。コンピュータチェスも考案している。

***37** 1966年の米国科学アカデミーALPAC（Automatic Language Processing Advisory Committee）による報告書で、句構造文法*38による機械翻訳は実用にならない、人間の翻訳には敵わない、という主旨であった。

***38** 句構造文法（Phrase Structure Grammar）：主語、述語、目的語などの品詞をもとにして文の構造を規定する。

***39** 1969年にマービン・ミンスキーがパーセプトロン（初期のニューラルネットワーク）の適用範囲が非常に狭いことを示した。いわゆる線形分離可能でないと使えないというわけである。詳細は第2章で述べる。

***40** 格文法（Case Grammar）：1968年にフィルモア（Charles Fillmore）が提唱した。それまでの文解析は句構造文法によっていたが、文型の異なる翻訳はとても面倒であった。これに対し格文法は、動詞を中心に各単語の役割を格という概念で表すことで、文型に依存しない意味的な構造解析ができる。動作主格、経験者格、対象格、時間格など、いろいろな格が考えられるが、元の文章をいったん格文法に変換すれば、言語の文構造の違いや受動態を意識することなく、どのような言語にも変換できる。例えば、次の2つの文は、格文法で表せば同じなので、互いに翻訳になっている。

- 彼女は万人に好かれる。→「好く」という動詞を中心にして、「彼女」：経験者格、「万人」：動作主格。
- Everybody loves her. →「loves」という動詞を中心にして、「Everybody」：動作主格、「her」：経験者格。

***41** 知識表現（Knowledge Representation）：人間の脳では知識はどのような記憶構造で蓄えられているのか、これをコンピュータ上で真似よう、というのが知識表現の課題である。第9章で述べる。

***42** エキスパートシステム（Expert System）：専門家の脳に蓄えられた知識を知識表現によってデータベース化し、専門家の代わりをさせようというもので、過疎地の病院対策や伝統技術の伝承など、当時は大

いに期待された。詳しくは第9章を参照。

***43** 筆者もこの時代、企業の人工知能関連組織のソフトウェア開発部門に所属し、夢のような時代を経験した。企業の事業内容はエキスパートシステム関連が中心で、顧客向けのシステムを構築する他、構築を簡単に行うためのツールを製品として販売したのであるが、各社固有の商品名で実に賑やかであった。コンピュータ関連の展示会には人工知能があふれ、ツール以外にも様々なデモンストレーションが行われた中、富士通の「ルパン対ホームズ」というニューラルネットワーク搭載の自律走行ロボットの捕物劇は大盛況を博した。

***44** SE（System Engineer）：顧客の要求に従って専用のシステムを作るという職種で、現在でも重要な職種である。

***45** KE（Knowledge Engineer）：専門家の知識を聞き出し、エキスパートシステムの知識表現に変換するという職種。人間の知識の微妙なニュアンスを知識表現に置き換えることの困難さもあり、現在は職種としては存在しない。

***46** GHC（Guarded Horn Clause）：Prologベースの並列推論言語であるが、企業から見ると利用範囲が狭く、ビジネスの観点からは研究成果のフィードバックが難しかった、と記憶している。

***47** 日本学術振興会の科研費（科学研究費助成金）の分類によれば、人工知能関連の研究に近い分野は、2013年度から、情報科学（分野）の人間情報学（分科）の中に細目として、認知科学、知覚情報処理、ヒューマンインタフェース・インタラクション、知能情報学、ソフトコンピューティング、知能ロボティクス、感性情報学に分類されている。分科としては、人間情報学以外に、情報学基礎、計算基盤、情報学フロンティアという分科もあり、さらに情報科学以外の分野もある。人工知能というのは一つの分野ではなく、様々な要素技術の総称なのである。分類は年度によって替わってきたが、「人工知能」という分野は過去にもない。参考：日本学術振興会 https://www.jsps.go.jp/index.html

***48** 人工知能学会（JSAI）：1986年に発足し、当初から2000名規模の会員数で推移している。米国では1979年にAAAIが発足、現在も人工知能研究の総帥的な学会であるが、ロボットや個別テーマごとの学会、大学や企業の主催する団体も多い。一般社団法人 人工知能学会 https://www.ai-gakkai.or.jp/

***49** 統計的機械学習など、ベイズ確率に基づくクラスタリング手法が用いられていた。

***50** Ontology：存在論の意で、データを字面ではなく意味まで含めて理解するための仕組みの研究であり、データを真の知識として扱うためには必須と考えられている。現状は深層学習を始めとする、意味とか理屈抜きで結果に直結する手法が脚光を浴びているが、オントロジー研究は人間の常識というようなことまで考慮すると、とても重要である。

***51** Corpus（用例集、文例集）：機械翻訳では文法的な面だけではなく、世間一般の単語の使われ方を参考にすることも重要である。コーパスは新聞、書籍、雑誌、Web上のあらゆるテキストをデータベース化する試みである。その重要性は1960年代からわかっており、米国語100万語からなるBrown Corpus辺りが最初と思われ、当初は例文を500ほどしか含んでいなかったようである。その後英語圏では拡大構築が進み、Bank of Englishは現在（2015年）45億語からなり、なお進化を続けている。日本では国立国語研究所が推進しているKOTONOHA計画があり、現在1億語であるが、将来はWebや古典にも目を向け、100億語を収める計画という。

***52** Thesaurus（知識の宝庫、類語辞典）：コンピュータがテキストの字面だけでなく意味まで理解するには、使われる文脈に応じて単語のニュアンスが変わる、すなわち単語の背景に常識レベルの知識があることを考慮しないといけない。この考え方はコーパスよりさらに以前からあり、単なる単語辞書だけでは翻訳できないということで、日本では1964年に国立国語研究所の分類語彙表を始めとして、出版社なども含めて多くの辞書が作られた。分類語彙表は現在でも書籍として発売されているが、データベース化もされ、10万件のレコードからなる。また、常識をデータベース化するCyc（サイク）というプロジェクトもある。

1.3 人工知能技術の初歩的な考察

人工知能の技術が普通のコンピュータプログラムと違って見えるのは、人間っぽい動きをするからだろう。これらの技術に我々はどう向き合えばよいのか、初歩的な考察を行う。

1.3.1 人工知能技術の俯瞰

前節で人工知能の様々な研究テーマを見たが、流行りの機械学習以外にも、役に立つ人工知能技術はたくさんある。ここで身の回りの人工知能技術の関連性を整理しておこう（図1-6）。

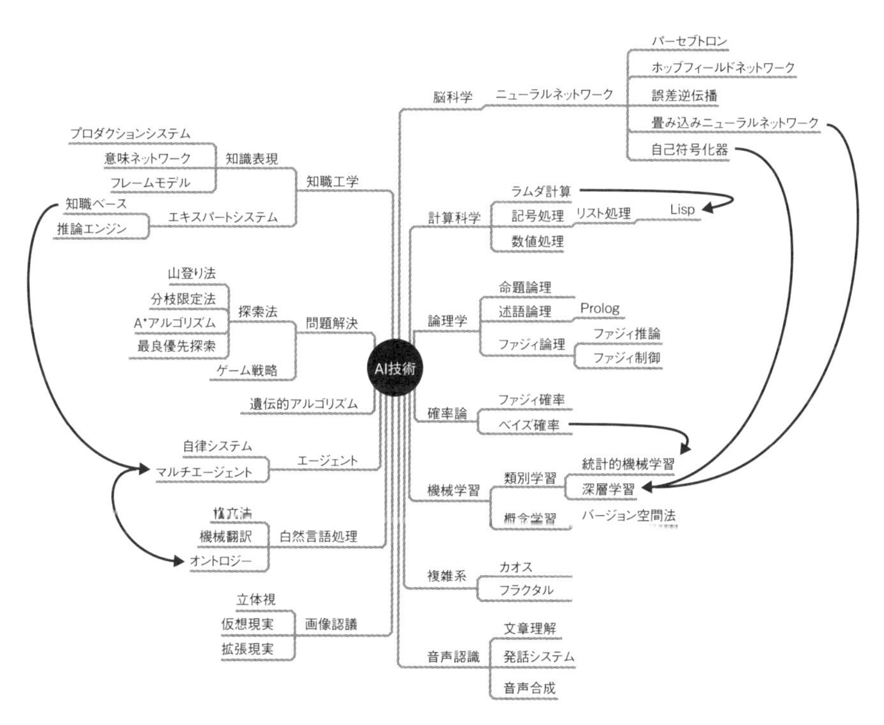

図1-6 人工知能技術の俯瞰

すでに述べたように人工知能という決まった分野があるわけではなく、特定の技術が成熟すると独立の分野になったりするので、人工知能技術を網羅的に示すことは難しい。歴史的な考察や詳細な分析はできないが、こうして図に整理すると、人工知能技術の利活用に対する気付きを得られる。図には現れていなくても、人間の知的活動は様々なので、その機械化、自動化という観点からさらに新しい技術が生まれる可能性もある。

現在 AI 応用分野として注目されている車の自動運転やロボット、医療分野など、深層学習以外にも多くの人工知能技術が使われている。商取引の分野ではゲーム理論やエージェントの考え方が必須で、これが社会システムや経済を支えている、という見方もある。

また、複数の技術の組合せで、利便性がより高まる場合もある。例えば、ニューラルネットワークとファジィの組合せで、自然言語によるあいまいな入力に対する連想計算が可能になっている。他にも、深層学習と知識表現の組合せによって、人間の常識に沿った学習に誘導したり、新たなエキスパートシステムへの発展も期待できる [*53]。

1.3.2 人工知能と人間の関わり

人工知能を道具としてとらえれば、他の科学技術同様、人工知能技術が社会生活を便利で豊かなものにしてくれるはずで、人間を否定するような方向で考えるべきではない。どのような科学技術も建設と破壊の両面に寄与する二面性を持っており、人工知能もうまく利用すれば役に立つが、間違った使い方をすれば破滅を招く可能性がある。深層学習で思いもかけない特徴抽出ができたとしても、それは理に適った結果なのか、ということを人間が判断しなければならない。

人工知能技術の利活用を考えるとき、開発者あるいは利用者の意思がどのように反映されるか、という視点は重要である。前項で様々な人工知能技術を俯瞰したが、どの技術もある目的を持って利用される以上、人間の意思なくしては使えない。また結果の合理性を人間が正しく把握できるか、という点も重要である。少なくとも目的に沿った結果か否かを判断できなければならない。もちろん偏見や常識にとらわれすぎてせっかくの深層学習の成果を見逃すのは論外であるが、どのような技術も、利便性と同時に人間の意思と結果の合理性も重要な要因として、各技術との関わりを考えなければならない。

図1-7に人工知能技術利活用マップとして、横軸に「①人間の意思の反映」、縦軸に「②結果に対する合理性の判断」という要因を想定して、各技術をプロットしてみた*54。この図は次のようなことを表している。

- 深層学習は現状では意思の反映も合理性の判断も難しい。
- 事前学習により、期待する方向に深層学習を誘導できる。ただし結果の判断はやはり難しい。
- 従来の学習（強化学習や概念学習）は、報酬や正例を人間が与えることで意思が反映される。
- ファジィは意思の反映も結果の判断も比較的容易である。

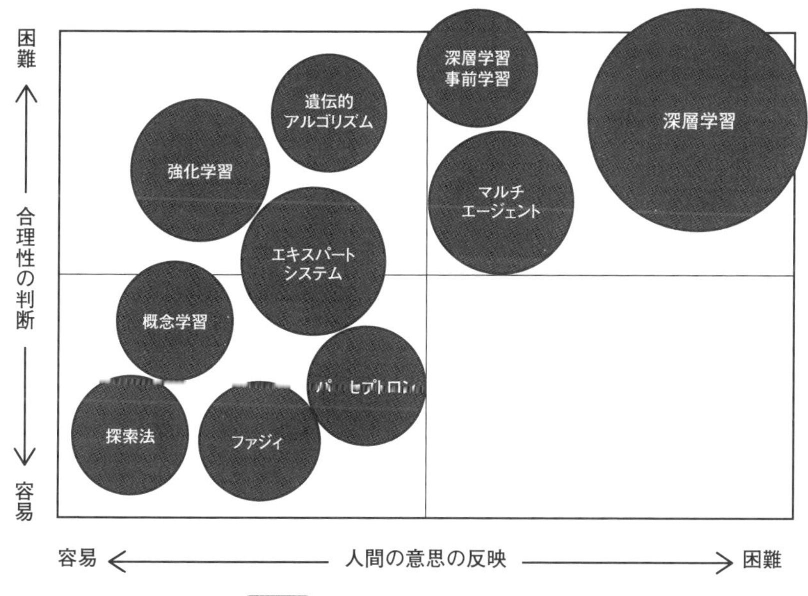

図1-7 人工知能技術利活用マップ

近年の深層学習の急成長に伴い、AI= 深層学習、あるいは深層学習でなければ AI でない、という感覚に陥りそうだが、人間の知的活動は類別だけではないのだから、AI の裾野は広い。人間の思考が論理的な推論の上に成り立っている以上、よくわからないけどうまくいった、というだけでは済まされない。身の回りの問題がすべて深層学習で解決できるわけではなく、別の方法が向いている場合もあるし、深層学習で導き出された結果の検証にも様々な人工知能技術が役に立つはずである。

本書で述べる人工知能技術は、それぞれが専門分野として奥が深いが、どの技術も単独での利用だけでなく、他の技術と併用することで、より役に立つ可能性もある。各機能を俯瞰することで、直面する問題の解決に適した技術の選択と組合せができると思う。

1.3.3 シミュレーションへの手がかり

人間の知的活動は正確な数値的判断に基づいているわけではなく、的確ではあるが多分にいい加減な基準に基づいている。例えば以下のようなことだ。

① 手書きの崩れた文字でも、何と書いてあるかがわかる。
② 扇風機や換気など、数値管理されていない道具でも、部屋の中を快適に保てる。
③ 自宅から駅までの行き方はたくさんあるが、立ち寄れる店の有無や交通量、坂道があるかどうかなどを考慮し、膨大な組み合わせの中から簡単に経路を選択できる。
④ 相手との勝負で何手か先まで読んで、（読み切れないとしても）自分に有利と思う手をうつ。
⑤ 金持ちに対しても、大勢の子供に囲まれている人に対しても、「あの人は Rich（豊か）だ」という認識をする。
⑥ 人間は脳に知識を蓄えるが、憶えきれないものは手帳や図書館に蓄え、どうすれば情報を探せるかも心得ている。

これをコンピュータで普通に処理すれば、次のようになるだろう。

① マークシートで英数字を正確に書かなければいけないように、崩れた文字は認識できない。
② 周囲の気温を測り、設定温度に合うように空調に強弱をつけるが、気温だけが正確でも快適とは限らない。
③ それぞれの経路に得点をつけ、すべての組合せを考慮し、最も点数の高い組合せを選ぶ。
④ 相手がうちそうな、かつ可能な手をすべて読み、一番自分にとって都合のよい手を選ぶ。
⑤ どういう人をRichというのか、あらかじめ決めておかないと、「Richかどうか」判断できない。
⑥ 大量の外付け記憶媒体を使って、データを蓄える。しかし検索は大変である。

本書の2章以降で述べる人工知能の要素技術は、上記のような、人間の知的ではあるが多分にいい加減な活動をコンピュータ上で行うためのものである。

それぞれ元をたどれば、次のような研究テーマに基づいている（図1-8）。

① ニューラルネットワーク（行列演算）
② ファジィ（グラフの合成）
③ 遺伝的アルゴリズム、探索法（数値計算）
④ ゲーム戦略（数値計算）
⑤ 機械学習（記号処理）
⑥ 知識表現、エキスパートシステム（記号処理）

上記（）内は、根底にある基本操作を表す。もちろん本物の人工知能ソフトウェアはこんな基本操作ではなく、鉱石ラジオと集積回路の差のように複雑さは雲泥の違いがあるが、初歩的に見ればこのような基本操作でも、ある程度のことができることがわかる。中身がよくわからないうちはものすごく賢い、まさに人工知能に相応しいと感じても、中身が少しでもわかると、すごいけれど普通の計算機科学ではないか、と言いたくなるかもしれない。しかし、「いったい何が人工知能なのか？」などと言わないでほしい。先に述べたように、人工

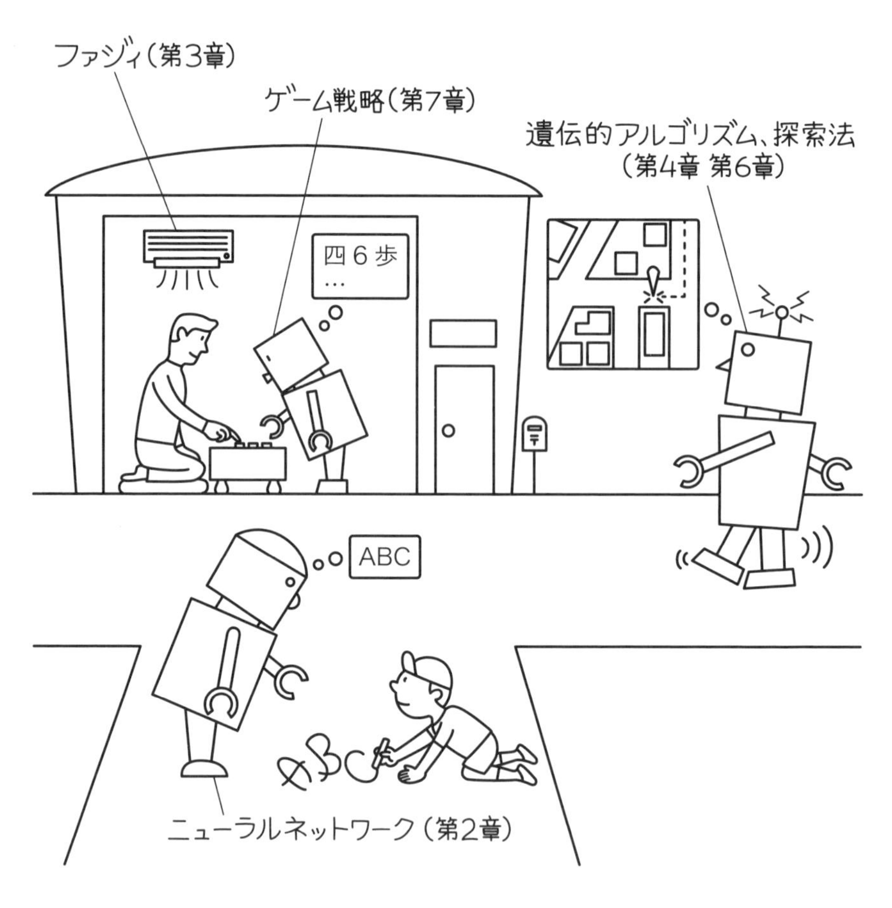

図1-8 本書で解説している人工知能技術のイメージ（一部）

知能という研究分野があるのではなく、要素技術の総称なのであり、要素技術が進化独立すれば人工知能とは言わなくなる場合もある。そのため、どれが人工知能でどれがそうでないか、という議論はあまり意味がない。どの技術も人工知能の要素技術なのである。

２章以降は、いくつかの要素技術の根底にある基本操作を、実際にシミュレーションを用いて理解することが目的である。根底にある基本操作を知らないまま、人工知能技術を魔法の世界のように漠然と想像するのではなく、その裏に基本操作としてのコンピュータソフトウェアがあることを実感してもらいたい。もちろん、このようなシミュレーションで本物の人工知能ソフトウェアを語れるわけではないのだが、人工知能とはあくまでソフトウェアで実現される世界だ、ということはわかってもらえるのではないかと思う。

第1章の付録

本書で取り上げたテーマの由来を示す。

ニューラルネットワーク
パーセプトロン（Rosenblatt 1958）
ホップフィールドネットワーク（Hopfield 1982）
ボルツマンマシン（Hinton 1985）
誤差逆伝播学習（Rumelhart 1986）
自己符号化器（Hinton 2006）

ファジィ（Zadeh 1965）
ファジィ推論（Mamdani 1975）

遺伝的アルゴリズム（Holland 1975）

学習
概念学習（1960年代）
バージョン空間（Mitchell 1982）
Q学習（Watkins 1989）

知識表現
意味ネットワーク（Collins & Quillian 1968）
プロダクションシステム（Newell 1969）
フレームモデル（Minsky 1975）

エキスパートシステム
DENDRAL（Feigenbaum 1965）
MACSYMA（Moses 1968）
MYCIN（Stanford Univ. 1972）
EMYCIN（Stanford Univ. 1980）

Lisp
ラムダ計算（Church 1930年代）
Lisp1.5（McCarthy 1962）
Common Lisp（ANSI 1990）
ISLISP（ISO 1997）

Prolog
DEC10－Prolog（Kowalski & Warren 1974）
WAM（Warren 1983）
ISO Prolog Part1（ISO 1995）
ISO Prolog Part2（ISO 2000）

***53** 経済産業省が熟練技術の継承をAI（深層学習）で実現すべく、平成31年度18億円を予算化したそうだが、かつてのエキスパートシステムでの困難さを深層学習で克服できるかもしれない。

***54** この図（プロダクト・ポートフォリオ・マトリクス）は経営分析に使われる手法で、横軸を市場シェア（左の方が大）、縦軸を成長率（上の方が大）として各技術や製品をプロットする。すると製品のライフサイクルが、右上（第一象限）から左回りに右下（第四象限）に至る、と見ることができ、どこに経営資源を投入すべきかがわかる。これは横軸と縦軸に重要な要因を充てて相関関係を可視化するためにも使える。またプロットする際、丸の大きさや形、色などで他の要因を表すこともでき、客観的な判断のためには便利な手法である。ここではどの技術も利便性やコストという観点では優劣をつけ難いので、「①利用にあたっての人間の意思の反映の難易度」と「②結果に対する合理性の判断の難易度」、という2つの要因に着目した。なお、丸の大きさは特に意味はないが、注目度と見てもよい。

第2章

人間の脳を機械で真似る＝ニューラルネットワーク

人工知能はいわば認知メカニズムの機械シミュレーションであるといわれる。人間の脳はニューロンという神経細胞のつながりでできているので、これを真似てコンピュータを作れば、脳活動の真似ができるというわけだ。このような考え方に基づいて、ニューラルネットワークが生まれ、発展してきた。人間の脳活動はニューロンだけで行われるわけではないので、実際にはこのような考え方には限界があるが、普通の手続き的なプログラムではできないこと、例えば連想 *1 や、学習による進化、数値処理において多数の計算の並行処理などができる、という側面もあり、応用範囲は広い。近年注目されている深層学習 *2 の原理も、ニューラルネットワークを基本としている。

ここではニューラルネットワークの動作原理を知るために、初期に考案された代表的なニューラルネットワークである、パーセプトロンとホップフィールドネットワークのシミュレーションを行う。さらに、近年の深層学習への扉を開いた自己符号化器のシミュレーションも用意している。例題として、アルファベットや○×の文字認識を扱う。手書き文字だと他の技術要素（特徴抽出 *3 など）も必要になり難しいので、ここでは限られた入力方法で考えることにする。しかしそれでも十分、連想の面白さはわかると思われ、手書き文字認識や様々な応用技術の基本的な原理を知ることができる。

---

*1 連想（Association）：ある事象についてそれ自体ではなく、類似の事象から目的の事象を特定すること。パターンマッチングの場合は、一部分がまったく同じときに残りの部分も同じとみなす、という特定方法になるが、連想の場合は微妙にずれていても特定する。

*2 深層学習（Deep Learning）：初期のニューラルネットワークでは、利用にあたって人間の関与が前提であったが、深層学習では、データを与えるだけで人間の関与なしで必要な結果を得ることができる。いわば人間の脳活動に近い、あるいは人間が考え付かないような結果も生み出すことができる、と期待されている。第1章と第8章も参照のこと。

*3 特徴抽出：文字の点画を特徴として定義して、入力パターンをその特徴で識別する。様々な文字を区別できるように、注目すべき特徴は人間が抽出しておく必要があるが、これが大変な作業である。深層学習では特徴抽出自体を自動的に行う。

体験してみよう

多少ゆがんだ文字でも人工知能なら正しく認識できる

～パーセプトロンによる文字認識～

ダウンロードファイル　Ex1_Perceptron 文字認識 .xlsm

「体験してみよう」のページでは、人工知能の各技術のシミュレーションを行います。まずは実際に、Excel でサンプルプログラムを操作してみてください（簡単な入力とクリック操作だけです）。体験した後で、その仕組みや用語などについて、詳しく解説します。

パーセプトロンは、最も初期に考案されたニューラルネットワークである。ここではアルファベット 26 文字を認識できるようにしてみよう。すなわち、アルファベット 26 文字のうちいずれかの文字を記憶したネットワークを作り、任意の入力パターンから記憶した文字を連想する、というシミュレーションである。

26 文字をすべて認識するにはかなり大がかりになるので、サンプルプログラムは PC 上で簡易に実行できる範囲にした。そのため一度に数文字ずつしか記憶できないが、それでもパーセプトロンの面白さは実感できると思う。数文字では物足りないということなら、Excel のシートを変更していろいろ試すこともできる。

▸Excel シートの説明

[Dot Pattern] シート：記憶するアルファベットのパターン（各文字 7×5 のセル領域を使用）

[Perceptron] シート：シミュレーションの解説

[Percep] シート：パーセプトロンによる文字認識シミュレーション

▸操作手順

① [Percep] シートを開き、記憶させたい文字に＊を入力する（1 回につき 3 文字程度まで）。

② [Filter] ボタンを押すと、教師信号が設定される。やり直す場合は、[Clear] ボタンを押す。

③ [Init] ボタンを押して、重み配列を初期化する。

④ 重み配列学習回数を入力し、[Weight] ボタンを押す。学習結果や、学習後の重み配列が表示される。

⑤ 重み配列の学習をやり直す場合は、[Reset] ボタンを押す。

⑥ セルを黒く塗りつぶして文字パターンを入力し、[Input] ボタンを押す。文字パターンを多少ゆがませると、パーセプトロンによって連想できることがわかる。塗りつぶし箇所については「Dot Pattern」シートを参照。

⑦ [Recall] ボタンを押すと、文字パターンの想起演算が実行され、想起パターンが表示される。教師信号に一致しない場合は、想起に失敗する。

⑧ 入力パターンを再入力する場合は、[Retry] ボタンを押す。

⑨ 最初からやり直す場合は、[Clear] ボタンを押す。

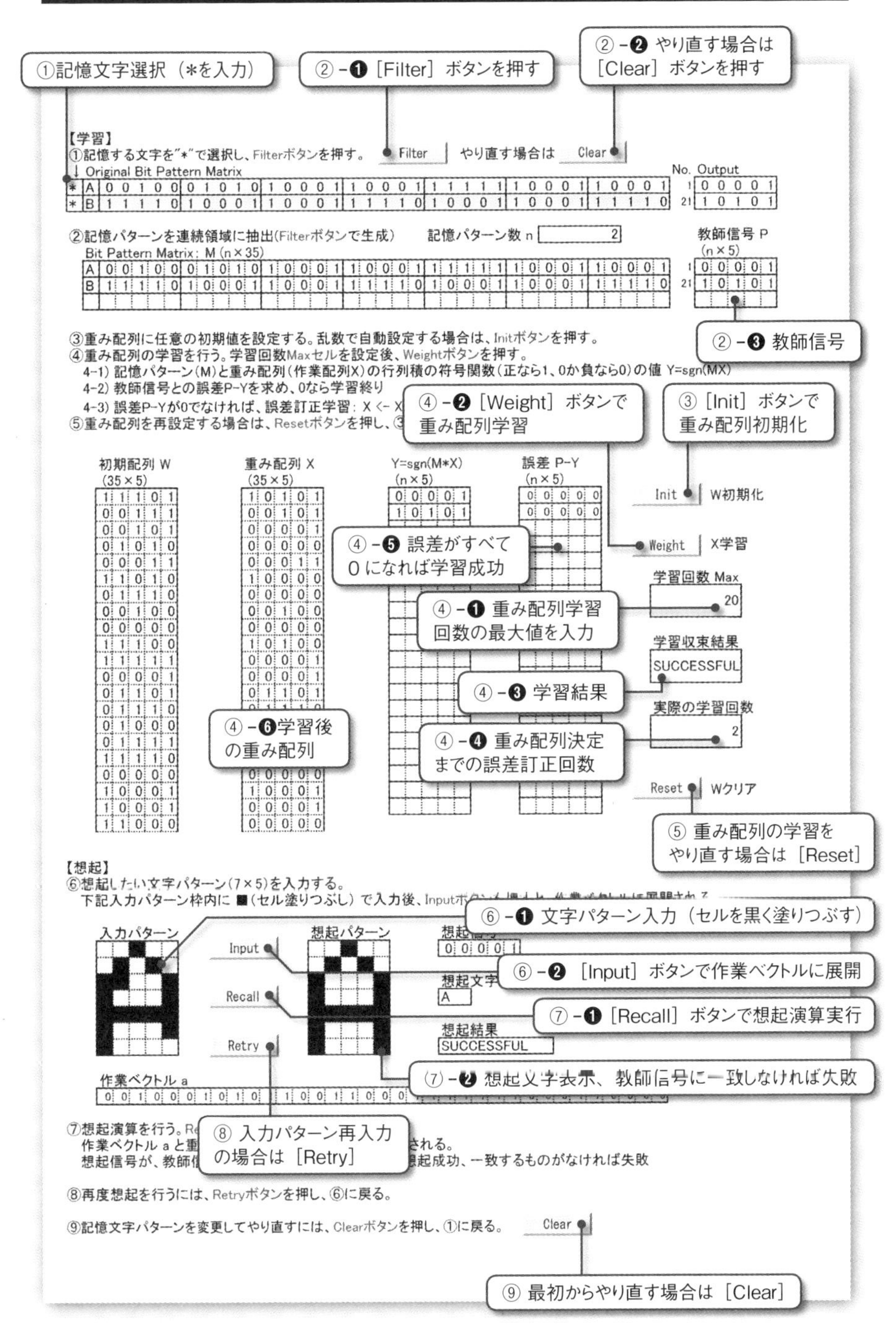

①記憶文字選択（*を入力）
②-❶［Filter］ボタンを押す
②-❷やり直す場合は［Clear］ボタンを押す
【学習】
①記憶する文字を"*"で選択し、Filterボタンを押す。
Filter
やり直す場合は
Clear
↓ Original Bit Pattern Matrix
No. Output
②記憶パターンを連続領域に抽出(Filterボタンで生成)
記憶パターン数 n
2
教師信号 P
(n×5)
Bit Pattern Matrix：M (n×35)
②-❸教師信号
③重み配列に任意の初期値を設定する。乱数で自動設定する場合は、Initボタンを押す。
④重み配列の学習を行う。学習回数Maxセルを設定後、Weightボタンを押す。
4-1) 記憶パターン(M)と重み配列(作業配列X)の行列積の符号関数(正なら1、0か負なら0)の値 Y=sgn(MX)
4-2) 教師信号との誤差P-Yを求め、0なら学習終り
4-3) 誤差P-Yが0でなければ、誤差訂正学習：X <- X
⑤重み配列を再設定する場合は、Resetボタンを押し、③
④-❷［Weight］ボタンで重み配列学習
③［Init］ボタンで重み配列初期化
初期配列 W
(35×5)
重み配列 X
(35×5)
Y=sgn(M*X)
(n×5)
誤差 P-Y
(n×5)
Init
W初期化
④-❺誤差がすべて0になれば学習成功
Weight
X学習
学習回数 Max
20
④-❶重み配列学習回数の最大値を入力
学習収束結果
SUCCESSFUL
④-❸学習結果
実際の学習回数
2
④-❻学習後の重み配列
④-❹重み配列決定までの誤差訂正回数
Reset
Wクリア
⑤重み配列の学習をやり直す場合は［Reset］
【想起】
⑥想起したい文字パターン(7×5)を入力する。
下記入力パターン枠内に■(セル塗りつぶし)で入力後、Inputボ
⑥-❶文字パターン入力（セルを黒く塗りつぶす）
入力パターン
Input
想起パターン
⑥-❷［Input］ボタンで作業ベクトルに展開
想起文字
A
Recall
⑦-❶［Recall］ボタンで想起演算実行
Retry
想起結果
SUCCESSFUL
⑦-❷想起文字表示、教師信号に一致しなければ失敗
作業ベクトル a
⑦想起演算を行う。Re
作業ベクトル a と重
想起信号が、教師信
⑧入力パターン再入力の場合は［Retry］
される。
想起成功、一致するものがなければ失敗
⑧再度想起を行うには、Retryボタンを押し、⑥に戻る。
⑨記憶文字パターンを変更してやり直すには、Clearボタンを押し、①に戻る。
Clear
⑨最初からやり直す場合は［Clear］

【注意事項】

・記憶する文字はどれでもよいが、同時に３文字程度まで。文字数が多いとうまく記憶できない。
・Bit Pattern Matrix M は、各文字の記憶パターン配列を横１行に並べ、記憶個数分だけ縦に並べたものである。
・学習は重み配列が教師信号を出力できるようになるまで、すなわち誤差 P − Y が０になるまで繰り返される。しかし、記憶文字数が多いと誤差 P − Y が０にならない。この場合は記憶文字が線形分離可能でないと考えられ、学習失敗になるので、[Reset] ではなく、[Clear] で記憶文字選択からやり直す。重み配列は１通りというわけではなく、初期値によって変化するので、いろいろ試してみよう。
・記憶文字のパターンは Dot Pattern シートで確認する。入力パターンは、記憶文字と同じパターンでも、多少違うパターンでもよい。[Input] ボタンを押すと、7 × 5 の入力パターン配列を横１行に並べた作業ベクトル a が設定される。
・想起演算実行（[Recall] ボタン）：作業ベクトル a と重み配列 X の行列積（各要素とも、符号により１か０）が記憶パターン配列 M のいずれかの行に一致すれば、その行に相当する記憶パターンを想起したことになる。入力パターンが記憶パターンのいずれかと同じ場合は必ずその文字を想起するし、多少違っていても近い文字を想起する。これが連想である。記憶パターンのいずれにも一致しない場合は想起失敗である。想起演算結果は想起パターンに表示される。

このシミュレーションで、アルファベット26文字を一度に記憶することは難しいが、文字数を増やす試みは、次のようにすればできる。

記憶文字を選択する Original Bit Pattern Matrix（シート内の①）の右端の Output 設定欄の部分を、記憶する文字パターンが線形分離可能 *4 になるように変更する。線形分離可能性の判断基準は本文でも少し触れているが、実際には難しいので、重み配列の学習を試みて誤差が０になればよい、とする。

***4**　線形分離可能：記憶パターンが整然としていること。そうでないと重み配列の学習がもぐらたたき状態となり収束しない。

体験してみよう

もっとゆがんだ文字でも人工知能なら正しく認識できる
～ホップフィールドネットワークによる文字認識～

ダウンロードファイル　Ex2_HopfieldNet 文字認識 .xlsm

今度は、アルファベット 26 文字の認識をホップフィールドネットワークで試みる。ホップフィールドネットワークも初期に考案されたものだが、パーセプトロンでは難しかったこと、例えば記憶文字パターンの線形分離可能性や、連想の敏感性 *5 が改善される。

やはり 26 文字をすべて認識するのは大がかりになるので、ここではノード数 *6 をアルファベット 1 文字の記憶に最低必要な 7 × 5＝35 にしている。したがって、同時に数文字しか記憶できないが、かなりゆがんだ入力でも、最も近い文字を連想できることを確認できる。

▸ Excel シートの説明

[Dot Pattern］シート：記憶するアルファベットのパターン（各文字 7×5 のセル領域を使用）

[Hopfield network］シート：シミュレーションの解説

[Hop］シート：ホップフィールドネットワークによる文字認識シミュレーション

▸ 操作手順

① [Hop］シートを開く。記憶させたい文字に＊を入力し、[Filter］ボタンを押す。やり直す場合は［Clear］ボタンを押す。

② [Weight］ボタンを押すと、重み配列が計算される。

③ セルを黒く塗りつぶして文字パターンを入力し、[Input］ボタンを押す。文字パターンをゆがませると、ホップフィールドネットワークによって連想できることがわかる。塗りつぶし箇所については「Dot Pattern」シートを参照。

④ 想起演算を繰り返す最大数を入力し、［Recall］ボタンを押す。想起パターン、想起結果、演算回数が表示される。

⑤ 入力パターンを再入力する場合は、［Retry］ボタンを押す。

⑥ 最初からやり直す場合は、［Clear］ボタンを押す。

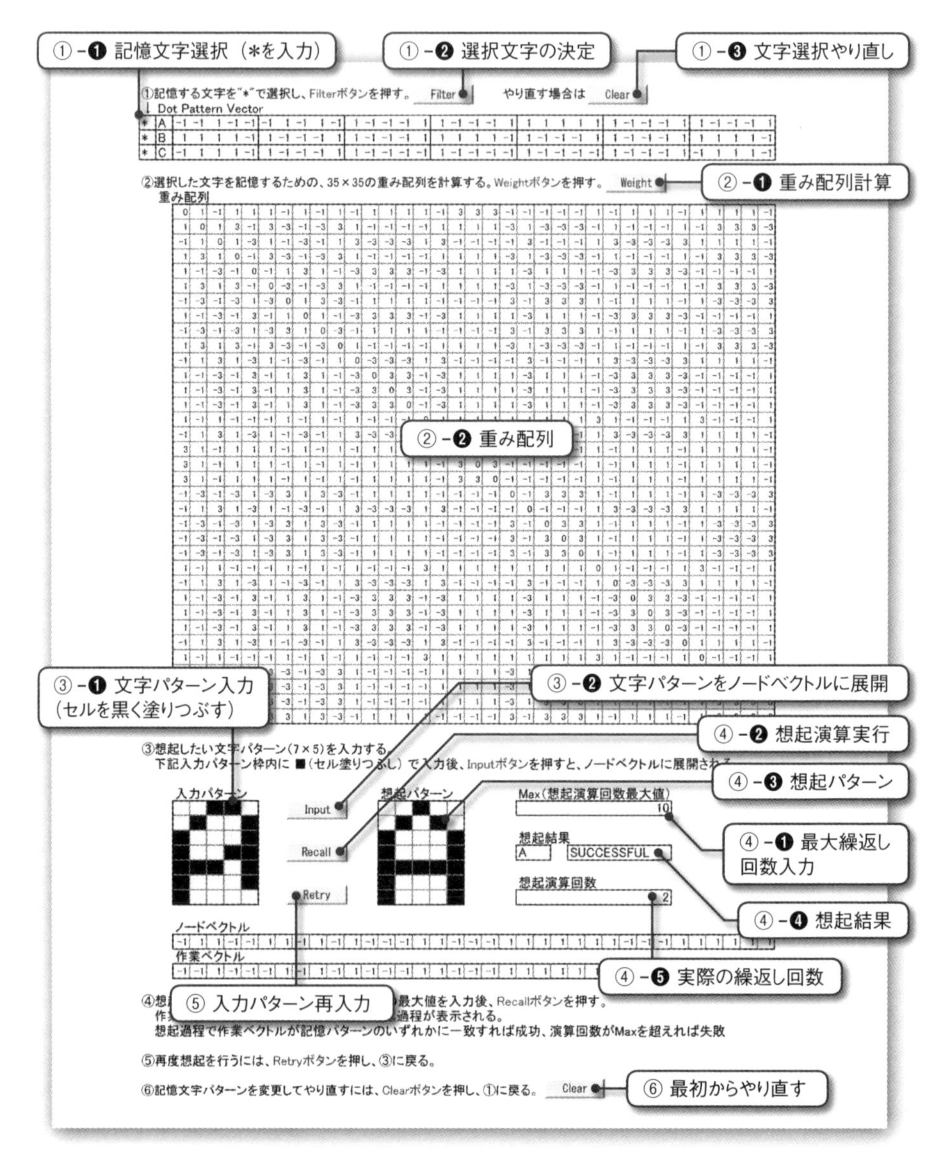

【注意事項】

・重み配列は、各記憶文字パターンベクトルの直積の和とする。

・記憶文字のパターンは Dot Pattern シートで確認する。入力パターンは、記憶文字と同じパターンでも、違うパターンでもよい。[Input] ボタンを押すと、ノードの状態を表すノードベクトルが設定される。これは入力文字パターン配列を横 1 行に並べたものである。

・ノードベクトルは初期パターンとして変化せず、想起演算の結果は作業ベクトルと想起パターンに表示される。想起演算は作業ベクトルと重み配列の行列積を計算し、これが記憶文字パターンのいずれかに一致すれば想起演算は成功、そうでなければ想起演算が繰り返され、繰返し回数が Max（想起演算回数の最大値）を超えたときは想起失敗である。

記憶文字数を増やす場合は、ノード数を増やして、文字パターンをもっと小さいドットで細かく定義する必要がある。記憶文字数の 10 倍くらいのノード数として、26 文字なら 260 ノード、すなわち 16 × 16 のドットパターンを用意すれば、このような簡易な重み配列でもアルファベット 26 文字を同時に記憶できるはずだが、この場合は Excel VBA マクロプログラムも修正する必要がある。

***5** 敏感性：入力の小さな変化によって出力が大きく変化すること。敏感性があると連想結果が必ずしも近いものにならない。

***6** ノード数：ネットワークを構成する節点の数。

体験してみよう

正解がわからなくても人工知能が自力で認識してくれる

～自己符号化器による○×判別～

ダウンロードファイル　Ex3_Autoencoder.xlsm

先の２つのシミュレーションはいずれも、各文字パターンに対応する出力パターンを与えていたが、出力パターンを与えないで文字を判別する、自己符号化器のシミュレーションを試みる。

自己符号化器は、近年注目の深層学習のもとになったニューラルネットワークで、データの特徴から、確かに入力データを判別できる。ただし、ここではアルファベットの判別は難しいので、○×パターンの判別とする。

▸Excel シートの説明

[Autoencoder] シート：シミュレーションの解説

[Pattern] シート：入力データパターンの設定

[Default] シート：入力データパターン（1文字当たり５×５以下のセル領域を使用）

[AE] シート：自己符号化器による○×判別のシミュレーション

[WK] シート：同シミュレーション過程で使用する作業域

▸操作手順

①[Pattern] シートで、入力データパターンを設定する。最上部の選択ボタンでDefault のパターンを選択し、[PClear]、[Convert] の順でボタンを押すと、Bit Pattern Matrix が設定される。上部のパターン表示領域に、直接手作業でセルを塗りつぶして設定してもよいし、[Default] シート上のデータを書き替えることもできるが、この場合は「データ数（縦、横）」と「データサイズ」も設定すること。

②画面下のタブを切り替え、［AE］シートを表示する。「ネットワーク形状」は、［Pattern］シートでDefaultから選択した場合は設定済みだが、手作業で設定した場合は、期待するネットワーク形状（各層のノード数）を入力する。

③上部の［Clear］ボタンを押すと、「学習するパターン」領域に①で設定したBit Pattern Matrixが表示される。実際に学習に使用するパターン（行単位）の左端に「*（半角）」を入力し、［Filter］ボタンを押す。これで「学習するパターン」領域に必要な行だけ表示され、「学習データ数」が設定される。「*」を1個も入力しないと、すべてを選択したとみなす。

④「各層の学習最大回数」を設定する。Default選択の場合は、自動的に設定される。この規模では、学習回数を多くしても結果が振動するだけで、よくなっていかない可能性が高い。しかも、回数を多くすれば学習の精度が上がるというわけでもないので、留意されたい。

⑤［Init］ボタンを押すと、各層の重み配列が乱数によって初期設定され、作業域もクリアされる。

⑥［Learn］ボタンを押すと、自己符号化器の学習が始まる。経過は「学習回数」と「誤差率」に表示される。誤差率が0%になるのが望ましいが、そうなる前に学習回数分の繰り返しが終わると、そのままの状態で次の層に進む。計算の経過は［WK］シート上の作業域に記録されるが、各層のノードの値（M）と重み配列（W）は［AE］シート上にも適宜表示される。⑤⑥は何度でも再実行可能。

⑦下部の「学習結果」に判別結果が表示される。判別結果は、ここでは常に4種類としているので、それぞれに分類された元の入力データパターンを重ね合わせて、「分類パターン」領域に表示する。期待通り判別できたかどうか、目視で確認してほしい。

⑧次に、この分類結果を使用して、任意の入力データを識別（連想）する。入力パターンを設定して、［Identify］ボタンを押すと、識別される。このとき同時に代表パターンも表示される。代表パターンはこの分類を代表するデータパターンであるが、必ずしも最適パターンとは限らないので、あくまで参考まで。⑧も何度でも実行可能。

▶[Pattern] シート

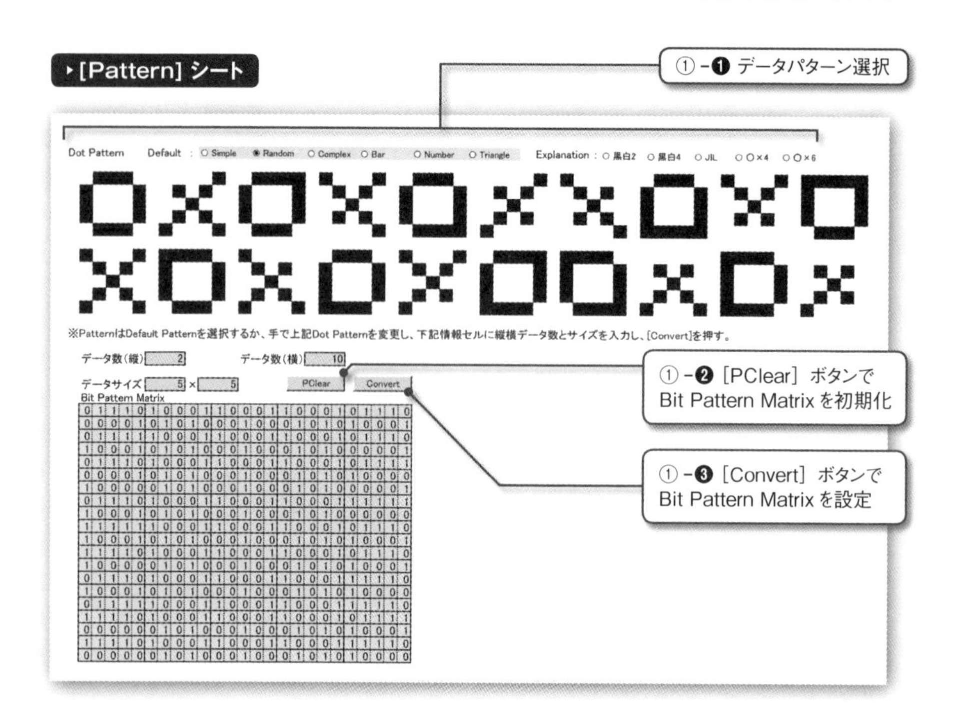

0	1	1	1	0	1	0	0	0	1	1	0	0	0	1	1	0	0	0	1	0	1	1	1	0
0	0	0	0	1	0	1	0	1	0	0	0	1	0	0	0	1	0	1	0	1	0	0	0	1
0	1	1	1	1	1	0	0	0	1	1	0	0	0	1	1	0	0	0	1	0	1	1	1	0
1	0	0	0	1	0	1	0	1	0	0	0	1	0	0	0	1	0	1	0	0	0	0	0	1
0	1	1	1	0	1	0	0	0	1	1	0	0	0	1	1	0	0	0	1	0	1	1	1	1
0	0	0	0	1	0	1	0	1	0	0	0	1	0	0	0	1	0	1	0	1	0	0	0	0
1	0	0	0	0	0	1	0	1	0	0	0	1	0	0	0	1	0	1	0	0	0	0	0	1
0	1	1	1	0	1	0	0	0	1	1	0	0	0	1	1	0	0	0	1	1	1	1	1	1
1	0	0	0	1	0	1	0	1	0	0	0	1	0	0	0	1	0	1	0	0	0	0	0	0
1	1	1	1	1	1	0	0	0	1	1	0	0	0	1	1	0	0	0	1	0	1	1	1	0
1	0	0	0	1	0	1	0	1	0	0	0	1	0	0	0	1	0	1	0	1	0	0	0	1
1	1	1	1	0	1	0	0	0	1	1	0	0	0	1	1	0	0	0	1	0	1	1	1	0
1	0	0	0	0	0	1	0	1	0	0	0	1	0	0	0	1	0	1	0	1	0	0	0	1
0	1	1	1	0	1	0	0	0	1	1	0	0	0	1	1	0	0	0	1	1	1	1	1	0
1	0	0	0	1	0	1	0	1	0	0	0	1	0	0	0	1	0	1	0	1	0	0	0	0
0	1	1	1	1	1	0	0	0	1	1	0	0	0	1	1	0	0	0	1	1	1	1	1	0
1	1	1	1	0	1	0	0	0	1	1	0	0	0	1	1	0	0	0	1	0	1	1	1	1
0	0	0	0	0	0	1	0	1	0	0	0	1	0	0	0	1	0	1	0	1	0	0	0	1
1	1	1	1	0	1	0	0	0	1	1	0	0	0	1	1	0	0	0	1	1	1	1	1	0
0	0	0	0	0	0	1	0	1	0	0	0	1	0	0	0	1	0	1	0	1	0	0	0	0

▶[AE] シート

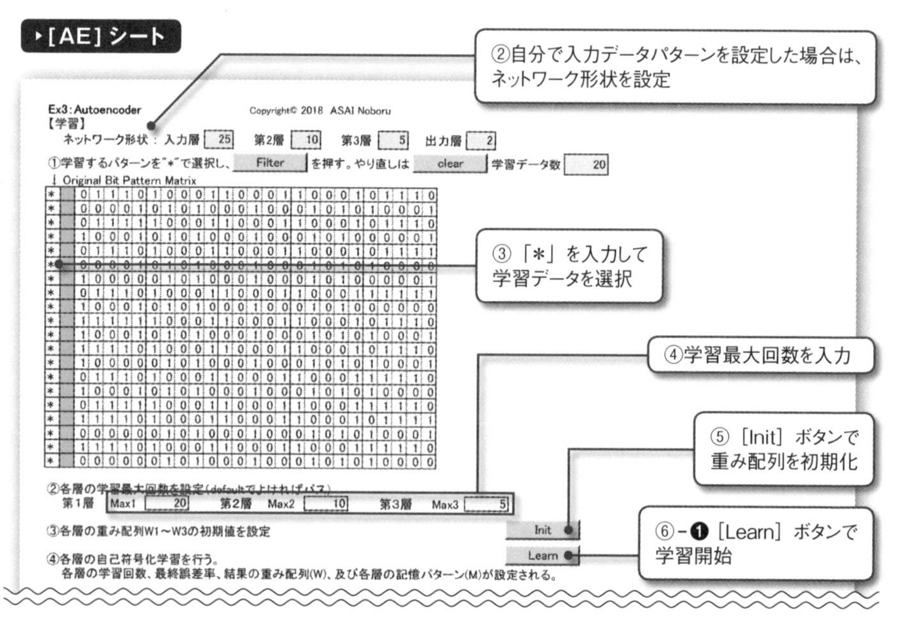

*		0	1	1	1	0	1	0	0	0	1	1	0	0	0	1	1	0	0	0	1	0	1	1	1	0
*		0	0	0	0	1	0	1	0	1	0	0	0	1	0	0	0	1	0	1	0	1	0	0	0	1
*		0	1	1	1	1	1	0	0	0	1	1	0	0	0	1	1	0	0	0	1	0	1	1	1	0
*		1	0	0	0	1	0	1	0	1	0	0	0	1	0	0	0	1	0	1	0	0	0	0	0	1
*		0	1	1	1	0	1	0	0	0	1	1	0	0	0	1	1	0	0	0	1	0	1	1	1	1
*		0	0	0	0	1	0	1	0	1	0	0	0	1	0	0	0	1	0	1	0	1	0	0	0	0
*		1	0	0	0	0	0	1	0	1	0	0	0	1	0	0	0	1	0	1	0	0	0	0	0	1
*		0	1	1	1	0	1	0	0	0	1	1	0	0	0	1	1	0	0	0	1	1	1	1	1	1
*		1	0	0	0	1	0	1	0	1	0	0	0	1	0	0	0	1	0	1	0	0	0	0	0	0
*		1	1	1	1	1	1	0	0	0	1	1	0	0	0	1	1	0	0	0	1	0	1	1	1	0
*		1	0	0	0	1	0	1	0	1	0	0	0	1	0	0	0	1	0	1	0	1	0	0	0	1
*		1	1	1	1	0	1	0	0	0	1	1	0	0	0	1	1	0	0	0	1	0	1	1	1	0
*		1	0	0	0	0	0	1	0	1	0	0	0	1	0	0	0	1	0	1	0	1	0	0	0	1
*		0	1	1	1	0	1	0	0	0	1	1	0	0	0	1	1	0	0	0	1	1	1	1	1	0
*		1	0	0	0	1	0	1	0	1	0	0	0	1	0	0	0	1	0	1	0	1	0	0	0	0
*		0	1	1	1	1	1	0	0	0	1	1	0	0	0	1	1	0	0	0	1	1	1	1	1	0
*		1	1	1	1	0	1	0	0	0	1	1	0	0	0	1	1	0	0	0	1	0	1	1	1	1
*		0	0	0	0	0	0	1	0	1	0	0	0	1	0	0	0	1	0	1	0	1	0	0	0	1
*		1	1	1	1	0	1	0	0	0	1	1	0	0	0	1	1	0	0	0	1	1	1	1	1	0
*		0	0	0	0	0	0	1	0	1	0	0	0	1	0	0	0	1	0	1	0	1	0	0	0	0

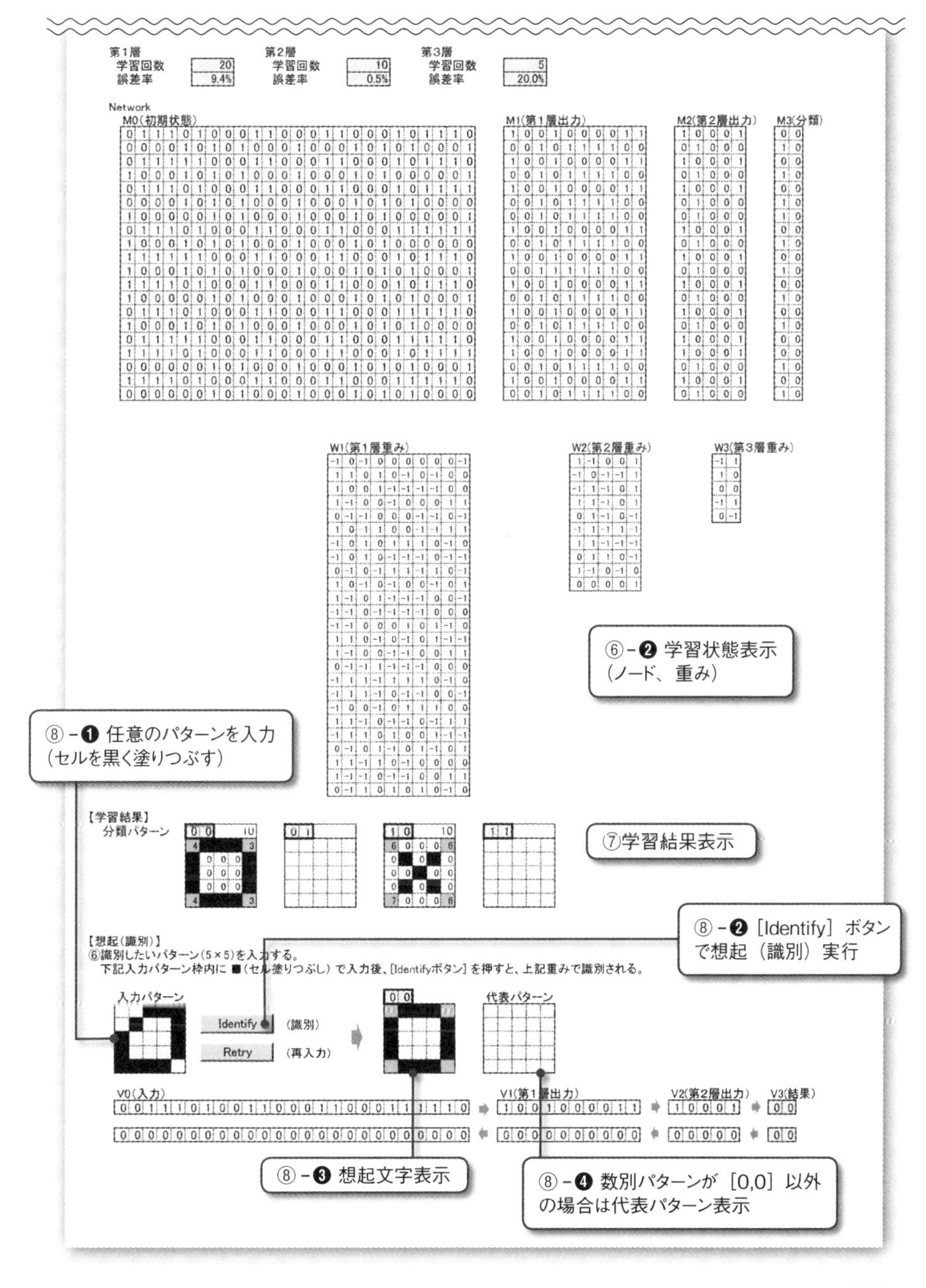
第1層
学習回数 20
誤差率 9.4%
第2層
学習回数 10
誤差率 0.5%
第3層
学習回数 5
誤差率 20.0%
Network
M0（初期状態）
M1（第1層出力）
M2（第2層出力）
M3（分類）
W1（第1層重み）
W2（第2層重み）
W3（第3層重み）
⑥-❷ 学習状態表示（ノード、重み）
⑧-❶ 任意のパターンを入力（セルを黒く塗りつぶす）
【学習結果】
分類パターン
⑦学習結果表示
⑧-❷［Identify］ボタンで想起（識別）実行
【想起（識別）】
⑥識別したいパターン（5×5）を入力する。
下記入力パターン枠内に ■（セル塗りつぶし）で入力後、［Identifyボタン］を押すと、上記重みで識別される。
入力パターン
Identify （識別）
Retry （再入力）
代表パターン
V0（入力）
V1（第1層出力）
V2（第2層出力）
V3（結果）
⑧-❸ 想起文字表示
⑧-❹ 数別パターンが［0,0］以外の場合は代表パターン表示

【注意事項】

・シミュレーション開始時は、必ず操作手順①から行うこと。前の状態が残っていても、途中から操作すると正しく動作しない。
・一度①からひと通り行えば、⑤以降は何度でも繰り返すことができる。

このシミュレーションは規模が小さいので、重み配列の精度はよくないかもしれない。重み配列の初期値によって、判別結果（出力パターンの値）は変わってしまう。操作手順⑤以降を繰り返し行ってみると、出力結果が一定しないことに気付く。それでも、どのような出力結果であっても、○×の判別自体はかなり正確に行えることがわかる。

［Pattern］シートには、Defaultパターンとして、○×判別以外のデータパターンも入れてあるが、これらは必ずしも○×判別ほどうまく動作しない。これはこのシミュレーションの限界としてご容赦願うが、実は自己符号化器の仕組みを理解する上では、うまく動作しないことも重要なヒントになる。この解説は第2章と第8章の本文を参照されたい。

以上、3種類のニューラルネットワークのシミュレーションを見てきたが、これらのシミュレーションは、いずれも行列の積和計算を中心とした単純な数値計算で成り立っている。もちろん本格的な人工知能ソフトウェアはもっと高度の数学を用いているが、深層学習を始め多くのニューラルネットワークを理解するための入り口としても、このシミュレーションで基本的な仕組みを実感してもらいたい。

2.1 脳のモデルとニューラルネットワークの考え方

本章の冒頭で述べたとおり、人間の脳はニューロンという神経細胞のつながりでできている。本節では、人間の脳をコンピュータで模倣するためのモデルとして、ニューラルネットワークを考える。

2.1.1 脳のモデル化

人間の脳は多くの神経細胞のつながりでできており、これをモデル化したのがマカロック・ピッツのモデル[*7]（Warren McCulloch & Walter Pitts 1943）である。これは、一つのニューロンにシナプスを通じて多数のニューロンからの入力信号が入り、それらの信号の和が一定の強さを超えれば、そのニューロンは発火[*8]し、軸索を通じて、自分とつながる他のニューロンに信号を出力するというものである（**図 2-1**）。

これを定式化すると、以下の式で表される。

式2-1

出力＝ $f(\Sigma W_i X_i)$

W_i：ニューロン間の結合の強さ　　X_i：各ニューロンからの入力

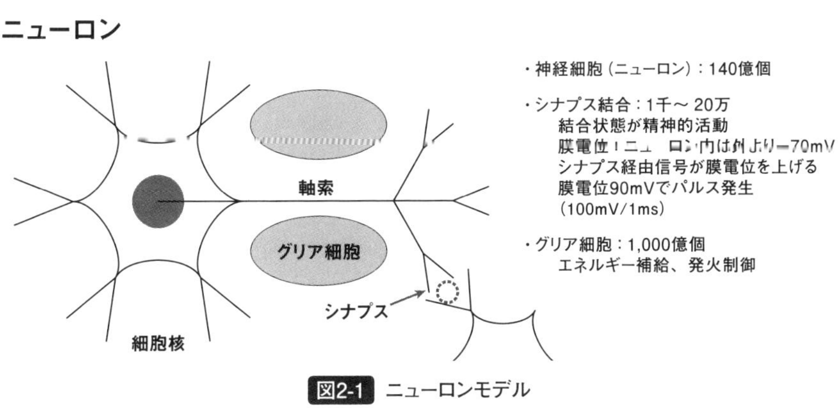

図2-1 ニューロンモデル

ここで、fは活性化関数といい、入力信号の総和から発火するかどうかを決める。最も簡単なものが閾値関数であり、総和が一定値（閾値）を超えれば発火し、一定値以下なら発火しない（図2-2）。

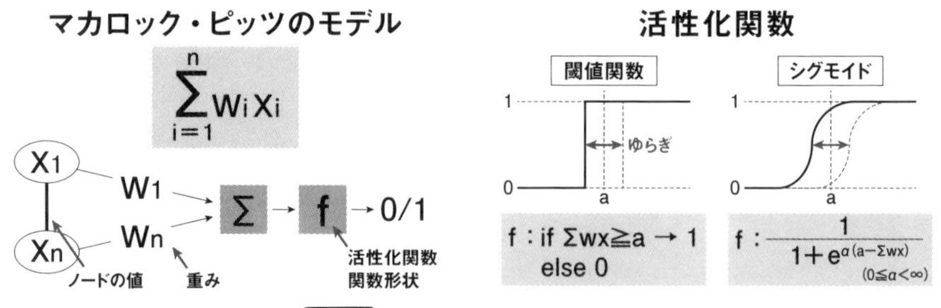

図2-2 マカロック・ピッツのモデル

2.1.2 ニューラルネットワークの構造

ニューラルネットワークは、ニューロンをコンピュータ素子によるノードで表し、ノード間を信号線でつなぐことで作られる。ノードのつなぎ方には大きく次の2種類の考え方がある（図2-3）。

- **階層構造型**：ノードを階層的に並べ、各階層間のノードは完全結合 *9 とするが、階層内はつながない
- **相互結合型**：すべてのノードを対等につなぐ。完全結合では線が多くなりすぎるので、選択的につなぐこともある

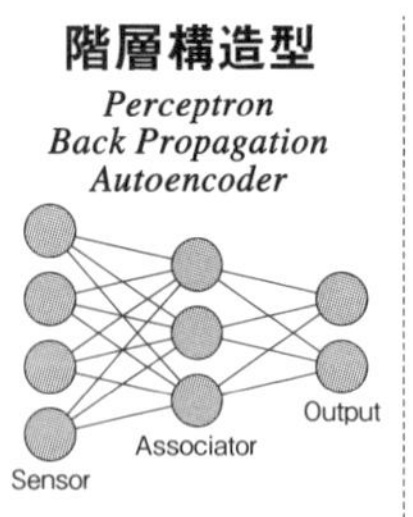

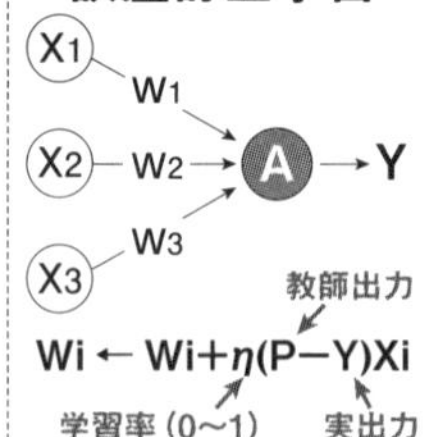

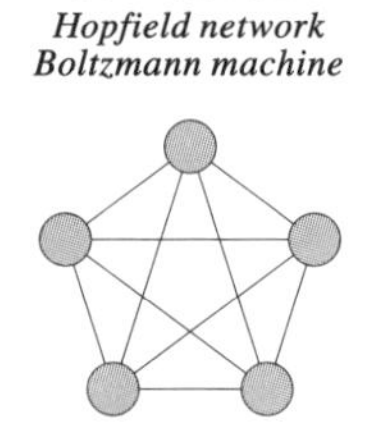

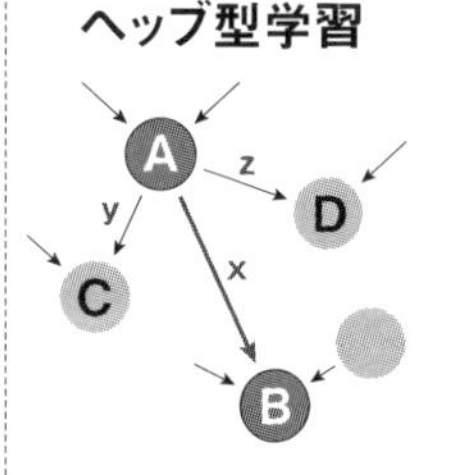

図2-3 ニューラルネットワークの形態と学習法

階層型のほうが線の数が少なくて済むし、信号の流れに方向性ができるので、人間の脳のニューロン信号の流れに近いネットワークになる。この考え方に基づいて最初に作られたのがパーセプトロン（Frank Rosenblatt 1958）であるが、適用に限界があり、その後、相互結合型の構造が生まれた。これは信号の流れに方向性がなく、各ノードの値とノード間の重み（結合の強さ）を、系全体として安定化する方向に変化させていく、という考え方である。これが脳の真似になっているかどうかは別として、連想とか組合せ最適化というような人間の脳活動に近い働きができ、適用範囲が大きく広がった。相互結合型の代表はホップフィールドネットワーク（John Hopfield 1982）である。

2.1.3　ニューラルネットワークの学習

ニューラルネットワークは、「学習」と「想起」という演算を繰り返すことで動作する。

学習は、ノード間の重み *10 や活性化関数 *11 の形状を変化させることである。ネットワークに記憶すべき状態が決まっている場合は、これを教師信号 *12 として入力し、期待する出力が得られるように、重みや活性化関数を変更すればよい。一方、そのような教師信号がない場合は、隣り合うノードの発火状態や、系全体に与えられた何らかの報酬を見ながら、重みなどを変更していくことになる。教師信号が必要か否かにより、教師あり学習、教師なし学習と呼ぶ。代表的な学習方式には次のようなものがある。

- **誤差訂正学習**：教師信号を入力したときの期待出力と実際の出力が同じになるように変更する（階層構造型の場合）
- **ヘッブ型学習**：隣接するニューロンが共に発火すればその結合重みを増すように変更する（相互結合型の場合）

これらは教師あり学習だけでなく、教師なし学習でも内部的に利用される。教師あり／なし学習の概念については、第8章で述べる。

2.1.4 ニューラルネットワークの想起

学習を終えたニューラルネットワークに任意のデータ（ノードの初期状態）を入力すると、ネットワークが動き出して何らかの出力（ノードの最終状態）が得られる。この過程を想起という。

階層型の想起は、１回の想起演算で、教師信号どおりの出力が得られれば想起成功、得られなければ想起失敗ということになる。このとき入力が教師信号と完全に一致している場合は、必ず教師信号どおりの出力が得られる。入力が教師信号と異なる場合は、いずれかの教師信号に一致する出力が得られることもあるし、予期しない出力になることもある。入力が教師信号と異なっていても、出力が教師信号と一致する場合を連想という。

これに対し、相互結合型の想起は、一般に系全体が安定状態になるまで想起演算を繰り返す。系の安定状態とは、想起演算を繰り返しても各ノードの値が変化しなくなる状態であり、それが記憶内容に一致すれば想起成功、そうでなければ想起失敗である。失敗するときは、想起演算が収束せず、何度も同じノードの状態が繰り返される、といった状態に陥ることもある。また、想起演算が収束はするが、期待するノードの状態ではない、ということもある。後者のような状態は局所解 *13 と呼ばれ、さらに最良解 *14 を得る工夫を施したボルツマンマシン（Geoffrey Hinton 1985）なども考案されている。

相互結合型は想起演算を繰り返すので、連想が得意である。多少ずれた入力に対しても何らかの連想結果が得られるので、面倒なパターン認識 *15 とか特徴抽出の代わりに、似たものを特定するという用途に使える。

それでは、パーセプトロンとホップフィールドネットワークの学習と想起を具体的に見てみよう。

---

*7 脳細胞は 140 億個といわれている。人間の身体全体が 60 兆個の細胞でできているとすれば、意外と少ない気もする。PC でもメモリ容量が 2GB（160 億ビット）なのに、と思うかもしれないが、コンピュータのビットは２値（0 か 1）なので、データ量は $2^{160億}$ 通り。一方、脳はニューロンモデルが発火する（1）かしない（0）かの２値出力となっていても、実際はグリア細胞というニューロン以外の神経細胞のため

に、出力はディジタルではなくアナログ信号に近い可能性がある。さらに1個のニューロンは別の20万個のニューロンにつながっていて、それぞれにグリア細胞が関与するとすれば、データ量は20万^{140億}というとてつもない量になる。脳活動はニューロンの数だけの問題ではなく、まだ解明されていない生理的な要因があるはずで、ニューロンモデルで実現できる範囲は脳活動の一部にすぎないと思われる。

***8** 発火（fire）とは、ニューロンが興奮して出力信号を送り出す状態を指す。マカロック・ピッツのモデルでは、出力を1か0で表す。

***9** 完全結合とは、各ノードを他のすべてのノードとつなぐという意味で、ノード数nとすれば結線の数は$n(n-1)/2$本になる。

***10** 重み：ノード間の結合の強さを表し、通常は0から1の間の値で表すが、場合によってはそれ以外の自由な値を使うこともある。ノード間の信号の流れ易さ、と考えてよい。

***11** 活性化関数：マカロック・ピッツのモデルで、入力の総和に対して最終的な出力値を決める関数のことで、通常は閾値関数（入力がある値を超えたら1を出力、それまでは0を出力）が用いられるので、活性化という名前がついている。しかしシグモイド（S字状）関数が用いられることもあり、必ずしもディジタル出力ではない場合もある。

***12** 教師信号：ネットワークに記憶させたい信号パターン。すなわち、ある入力に対して決められた出力という、対のデータのこと。

***13** 局所解：望ましい解ではないが、部分的に見ればその範囲では解といえる、という意味。探索法の用語。探索法については、第6章を参照のこと。

***14** 最良解：全体を見回して最も望ましい解、という意味。これも探索法の用語。

***15** パターン認識：データ（画像、音声、文字など）から何らかの形状とか意味付けを抽出すること。

2.2 パーセプトロン (Perceptron)

パーセプトロンは、ローゼンブラット（Frank Rosenblatt 1958）が考案した最も初歩的な階層型のネットワークである。構造は、受容器（Sensory Unit）、連合器（Association Unit）、応答器（Response Unit）というノード階層からなる3層構造で、受容器と連合器は重み固定の完全結合、連合器と応答器は重み可変の完全結合である。

信号は、受容器から連合器を経て応答器の方向に流れる一方通行である。受容器の各ノードに値を設定することがネットワークへの入力となり、出力は応答器の各ノードの値として得られる。

2.2.1 パーセプトロンの重み学習

パーセプトロンの学習は、教師信号入力に対し、期待信号が出力されるように連合器と応答器の間の重みを変化させることである。期待出力が1なのに0が出力されたときは重みを増し、逆のときは重みを減らす、といった操作を繰り返すことで重みの学習が進み、複数の教師信号に対応する重みが決まる。しかし、複数の教師信号を同時に扱うということは、互いに影響し合うわけで、重みの調整が難しい。幸い教師信号が線形分離可能 *16 なら、学習は必ず収束するという、学習収束定理がある。逆に線形分離可能でない場合は、いわばもぐらたたき状態になり、学習が収束しない可能性が高い。

2.2.2 パーセプトロンの重み学習の具体例

具体的に、連合器3ノード、応答器2ノードのパーセプトロンで重みの学習をしてみよう（図 2-4）。

受容器は重み学習に無関係なので、ここでは考えない。連合器と応答器の間の重みを3×2の行列Wで表すことにする。これを重み配列と呼ぶ。重み配列の各要素が、連合器と応答器の各ノードをつなぐ線に与えられた重み（信号線の抵抗と考えてもよい）である。

教師信号として、4通りのデータがあるとする。各データは、連合器の各ノードの値（Xi）に対する応答器の値（Yj）を示す。出力 Yj は、入力 Xi と重み配列 W から、前述の【式 2-1】に従って計算される。Xi と Yj の関係が教師信号どおりになるように W の各要素を調整することが、重みの学習ということになる。

一つの教師信号の [Xi] を 3 要素ベクトルとみなし、【式 2-1】に従って計算すると、ベクトルと行列の掛け算を行うことになり、この積和計算の結果、2 要素ベクトル [Yj] が得られる。ここで活性化関数　f　は、積和計算の結果が 0 のとき 0、正のとき 1 を出す関数（0 を閾値とする閾値関数）とする。

一つ目の教師信号の入力 [0 0 0] に対し、出力 [0 0] を得るには、W の要素がすべて 0 でもよいが、これでは 2 つ目の教師信号 [0 1 0]　から [1 0] が出ないので、W の要素のどれかを 1 にしなければならない。同様に 3 つ目、4 つ目の教師信号に対しても同じ W で対処しなければならない。そこで、教師信号の入力に相当する部分を X、出力に相当する部分を Y で表すと、教師信号は次のような行列演算 *17 とみなすことができる。

式2-2

Y = f (XW)　　W：重み配列、X：教師信号入力データ

【式 2-2】 は、**【式 2-1】** を教師信号の数だけ一度に計算するように拡張した形になっている。

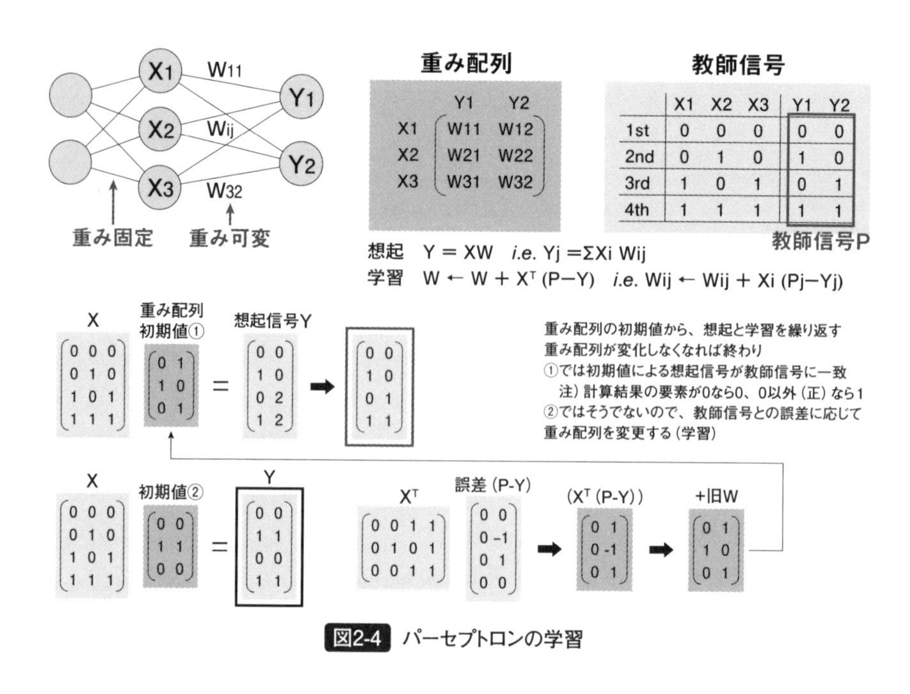

図2-4 パーセプトロンの学習

2.2.3 誤差訂正学習

それでは重みの学習を行ってみよう。まずWとして任意の3×2の行列を用意する。【式2-2】を使ってYを求めると、教師信号の出力（P）と異なる結果が得られるかもしれない。そのときは両者の差（P－Y）を求め、これをWに反映し、再度【式2-2】の計算を行い、P＝Yになるまで繰り返す。P－Yが誤差であるから、これが0になるように重みを調整していく、という意味で誤差訂正学習という。誤差訂正には通常、次の式を使う。

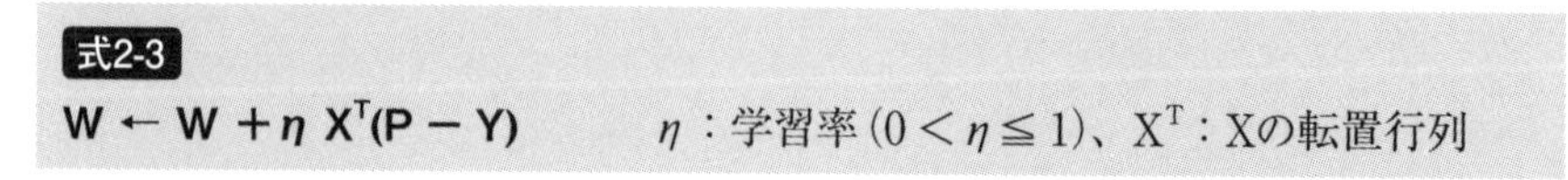

ηは学習率を表し、大きいほど誤差訂正が急激に進むが、振動に陥る危険性も高くなる。シミュレーションおよびここまでの説明では簡単にするために η =1としているが、実際には極端な変化を防ぐために、学習率は比較的小さ

く設定することが多い。

2.2.4 線形分離可能性

今扱っている教師信号は、入力 X の各要素を 3 次元空間に置くと、出力 Y の各要素 (0,1) が平面で分離できることがわかる（**図 2-5 a**）。ここで Y を少し変更した教師信号を考えてみよう。すると、今度は X を 3 次元空間に置いたとき、Y を平面で分離できない場合があることがわかる（**図 2-5 b**）。

この場合は、同じような誤差訂正学習を繰り返しても、誤差がなくならず、重み配列 W が変化しなくなってしまう。すなわち、線形分離不可能な教師信号に対しては、パーセプトロンの重み学習はうまくいかない。言い換えると、そのような教師信号は記憶できないということになる。

一般に教師信号が線形分離可能か否かの判断は難しいが、一つの指標として、入力 X の各要素の変化に対して、他の要素を固定したとき、出力 Y の各要素がいずれも単調変化すれば、線形分離可能といえる。

a. 線形分離可能な教師信号

	X1	X2	X3	Y1	Y2
1st	0	0	0	0	0
2nd	0	1	0	1	0
3rd	1	0	1	0	1
4th	1	1	1	1	1

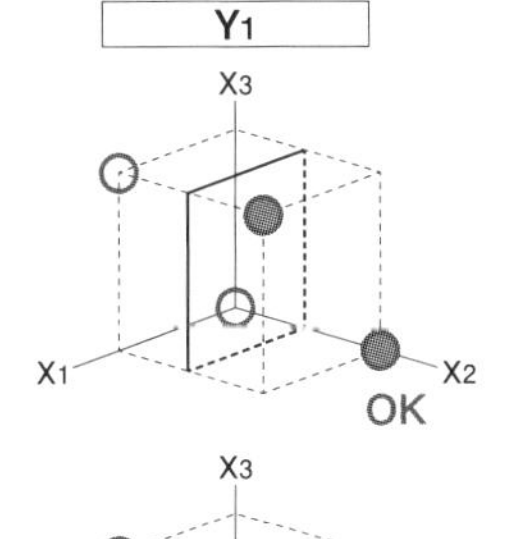

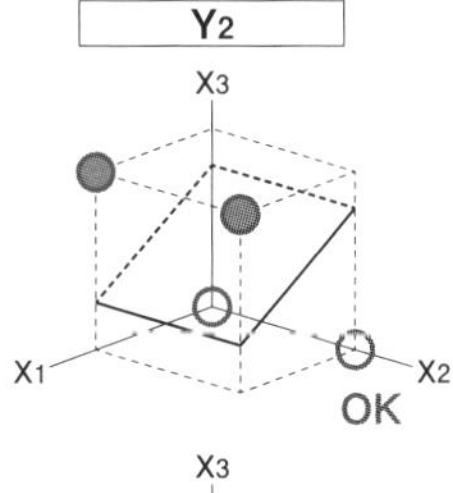

b. 線形分離不可能な教師信号

	X1	X2	X3	Y1	Y2
1st	0	0	0	0	0
2nd	0	1	0	1	0
3rd	1	0	1	1	0
4th	1	1	1	0	1

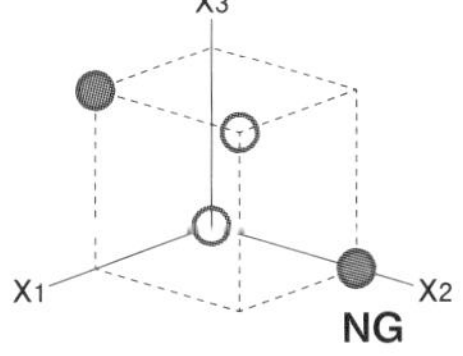

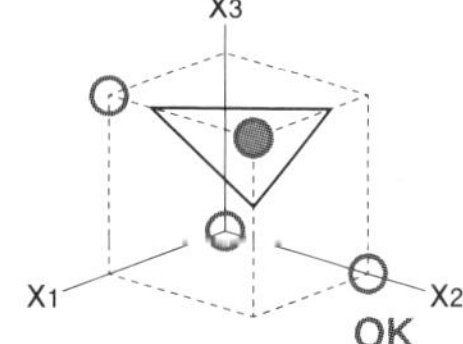

a.の教師信号は、Xを3次元空間に置いたとき Yの各要素が平面で分離できるので、線形分離可能。
b.の教師信号は、同様に考えるとき、Y1の要素が平面で分離できないので、線形分離不可能。
b.の教師信号で重みの学習を行うと、誤差訂正を繰り返しても誤差が0になるような W にならない。
この場合は教師信号を記憶することができない、ということになる (○：Yi=0, ●：Yi=1)。

図2-5 線形分離可能性

2.2.5 パーセプトロンの想起

想起時のパーセプトロンへの入力は、受容器の各ノードにデータを設定することであるが、受容器と連合器の間は想起演算とは無関係なので、ここでは先の具体例を使って、連合器のノードに直接値を設定するとして想起演算を行ってみよう。想起演算は【式2-2】を使って行う。fは0を閾値とする閾値関数である。

入力として教師信号のXに相当するデータを与えたときは、期待どおりYに相当する出力が得られる。しかし、入力が教師信号以外の場合はどうなるだろうか？ この例では8通りの入力パターンがあり、教師信号以外の4通りの入力に対しても、何らかの出力が得られるが、これは最も近い教師信号の出力が得られるのが望ましい。これがパーセプトロンの連想ということになるが、実際は教師信号との違いが敏感に出力に影響するので、連想にはあまり期待できない（図2-6）。

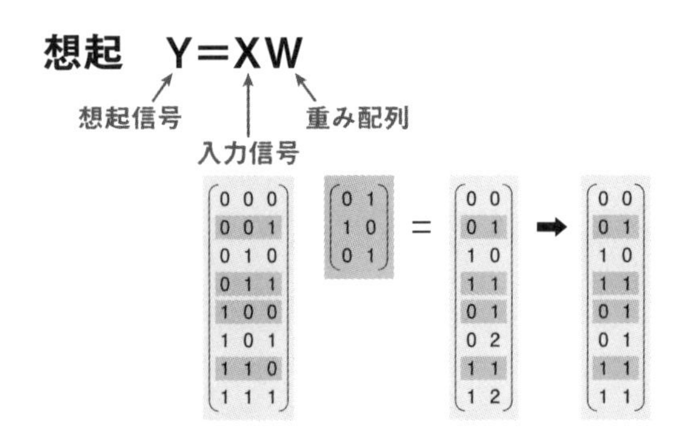

教師信号

	X1	X2	X3	Y1	Y2
1st	0	0	0	0	0
2nd	0	1	0	1	0
3rd	1	0	1	0	1
4th	1	1	1	1	1

教師信号以外の入力信号に対しては、近い信号を想起する。

図2-6 パーセプトロンの想起

2.2.6 パーセプトロンによる文字認識

パーセプトロンをより具体的に見るために、とても簡単な文字認識を試みよう（図2-7）。

J、I、Lの3文字を2×2の4マスで表し、これを連合器4ノード、受容器2ノードのパーセプトロンに記憶することを考える。この場合、4マスをベクトルに展開して3通りの教師信号ができる。教師信号の出力はJ、I、Lの番号（あるいはそれらを含む文字配列の添え字）とすると、2ビットあればよいので、応答器は2ノードでよい。

重み配列は4×2の行列であり、任意の値から始めて、重みの学習によって収束する。この重みを使って、16通りの入力に対して想起を行うと、教師信号以外にもJ、I、Lのいずれか近いものを出力する。判断のつかない入力に対しては、教師信号以外の出力（ここでは0）となる。とても簡単な文字認識であるが、パーセプトロンの学習と想起、また多少の連想のイメージがわかるであろう。

Excelのシミュレーションは、この方法で26文字を認識できるようにしたわけだ。

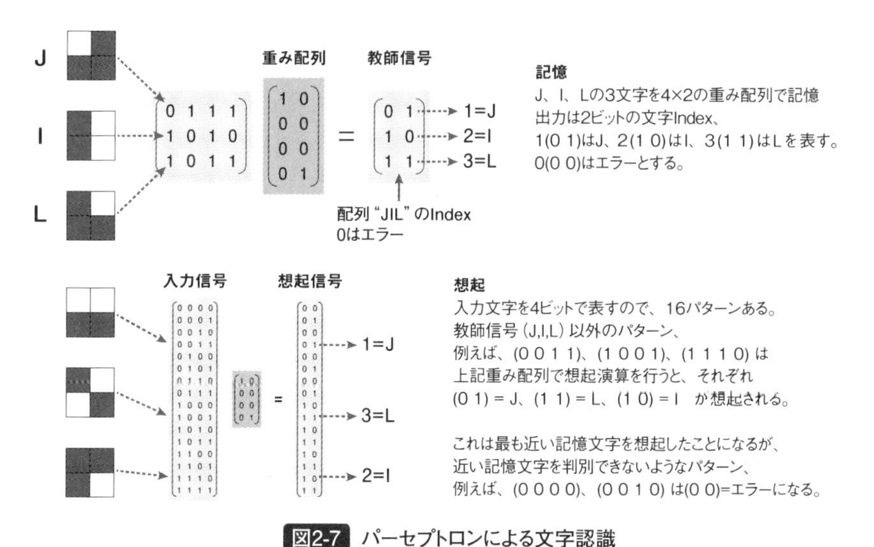

図2-7 パーセプトロンによる文字認識

---

*16 線形分離可能：整然としていること。具体的には、教師信号を平面に並べたときに1本の直線で分けられること。教師信号を3次元空間に置いた場合は、1枚の平面で分けられること。しかし一般に線形分離可能か否かを判断するのは難しい。

*17 行列積がWXかXWかは、入力を縦ベクトルか横ベクトルのどちらで考えるかによる。ここでは横ベクトルで考える。

2.3 ホップフィールドネットワーク(Hopfield Network)

ホップフィールドネットワークは、ホップフィールド（John Hopfield 1982）が考案した相互結合型のネットワークである。構造は各ノード間を双方向完全結合とし、ノードの値に応じて次のようなエネルギー関数 *18 を定義する。

式2-4

$$E = -1/2 \sum_{ij} w_{ij} Xi\, Xj$$

w_{ij}：ノードiとjの間の重み　　Xi, Xj：ノードi, jの値

2.3.1 ホップフィールドネットワークの重み配列

エネルギー関数は、各ノードがネットワークの記憶項目に相当する値になったときに、最小（または極小）になるように定義する。このための重み配列 $W=[w_{ij}]$ は、次のようなヘッブ型学習によって得られる。すなわち、記憶項目に相当する各ノードの値を見て、以下のことを行う。

- 値が同じであるノード間の重みを増す
- 値が異なるノード間の重みを減らす

Wの各要素 w_{ij} はノードiとjの間の重みを表し、信号の向きは関係ない。したがって $w_{ij}=w_{ji}$ となり、重み配列は対称行列になる。また、重み配列の対角成分は同じノードの間の関係なので、$w_{ii}=0$ とする。

2.3.2 ホップフィールドネットワークの想起

想起時は、基本的には【式2-1】によって想起演算を行うが、パーセプトロンと違って、想起演算が繰り返される。この過程でエネルギー関数を極小化する方向に各ノードの値が変更されていき、エネルギー関数の値が極小値になってノードの値が変化しなくなれば終了である。最終的なノードの状態が記憶項目

に一致すれば想起成功、そうでなければ想起失敗である。想起演算は時系列的な意味を含めて次のように表す。

式2-5

X(t + 1) = f (W・X(t))

W：重み配列、X(t)：時系列 t におけるノード状態

ホップフィールドネットワークは想起演算を繰り返すので、連想や組合せ最適化問題 *19 に向いている。パーセプトロンのような線形分離可能性という制約がないので適用範囲も広いが、エネルギー関数の定義には工夫が必要である。欠点としては、想起演算でエネルギー関数の極小値が得られると、もっとよい解（最良解）があっても、それを得られない可能性がある。またノード数に対して記憶項目数が多すぎると *20 うまく動かない。これらの欠点を解決するのが、後述のボルツマンマシンである。

2.3.3　ホップフィールドネットワークの重み配列と想起の具体例

具体的にホップフィールドネットワークの重み配列を作って、想起演算を行ってみよう（図 2-8、図 2-9）。

ここでは、5 ノードに対して記憶パターン（各ノードの値）を 2 通りとする。ノードの値は、1 か −1 とする。【式 2-5】で、f は各要素の積和計算結果が正なら 1 を、0 以下なら −1 を出力する *21 閾値関数である。

重み配列は、ノード状態が記憶パターンになったときにエネルギー関数の値が最小になるように作ればよい。ここでは一つの方法として、記憶パターンのノード間の関係をそのまま重み配列とする。具体的には、次のように作る。

① 各記憶パターンをベクトルとして、それぞれ直積 *22 行列を作る
② 記憶パターンごとの直積行列の和の行列を求める
③ 対角成分を 0 にする

この方法はヘッブ型学習を行わない簡易的な方法だが、結果的に記憶項目に

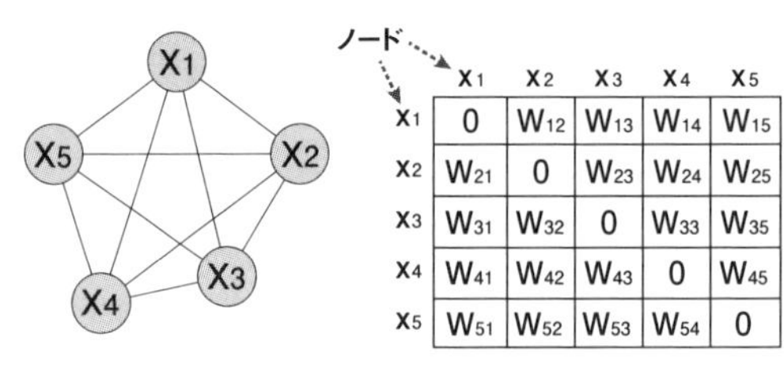

	x1	x2	x3	x4	x5
x1	0	W12	W13	W14	W15
x2	W21	0	W23	W24	W25
x3	W31	W32	0	W33	W35
x4	W41	W42	W43	0	W45
x5	W51	W52	W53	W54	0

各要素がノード間の重み　wij= wji

重み配列の簡易的な学習

(n個の記憶パターン)

$$W_{ij} = \sum_{k=1}^{n} x_i(k)X_j(k)$$

W_{ij}：ノード i 、j 間の重み

$x_i(k)$：ノード i のk番目の記憶パターンの値

n：記憶パターン数　1≦k≦n

記憶パターン（2個）

	X1	X2	X3	X4	X5
1st	1	−1	1	−1	1
2nd	−1	1	1	−1	−1

ノードの値は1か0でもよいが、ここでは1か -1とする。

重み配列（簡易的な方法）

$$W = \begin{pmatrix} 0 & -2 & 0 & 0 & 2 \\ -2 & 0 & 0 & 0 & -2 \\ 0 & 0 & 0 & -2 & 0 \\ 0 & 0 & -2 & 0 & 0 \\ 2 & -2 & 0 & 0 & 0 \end{pmatrix}$$

エネルギー関数

$$\varepsilon = -\frac{1}{2}\sum_{i,j=1}^{5} W_{ij}X_iX_j$$

W_{ij}：ノード i,j 間の重み

X_i、X_j：ノード i,j の値

本来の重み配列学習は
εが最小になるように
重みw_{ij}を決める。

図2-8　ホップフィールドネットワークの重み配列

想起方法

$$X_i(t+1) = f\left(\sum_{j=1}^{5} W_{ij}X_j(t)\right)$$

↑
活性化関数
結果が正 なら 1、0か負なら -1 を出力

重み配列（簡易的な方法）

$$W = \begin{pmatrix} 0 & -2 & 0 & 0 & 2 \\ -2 & 0 & 0 & 0 & -2 \\ 0 & 0 & 0 & -2 & 0 \\ 0 & 0 & -2 & 0 & 0 \\ 2 & -2 & 0 & 0 & 0 \end{pmatrix}$$

記憶パターン（2個）

	X1	X2	X3	X4	X5
1st	1	−1	1	−1	1
2nd	−1	1	1	−1	−1

入力　X=[x_1　x_2　x_3　x_4　x_5] に対して WX が記憶パターンのいずれかに一致するまで想起演算を繰り返す。
想起演算を繰り返すたびにエネルギーεが減少し、やがて最小値（記憶パターン）に落ち着く。
もし記憶パターンにたどりつかない場合は、想起失敗である（下表のFの場合）。

初期パターン	初期ε	想起演算	正なら 1, 0 か負ならー1	想起後ε
A = [1 −1 1 −1 1]	ε = −8	WA = [4 −4 2 −2 4]	=> [1 −1 1 −1 1] = A	ε = −8
B = [−1 1 1 −1 −1]	ε = −8	WB = [−4 4 2 −2 -4]	=> [−1 1 1 −1 −1] = B	ε = −8
C = [−1 −1 1 −1 −1]	ε = 0	WC = [0 4 2 −2 0]	=> [−1 1 1 −1 −1] = B	ε = −8
D = [1 1 1 −1 1]	ε = 0	WD = [0 −4 2 −2 0]	=> [−1 −1 1 −1 −1] = E	ε = 2
		WE = [0 4 2 -2 0]	=> [−1 1 1 −1 −1] = B	ε = −8
F = [−1 1 −1 −1 1]	ε = 4	WF = [0 0 2 2 −4]	=> [−1 −1 1 1 −1] = G	ε = 4
		WG = [0 4 −2 −2 0]	=> [−1 1 −1 −1 −1] = H	ε = −4
		WH = [−4 4 2 2 −4]	=> [−1 1 1 1 −1] = I	ε = −4
		WI = [−4 4 −2 −2 −4]	=> [−1 1 −1 −1 −1] = H	ε = −4

図2-9　ホップフィールドネットワークの想起演算

対してエネルギーが最小になるような重み配列ができる。

想起は、重み配列と入力パターン（ノードの初期状態をベクトル化したもの）の積和計算である。これをノードの状態が変化しなくなるまで、すなわちエネルギー関数の値が最小（または極小）になるまで繰り返す。最終的にノード状態がいずれかの記憶パターンに一致すれば想起成功、一致しなければ想起失敗である。ただし、想起成功の場合でも、最も近い記憶パターン（最良解）になるとは限らない。

図 2-10 に、ネットワークの各状態のエネルギー関数の値を示す。記憶パターンに対して最小値となり、入力パターンを含め想起の過程で生じるパターンでは、それより大きい値になっていることがわかる。エネルギー関数の値が最小値になる状態が安定状態なので、想起演算によって不安定な状態から安定状態に移行していく、ということになる。

この例のように、重み配列を行列演算だけで作ることができれば、PC 上でも

$$\varepsilon = -\frac{1}{2}\sum_{i,j=1}^{5} W_{ij}X_iX_j$$

W_{ij}：ノード i、j 間の重み
X_i、X_j：ノード i、j の値

記憶パターン（2個）

	X_1	X_2	X_3	X_4	X_5
1st	1	−1	1	−1	1
2nd	−1	1	1	−1	−1

重み配列（簡易的な方法）

$$W = \begin{pmatrix} 0 & -2 & 0 & 0 & 2 \\ -2 & 0 & 0 & 0 & -2 \\ 0 & 0 & 0 & -2 & 0 \\ 0 & 0 & -2 & 0 & 0 \\ 2 & -2 & 0 & 0 & 0 \end{pmatrix}$$

■エネルギー計算　A=〔 1 -1 1 -1 1 〕の場合、e ＝Σ$w_{ij}x_ix_j$ の部分

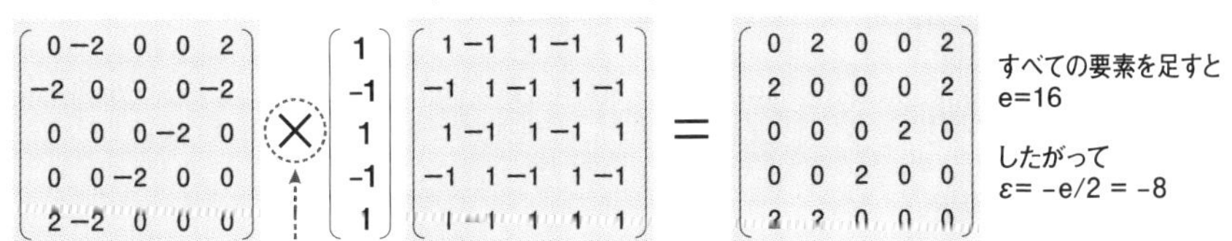

B=〔 -1 1 1 -1 -1 〕 C=〔 -1 -1 1 -1 -1 〕 D=〔 1 1 1 -1 1 〕 E=〔 -1 1 -1 -1 1 〕 G=〔 -1 1 -1 -1 -1 〕

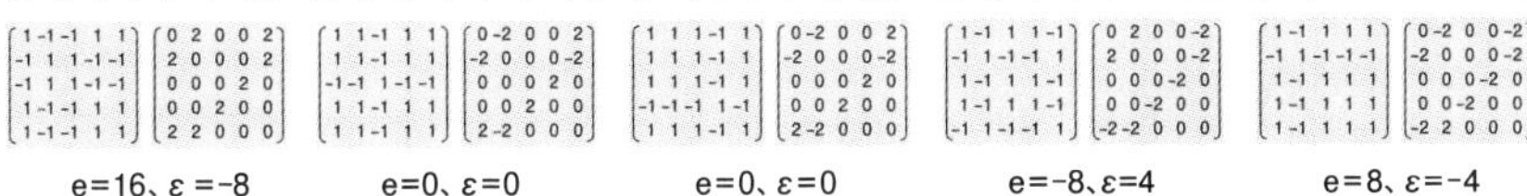

図2-10 ホップフィールドネットワークのエネルギー計算

動くホップフィールドネットワークを簡単に構築できる。一般にはエネルギー関数を定義してから、それに基づいて重み配列を決めるので、結構難しい。

2.3.4 ホップフィールドネットワークの組合せ最適化問題への適用

ホップフィールドネットワークの「ネットワーク全体が安定状態に移行する」という特徴は、組合せ最適化問題に向いている。

例として、8-Queen 問題をホップフィールドネットワークで解く場合の考え方を**図 2-11** に示す。8-Queen 問題とは、8 × 8 のチェス盤上に互いに取り合わないように 8 駒の Queen を置く。N × N に拡張して N-Queen 問題ともいう。駒の配置を総当たりで調べると ${}_{64}C_8$ ≒ 44 億通り、縦横 1 駒という制約の下に調べると 8! = 40320 通りのパターンがある。もっともこの程度の問題なら、わざわざホップフィールドネットワークを使わなくても、普通の手順でも十分解ける。

これをあえてホップフィールドネットワークで解くには、あらかじめ駒の配置がわかっているわけではないので、重み配列を決めるために結構面倒な計算

8-Queen Problem

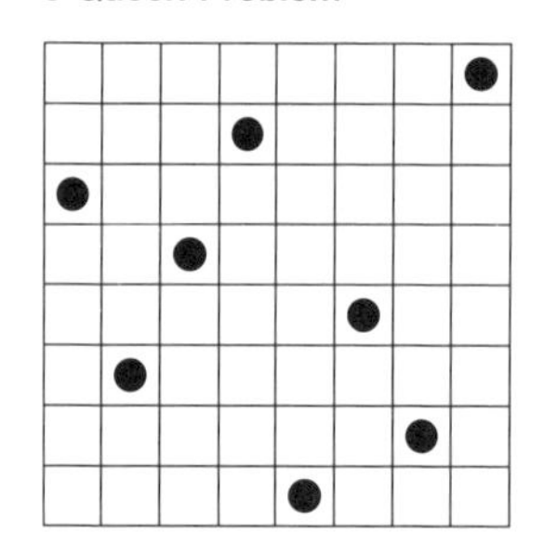

普通の解き方

8×8のチェス盤上に互いに取り合わないように8駒のQueenを置く。
(N×Nに拡張すれば N-Queen ; N≧4)

1) 総当たり：${}_{64}C_8$ ≒ 44億通り
2) 縦1駒で制約：8^8 = 1.7E+07 通り
3) 縦横1駒で制約：8! = 40320 通り
4) Backtrack法：1駒ずつ置きダメなら元に戻ってやり直す
   e.g. 1駒置くごとに禁止コマが増え、次の駒を置けなくなったらダメ。
   一回分戻って前の駒を別のコマに置いて禁止コマも見直す。

ニューラルネットワークを使って解く考え方

①8×8 = 64 nodesのHopfield Networkで、各Nodeの値は駒があれば1、なければ0
②エネルギー関数Eを、駒の配置条件を満たす場合に最小になるように定義
　e.g. E = f（横に1駒）+ g（縦に1駒）+ h（斜めに高々 1駒）
③各Node間の重み配列 W=[w_{ij}] に対し、E = $\Sigma w_{ij} x_i x_j$ と②から、Wを抽出
④Wを使用して任意の駒配置Xから想起演算 X=XW をXが変化しなくなるまで繰り返す
　注）エネルギー最小にならずに極小解に陥ることがあるので、EにBoltzmann項を加える

図2-11 ホップフィールドネットワークによる 8-Queen 問題の考え方

を行う必要がある。しかも、すべての駒配置パターンが得られる保証はない。どのパターンもエネルギー最小の安定状態ではあるが、いずれかの状態が見つかると、ネットワークの想起演算は停止する。ちなみに普通の解き方ですべての解を求めると、対称や回転の重複を入れて92通りのパターンがある。したがってこの程度の規模では、ホップフィールドネットワークの優位性は実感できないが、Nが大きくなると状況が違ってくる。

もう一つ、組合せ最適化問題として有名なものがTSP（Traveling Salesman Problem：巡回セールスマン問題）と呼ばれる問題で、これは「いくつかの都市をセールスマンが1回ずつ回って元に戻りたいのだが、このときの最適経路は？」という問題である。他愛ない問題に見えるが、都市数が多くなると総当たりで調べるには長大な時間がかかる。世の中の多くの問題がこの種の問題と同じとみなせる。

図2-12に巡回セールスマン問題の考え方を示す。総当たり的な計算では、都市数が多くなると計算量がとても大きくなるので、エネルギー関数の作成が大変ではあるが、ホップフィールドネットワークの適用価値が高い。ただし、これも好ましい経路の中で最適な経路を求める、ということになると、もう少し工夫が必要である。すなわち、想起演算を繰り返す過程で、局所的にエネルギー

TSP（Traveling Salesman Problem）

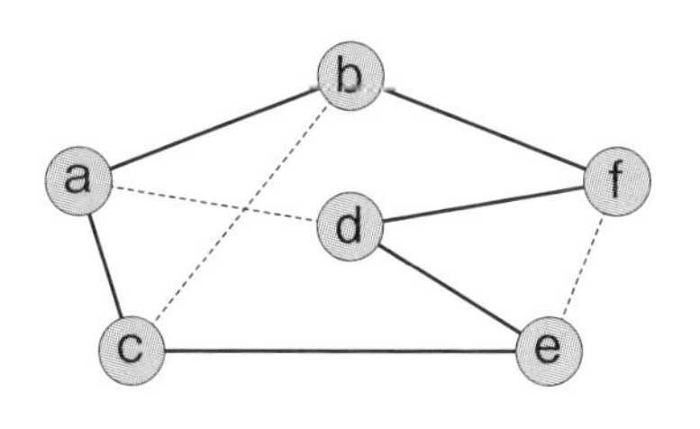

	1	2	3	4	5	6 ←訪問順
a	1	0	0	0	0	0
b	0	0	0	0	0	1
c	0	1	0	0	0	0
d	0	0	0	1	0	0
e	0	0	1	0	0	0
f	0	0	0	0	1	0

都市a～fをすべて1回ずつ訪問して出発点に戻るとき、最短経路は?
各経路にコストがあるとき、コストの合計も最小にしたい。

エネルギー関数
各行/列とも1が1個のとき最小になるような式を作ればよい。

図2-12 ホップフィールドネットワークによる巡回セールスマン問題の考え方

関数の極小値に達すると、そこで停止してしまう。つまり、もっとよい値（最小値）があってもその状態にはならない、ということがある。

*18 エネルギー関数：物理学で一般的に２つの物理量の相互作用を表す概念。

*19 組合せ最適化問題とは、問題解決のための数式がなく、考えられる状態を総当たりで調べて最良解を求めるような問題を指す。

*20 記憶項目数はノード数の15％程度まで、といわれている。

*21 ここまでノードの値は１か０で考えてきたので違和感があるかもしれないが、ここでは１と－１を使用する。実は１と０にしてもよいのだが、１と－１のほうが重み配列を作りやすい。また、閾値関数を０以上なら1、負なら－１とする場合もある。

*22 直積とは、２つのベクトルを縦横に配置し、それぞれの要素の積を行列の各要素として並べた行列である。

2.4 自己符号化器（Autoencoder）

自己符号化器は、トロント大学のヒントン教授（Geoffrey E. Hinton）*23 が2006年に発表した多層階層型ネットワークで、多数のデータの特徴抽出を自動的に行うことができ、現在の深層学習の基盤となった。

2.4.1 自己符号化器の概念構造

自己符号化器は、多層の階層型ニューラルネットワークで、入力から出力に向かって徐々にノード数が減少する。各階層では、仮想パーセプトロンによって、入力を中間層経由で元に戻せるように誤差訂正を繰り返して重みを決める。

図 2-13 に自己符号化器の概念構造を示す。

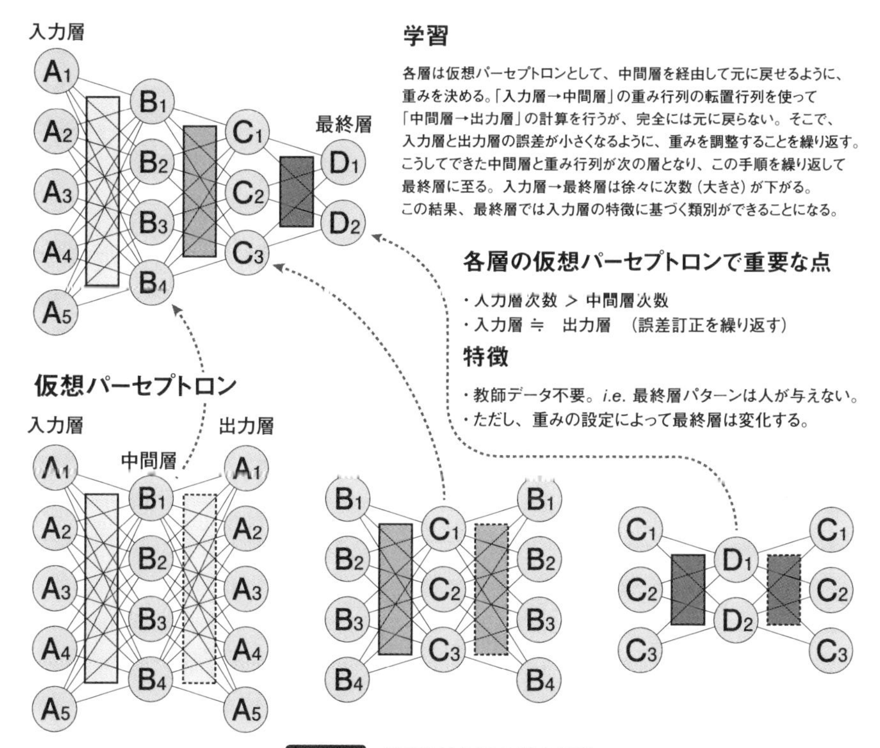

図2-13 自己符号化器の概念構造

2.4.2 仮想パーセプトロン

階層型ニューラルネットワークの各階層で、次の層を経由して自層を復元できるように、自層と次の層の間の重みを決める。そのために、自層を入力層と出力層、次の層を中間層とする仮想的なパーセプトロンを考える。

通常のパーセプトロンは、入力層と中間層の間の重みを固定し、中間層と出力層の間の重みを教師信号に従って調整する。しかし、仮想パーセプトロンの場合は、入力層と中間層、中間層と出力層の両方に重みを設定し、教師信号ではなく、入力層のノードの値を出力層に復元できるように、2つの重み行列を調整する。これらの重み行列は、ここでは転置行列を使うので、一方が決まれば他方も自動的に決まる。

図 2-14 に仮想パーセプトロンのイメージを示す。

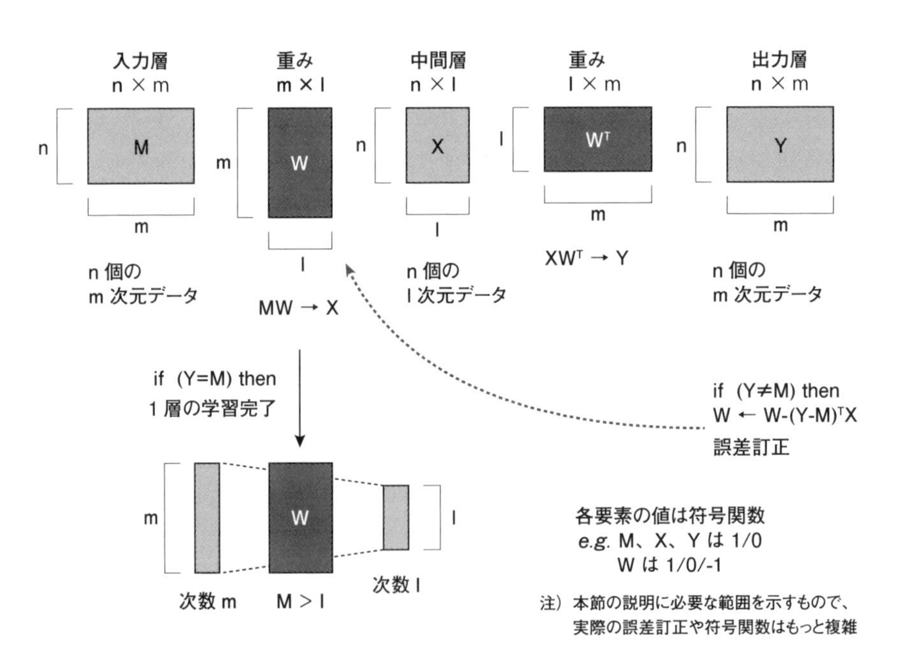

図2-14 仮想パーセプトロンのイメージ

2.4.3 自己符号化器の動作

自己符号化器における学習は、入力層の多数のデータパターンが出力層で最適な類別になるように、各階層の重み行列を調整することである。具体的には、第1層から最終層に向けて、各階層で仮想パーセプトロンを想定し、入力と出力が同じになるように誤差訂正学習を行う。誤差逆伝播のような教師信号は不要で、入力データだけから学習を行う。

学習が終わった自己符号化器は、元のデータを入力層に与えると、出力層にそのデータに相当する類別結果が得られる。これは自己想起に相当する。また、元のデータにはない新規のデータを与えると、元のデータの類別された特徴に近い出力結果が得られる。これは連想といえる。

パーセプトロンの連想と本質的に異なる点は、学習時の教師信号の有無、すなわちあらかじめ元データを人手で分類しておくのか、人手を介さずに分類するのか、という点にある。連想の効率 *24 という点では、教師信号を与えるほうがはるかによいが、学習時のデータが多いとき、教師信号を与えなくても自動的に類別し、新規データに対する連想もできる、というのは非常に実用的である。人間では気が付かない特徴分類が現れる可能性もあり、人間の想定を超えられるという見方もできるわけだ。*25

2.4.4 自己符号化器の具体的な考察

ここからは、自己符号化器の動作を机上で計算できる程度のモデルを使って、具体的に見ていく。前述の Excel シミュレーション（Ex3_Autoencoder.xlsm）で確認しながら読み進めてほしい。

ノードの値、各階層の重みの値は、この節では次のような符号関数 *26 を使用する。

- ノードの値　：0 または 1 を値とする符号関数。データパターンベクトルの要素に相当する
- 重みの値　　：1、0、－1 のいずれかを値とする符号関数

●誤差　　　：期待値と実際の値の、要素ごとの差（絶対値）の合計

ここでは、ネットワークの各階層で、次のような仮想パーセプトロンを想定する。

a. 仮想パーセプトロンの入力層をM、中間層をX、この間の重み行列をWとする。
b. 中間層と出力層の間の重み行列は、Wの転置行列W^Tを使う。
c. Wの適当な初期値から始めて、次のような誤差訂正*27を繰り返す。

① $sgn(MW) \Rightarrow X$、② $sgn(XW^T) \Rightarrow Y$、③ $Y - M \Rightarrow D$、④ $sgn'(W - D^TX) \Rightarrow W$

ここで、MWは行列Mと行列Wの内積、Y- Mは行列Yと行列Mの要素ごとの差を表す。sgnは行列の各要素に対し正なら1、0か負なら0を返す符号関数である。sgn’は行列の各要素に対し正なら1、0なら0、負なら－1を返す符号関数である。

この過程③でD＝0（全要素が0）になれば、一つの階層の学習は終わりである。ただし、仮想パーセプトロンの制約*28から、各層の誤差が0になるという保証はないので、多少の誤差があっても、その中間層を次の層の仮想パーセプトロンの入力として、次の層の学習に進む。そこで得られた中間層を、また次の層の入力として同じ操作を繰り返す。こうして、入力層から最終層に向かって、順に仮想パーセプトロンの誤差訂正学習を繰り返すことで、自己符号化器全体の学習ができる。

各層の仮想パーセプトロンは、入力と出力の次数*29が同じで、中間層はそれより次数が低い。そのため、仮想パーセプトロンの中間層を順に並べると、入力層から出力層に向けて徐々に次数が下がる階層型ネットワークになる。

誤差の指標となる誤差率*30は、一般に最初のほうでは0になりにくいが、構わずに入力層から出力層に向かって誤差訂正で重みを決めていく。これで入力の次数を減らした出力が得られ、入力の特徴によって出力次数に応じた分類を行うことになる。学習は、重み行列の初期値の与え方によって、出力層の値が異なる可能性があるが、元のデータの分類は同じになる。すなわち、似たもの

同士は同じ値になるので、類別の観点では問題ない。*31

このような単純な構造で、本当に類別ができるのだろうか？ 教師信号で入力データごとに類別先を与えておけば簡単なのだが、ここでは類別先も注目すべき分類特徴も与えないで、いきなり入力層にデータだけを与える。これで出力層に特徴に沿った類別結果が得られる。すなわち同じ特徴を持つデータは、入力が多少違っても出力は同じになる、というのだ。

2.4.5 自己符号化器による最も簡単な黒白判別

ここでは最も簡単な例として、入力次数4、出力次数2の1層ネットワークを考え、2×2のマス目が黒っぽいか、白っぽいか、という類別を考える（**図 2-15**）。

黒が1、白が0の要素からなる2×2の行列を、4要素ベクトルで表す。今、学習用のデータとして、次の2個があるとする。すべて黒［1,1,1,1］と、すべて白［0,0,0,0］というデータがあるとして、これを縦に並べた2×4行列をMで表す。重み行列をWとし、適当な値（ここでは**図 2-15**にあるような値）を初期値として与える。Wは4×2行列なので、積和計算MW＝Xは2×2行列になり、次数4から2に圧縮されたことになる。

次に、Wの転置行列を使ってXを元に戻す。すなわち、積和計算XW^T＝YがMに近づくようにする。**図 2-15**の重み行列Wと、その転置行列W^Tを使えば、結果YはMと同じになる。すなわち、誤差0で元に戻る。これで元の2個のデータが、［0,0］と［0,1］に類別されたことになる。

この説明ではWを意図的に設定したので、M＝Yとなるが、Wを任意に設定する場合はM≠Yであるかもしれない。その場合は、差分Y－Mを元のWから差し引いて誤差訂正を行い、この新しい行列Wで再度積和計算を繰り返す。この過程が学習ということになる。

学習済みのネットワークによる新規データの判別は、想起演算である。すなわち、入力データV（1個なのでベクトル）と、学習済みのWを使って、VWの積和計算を行う。例えば、1マスだけ白という全体として「黒っぽい」データを与えると、判別結果は黒になる。

Ex3のシミュレーションを使って、入力パターン2^4＝16種類のデータすべてを試してみると、それぞれ出力パターン $2^2 = 4$ 種類（[0,0]、[0,1]、[1,0]、[1,1]）のいずれかになるが、白っぽいものは［0,0］、黒っぽいものは［0,1］になる。それ以外の出力パターンになるものは判別不能、ということだ。

なお、学習結果としての白が［0,0］、黒が［0,1］というパターンは、重み行列の初期値によって変わる可能性があるが、黒と白が別々に類別されることに変わりはない。

Ex3 のシミュレーションには、同じネットワーク構成で入力データ数を 4 個にした場合も用意してあるので、2 個の場合より進化した例として確認するとよい。

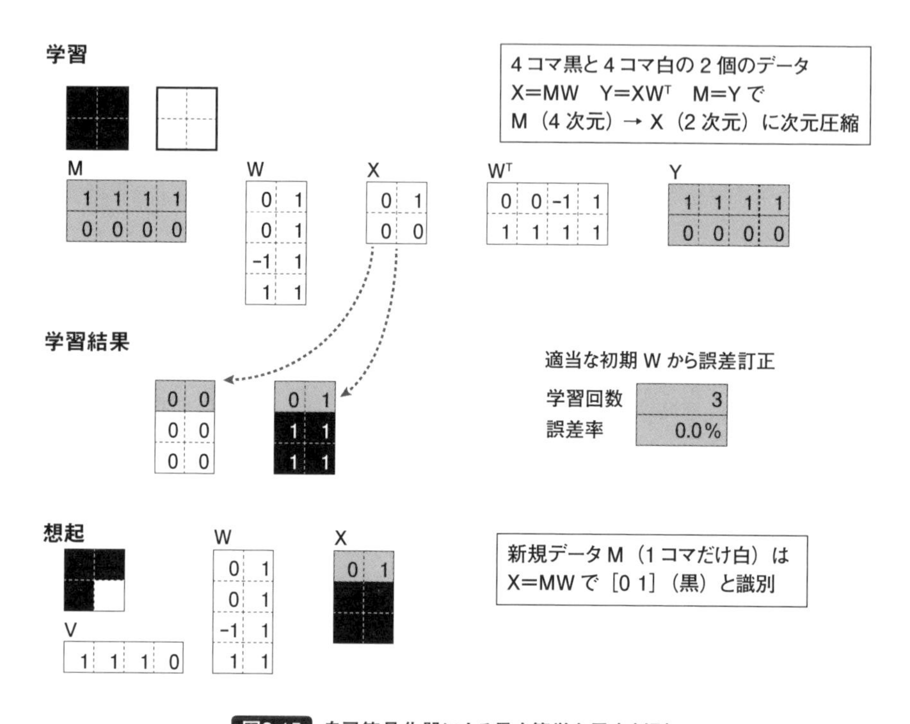

図2-15 自己符号化器による最も簡単な黒白判別

2.4.6 自己符号化器による文字認識

次に、パーセプトロンで取り上げた簡単な文字認識を自己符号化器で試してみよう。

パーセプトロンの場合は、JIL の 3 文字の出力を教師信号として与えて、それなりの識別ができた。しかし結論から言うと、教師信号なしでは重みの初期値をどのように設定しても、せいぜい2文字の類別しかできない。この規模で3文字の識別は難しいようだ。

図2-16に、難しいながらも強引に自己符号化器でJILの文字認識を試みた例を示す。

図2-17には、上記の学習結果による、入力の全パターンの想起結果を示す。この例は重みの初期値を変えれば結果も変わるので、文字を認識したとは言い難いが、不完全な類別結果でも、それなりの分類と想起が可能なことを示しているという見方もできる。

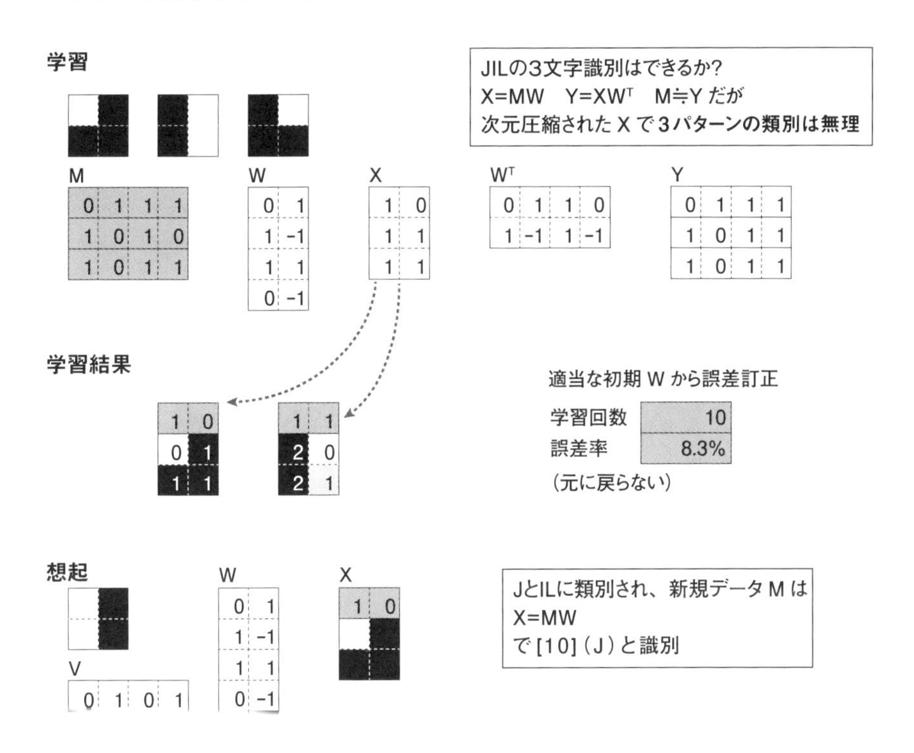

図2-16 自己符号化器による「JIL」文字認識

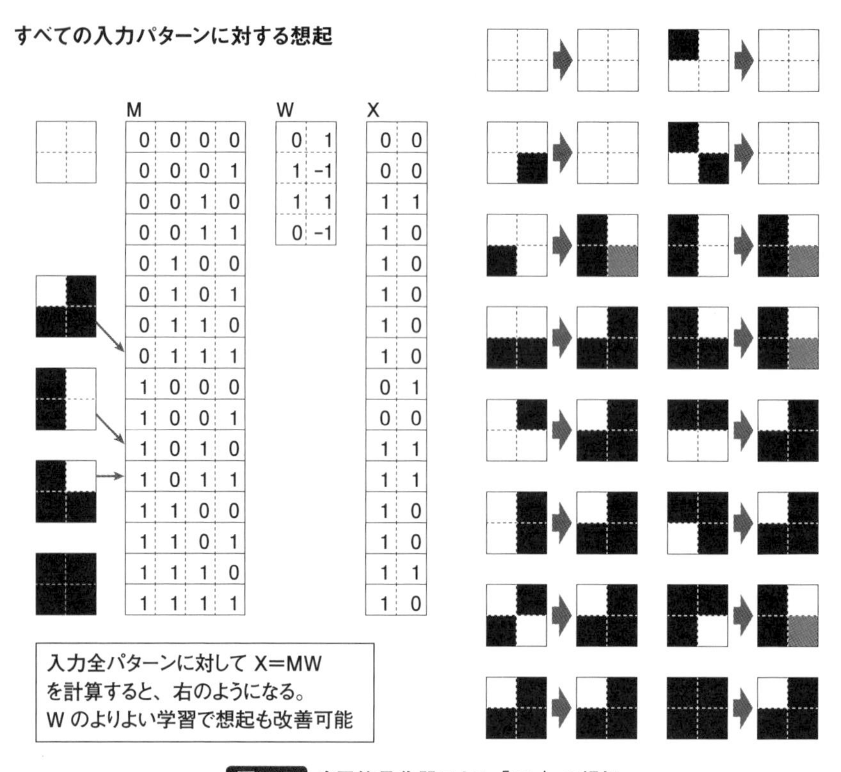

図2-17 自己符号化器による「JIL」の想起

2.4.7 多層の自己符号化器による○×判別

1層ではパーセプトロンと同じで、自己符号化器としてはつまらないので、2層以上の階層型ネットワークを試してみよう。この形態は誤差逆伝播ネットワークと似ているが、誤差逆伝播では教師信号との誤差を出力側から入力側に向かって訂正していくのに対し、自己符号化器は教師信号なしで各層の重みを入力側から出力側に向かって自動的に決める。

例として、3 × 3のマス目の○×パターンを類別してみよう（図 2-18、図 2-19）。

ここでは、入力層から出力層に向かって次数を9→5→2と下げていく。入力データを4個とすると、入力層4 × 9行列 M_0、第2層4 × 5行列 M_1、出力層4 × 2行列 M_2 となり、入力データが［0,0］、［0,1］、［1,0］、［1,1］のいずれかに類別される。

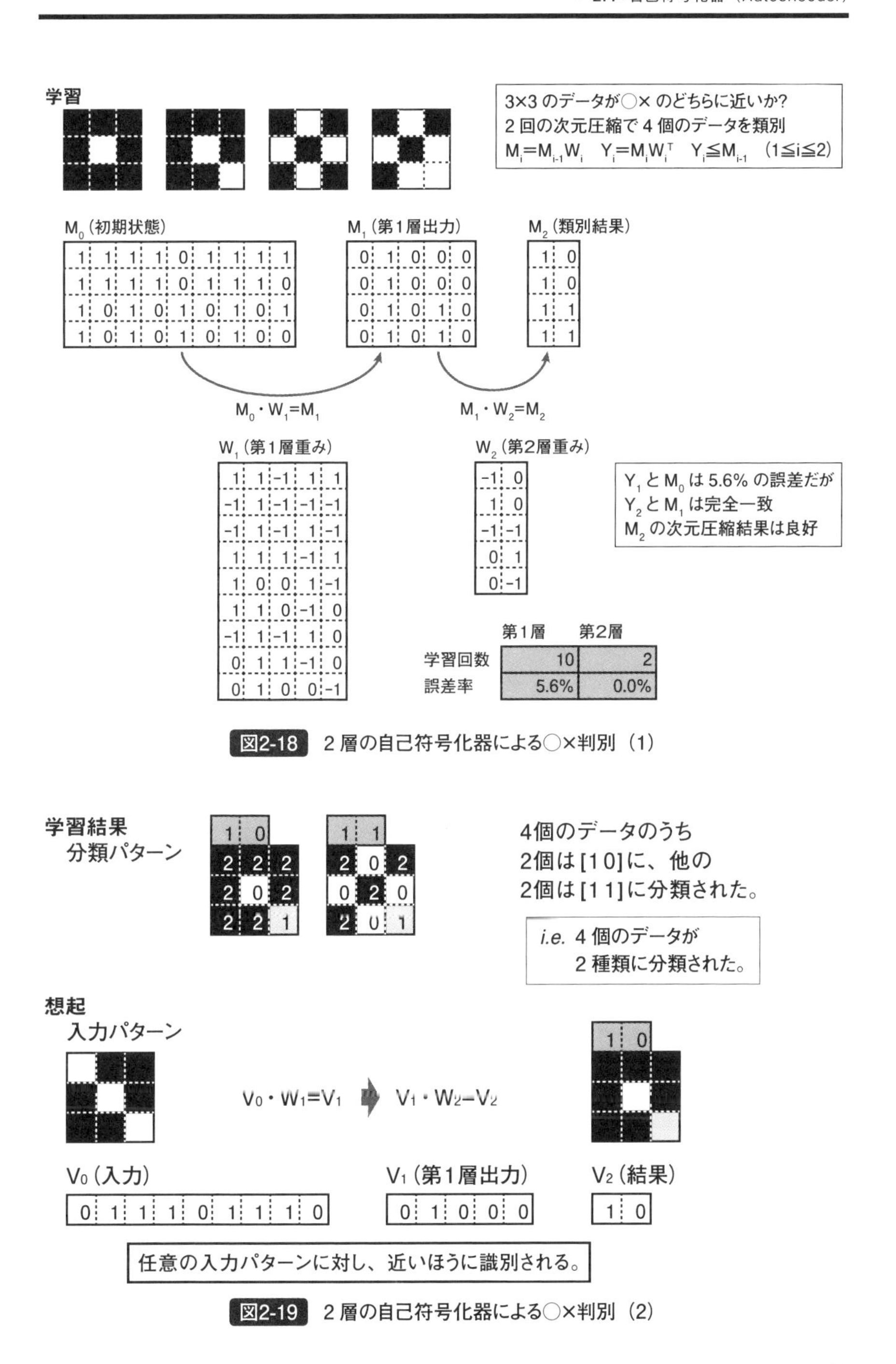

図2-18　2層の自己符号化器による○×判別（1）

図2-19　2層の自己符号化器による○×判別（2）

1層目の重み9 × 5行列 W_1、2層目の重み5 × 2行列 W_2 とし、適当な重みの初期値から始めて、自己符号化学習を行うことで、最適な W_1、W_2 が決まる。これにより、4個のデータが2種類に分類された。

次に、このネットワークの入力に新規のデータを与えると、近いほうに判別される。なお、重みの初期値が変われば結果も違うが、類別としては、○のグループと×のグループの2種類になる。

Ex3のシミュレーションは、○×識別の規模をもう少し大きくして、サイズ5 × 5のデータ20個を入力とし、3層の重み行列によって、25 → 10 → 5 → 2と次数を下げていき、最終的に［0,0］、［0,1］、［1,0］、［1,1］のいずれかの出力を得ることで、○×の類別を行っている。

このシミュレーションファイルには、○×以外にもいくつかデータパターンを入れてあるので、Patternシート上で選択して、いろいろ試すとよい。データパターンはデータサイズ5 × 5、データ数20個以下の範囲なら、直接手で入力してもよいし、Defaultシート上で入れ替えてもよい。また、この節の説明に使った例もPatternシート上で選択できるので、興味のある人は試してみるとよいだろう。

2.4.8 自己符号化器のまとめ

パーセプトロンの教師信号の代わりに、入力データを元に戻す、すなわち入力データをあたかも教師データとみなして誤差訂正を行う自己符号化器で、確かに入力データの特徴に沿った類別ができることがわかった。

自己符号化器の各階層では、仮想パーセプトロンによって、入力を中間層経由で元に戻せるように誤差訂正を繰り返して重みを決める。中間層から入力を復元するための重みは、一般に入力から中間層を生成するときの重み行列の転置行列を使うが、必ずしもこれで完全に元に戻るという保証はない。

極端な例として、重みが0行列（すべての要素が0）の場合を考えると、中間層はすべてのノードが0になり、元には戻らない。また、すべての要素が1の重み行列でも元には戻らない。元に戻すための重みに転置行列を使っても、掛け算を割り算で元に戻す、という調子にはいかない。元に戻るようにするためには、重み行列の要素を工夫しなければならないわけだ。重み行列の要素は、誤差訂正の過程で一定の基準に従って決まる実数値であるが、ここでは簡素化するために、0、1、－1のいずれかの整数とした。これでもそれなりの類別ができた。

なぜこのような単純な仕組みで、雑多なデータを類別できるのだろうか？ また、なぜ連想が可能なのだろうか？ それは、自己符号化器の各層の仮想パーセプトロンによって、各層で元に戻せるように重みを決めたおかげである。すなわち、出力結果から逆向きに各層で重み行列の転置行列との積和計算を行っていけば、入力層に元のデータを復元できる、ということだ。

実際は、完全に元のデータに戻るのではなく、一般に特徴が類似の別のデータパターンが復元される。ここでは、このようなデータを代表パターンと呼ぶことにする。共通の特徴を持つ異なる入力データに対し、出力として特徴抽出した一つの結果パターンが得られる。これをもとに、逆方向に各層の重みの転置行列を使ってデータを復元していくと、一つの代表パターンが得られるわけだ。したがって、共通の特徴を持つような複数の入力データは、みな同じ代表パターンに復元されることになる。すなわち、入力側のそのようなデータの集まりと出力結果に1対1の対応づけができて、入力データを類別したといえるわけだ。

ただし、代表パターンは最終出力と重みから一意に決まるので、重み行列の初期値によって重みや出力結果が異なるということは、代表パターンも一定ではない。すなわち、○×の類別のはずなのに、代表パターンはきれいな○と×にはならない、ということもある。

Ex3のシミュレーションでは、代表パターンも想起時に計算して表示しているが、実は学習時に類別結果に応じて代表パターンも決まってしまう。また、このシミュレーションでは類別結果が［0,0］というパターンの場合は、逆方向の積和計算がすべて0になってしまうので、代表パターンを復元できない。これらの点はEx3が類別目的のシミュレーションということで、ご容赦願いたい。

自己符号化器の考察として、類別と代表パターンのイメージを図2-20に示す。

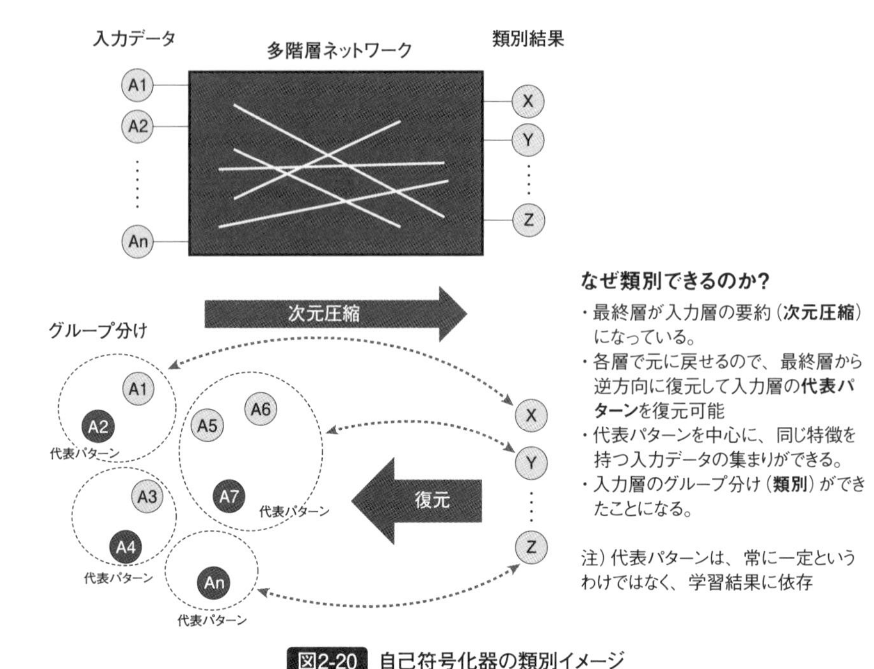

図2-20 自己符号化器の類別イメージ

さて、自己符号化器の類別の仕組みはわかったが、重み行列の初期値によって、類別は同じでも出力結果自体は変わる可能性があるということもわかった。また、類別に失敗することや、違和感のある類別、あるいは思いも寄らない類別結果になる可能性もある。

類別の観点では問題ないし、人間の気が付かない特徴に基づく類別結果が得られた、という見方もできるのだが、結果がどういう特徴を表しているか、ということには関知しない。出力結果が変わるということは、出力パターンに固定の意味を与えることもできない。したがって、類別結果の意味付け*32については、利用する人間がよく検討する必要がある。

また、代表パターンは先に述べたように、期待する最もきれいな形になるという保証はない。代表パターンだけを見て、それが類別結果の真の姿だ、と考えるのは危険である。たまたま学習した重みでは代表パターンがそうなる、というだけのことで、再度学習し直せば、また違った代表パターンが得られる可能性もある。

***23** G.E.Hinton, A.Krizhevsky & S.D.Wang, University of Toronto(2011). Transforming Auto-encoders

***24** 効率というのは、速度や空間的な意味だけではなく、期待通りかどうか、という質的な意味も含む。パーセプトロンではできたJIL文字判別が、同じ規模の自己符号化器ではできない、ということもある。

***25** 人間の想定を超えた類別（あるいは特徴抽出といってもよい）が行われるといっても、そこには何の意思もない。教師信号を与える場合は、多少は人間の意思が反映されるが、自己符号化学習では機械的な操作しかない。しかし、意思の有無にかかわらず、人間にとって有用な気付きを与えてくれる、という意味ではありがたい。

***26** 符号関数（Signum function）：値の符号（正、0、負）によって、1、0、－1を返す。ノードの値は0か1なので、この場合は0以下なら（負の場合も）0とする。重みの場合は、1、0、－1を返す。なお、重みは符号関数ではなく、実数値でもよいが、ここでは積和計算を簡素化するために符号関数を使う。これでも誤差訂正の精度は落ちるが、基本的な動きはシミュレートできる。

***27** 誤差訂正：ここでは出力層と入力層の差を元の重みから差し引き、符号関数によって新たな重みとすることを繰り返す。通常は重み行列の要素を変数とする誤差関数を定義して、変数ごとの偏微分が小さくなるように変数の値を増減する。一つの変数 x に注目して誤差関数を $y = f(x)$ とするとき、この微分 $dy/dx = f'(x)$ の傾きが水平になる方向、すなわち勾配が減少する方向に x を増減するので、勾配降下法という。通常誤差関数は誤差の2乗を使用するが、本書ではこれも筆算で確認できるように、差分の絶対値という形で単純化している。誤差訂正は差分が小さくなるように重み要素を増減するだけだが、微分は英語ではdifferentialといい、これは差（difference）からきているので、誤差関数を微分するのと考え方は同じで、シミュレーションには差し支えない。

***28** 線形分離可能でないと、もぐらたたき状態になって重みが収束しない。

***29** 次数（degree）：一般に対象要素の数を示すが、ここではノード数を表すものとする。

***30** 誤差率：ここでは誤差関数の簡素化に合わせて、誤差率も単純に次の式で求める。

$$\text{誤差率} = \frac{\text{誤差の絶対値の合計}}{\text{ノードの要素数}}$$

ノードの各要素の値は0か1なので、分子は異なる要素の個数に等しい。したがってこの式は、元に戻らなかった要素の割合を表す。これでも精度は落ちるが、誤差訂正のシミュレーションはできる。

***31** あくまで類別の観点であり、意味付けとなると少し事情が違ってくる。すなわち、結果のパターンに意味を持たせようとすると、初期値によって結果が異なるのは困る。例えば教師信号がある場合なら、1ビット目が0なら何々、1なら何々、2ビット目は何々、というように特徴を表現する意味付けを与えられるので、常に結果は同じになる。しかし、教師信号なしで類別だけを行う場合は、各ビットが特徴を表す必要はなく、全体的に似たもの同士が同じ結果になればよい。

***32** 意味づけあるいはラベルづけ（labelling）：類別された各特徴をどう呼ぶかは、人間が実生活に沿って行うべき作業である。例えば、多くの写真を類別して、猫の特徴を抽出できたとしても、コンピュータは「猫」と知って類別したわけではない。あくまで人間が実生活でそれを「猫」と呼んでいる、ということなので、間違って「犬」と呼ばないようにするのは人間の責任なのだ。

2.5 その他のニューラルネットワーク

ニューラルネットワークの種類は学習方法と相まって多様であるが、本書の内容に関係の深いものとして、その他に次のようなものがある。

○ボルツマンマシン（Boltzmann Machine）

ボルツマンマシンは、ヒントンとセジョノスキー（Geoffrey Hinton & Terry Sejnowski 1985）によって考案された相互結合型のネットワークで、ホップフィールドネットワークを次のような工夫によって改善している。

- ノードを可視層と隠れ層に分けて、外部に見えるノードの処理量を減らす。ただし、結合自体は基本的に完全結合なので、計算量が減るわけではない
- ノードの発火を、閾値関数ではなくシグモイド関数により確率的に制御することで、想起演算が局所解（エネルギー関数の極小値）に陥ることを回避し、最良解を得やすくする

ノードの発火を制御する発火確率は、次のようなシグモイド関数で表される。

発火確率　p= 1/(1+exp(-X/T))
ただし、X= Σ wx（入力の積和）、T は 0 以上の実数（温度を表す）

温度 T が高い場合、特に∞の場合は発火確率はノードの入力（X）と関係なく常に 1/2 となり、いわば半々の確率で発火制御されることになる。したがって、想起演算で極小値から増える方向に重みが変更される可能性もあるわけで、これで極小値に陥ることを防ぐことができる。また、温度 T が 0 の場合は閾値関数に一致するので、もはや確率的ではなく、ノードの入力に応じた発火制御になる。これは、温度が高いときは想起演算が不安定だが、温度が低いほど安定的に重みが更新されることを意味している。そこで、この性質を利用して、最初は温度を高くして想起演算を行い、更新が進むにつれて徐々に温度を下げ

ていき、安定的に最良解に近づけることができる。この手法を疑似焼きなまし（Simulated Annealing*33）という。

図 2-21 に発火確率のシグモイド関数を示す。

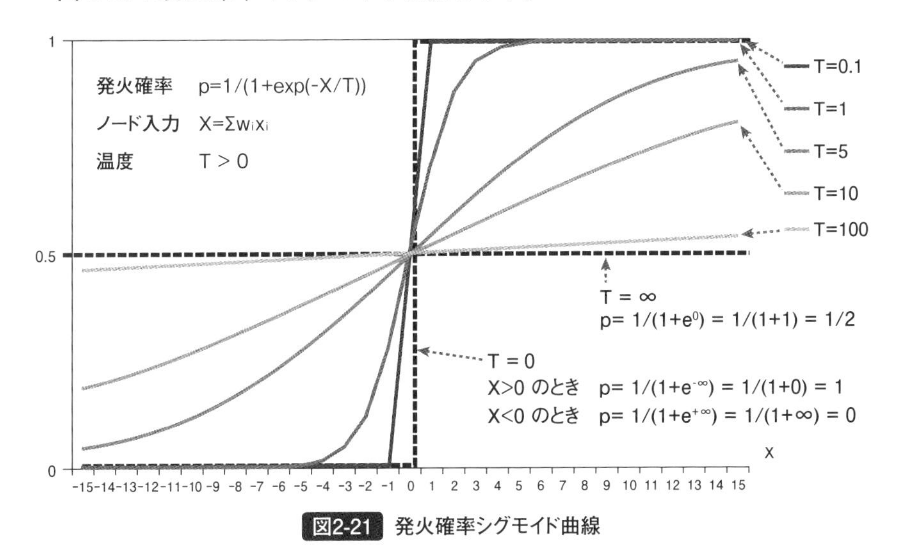

図2-21 発火確率シグモイド曲線

ボルツマンマシンは、理論的には理想的な動きをするが、計算時間の点では実用的ではない。すなわち、ノードに隠れ層を設けて計算量を減らす工夫をしているものの、結局ノード間は完全結合で、しかも確率処理を行うので時間がかかる。そこで実用に際してはノードの結合自体を減らすことも行われ、可視層と隠れ層の結合だけを残して、可視層内および隠れ層内では結合しないという制限を設けた、制限ボルツマンマシン（Restricted Boltzmann Machine）が使われる（後述、8.3.3 参照）。

○誤差逆伝播ネットワーク（Back Propagation Network）

誤差逆伝播 *34 の手法は、ラメルハート（David Rumelhart 1986）によって考案された階層型のネットワークで、パーセプトロンの欠点を次のような工夫によって改善している。

●連合器の層を多段階層化することで、線形分離不可能な場合にも重みをうまく

調整できる
- 学習は教師信号との差を出力側から逆順に減らしていくことで、各層の重みを調整する

誤差逆伝播ネットワークは、1980年代には産業界で最も注目された方法であったが、学習に時間がかかる、入力を人間が注意して与えないといけない、などの使い難さが欠点であった。

◯自己組織化マップ（SOM: Self-Organizing Map）

自己組織化マップはコホネン（Teuvo Kohonen 1981）によって考案された２階層のネットワークで、入力データを類似度に応じて分類するという、いわばクラスタリングを行うことを目的とする。学習方法として、従来の誤差訂正やヘッブ型ではなく、競合学習*35という教師なし学習を行う。自己組織化マップには次のような特徴がある。

- 入力層と競合層という２つの層からなる
- 入力層の各ノードの値（入力）との差が最小な競合層のノードを発火させ、その近傍ノードの重みを更新する
- 系としての利得を最大化するように動くことで、教師なし学習を行う

このほか、近年深層学習でよく使われるものに、前述の制限ボルツマンマシンや畳み込みニューラルネットワークなどがあるが、これらについては深層学習の節（8.3節）で述べる。

---

*33 Annealing：金属工学の用語。金属を整形する際、最初は高い温度で処理し、徐々に温度を下げていくことで、質の高い金属加工ができる。なお、ボルツマンマシンの名前は、このような熱力学の分野で多大な貢献をしたボルツマン（Ludwig Boltzmann）に由来するそうだ。

*34 誤差逆伝播という名前は、学習方法からきている。誤差を入力側から出力側に向かって調整していく方法もあり、この場合は誤差順伝播ということになる。

*35 競合学習（Competitive learning）：「ノード間で発火を競い合う」という意味の学習法で、同じ値のノード間の重みを増し、異なるノード間の重みを減らすことを繰り返す。これにより同種のノードがまとめられて、全体が類別される。

第3章

人間のあいまい性を機械で扱う＝ファジィ

ファジィ（Fuzzy）とはfuzz（けば）の形容詞で、けばだった、ぼやけた、というような意味であるが、日本ではこれを「あいまい工学」という。事象のあいまいさを扱う工学、というわけであるが、確率論と混同しないように注意したい。確率が扱う問題は、「事象自体は明確だが、統計的に見るとどうなるか」というものである。一方、ファジィは事象自体があいまいなのである。この種の問題はたくさんある。私たちはいちいち数値化しないで適当な判断で行動していて、まさにファジィに囲まれている。暑いからちょっと冷やそう、カーブを曲がるからハンドルを少し回そう、手書きの汚い文字、ことばの意味するところ等々、周囲はファジィに満ちている。

ファジィの概念は、ザデー（Lotfi Zadeh 1965）によって発案されたが、当初は学問とみなされなかったという。しかし10年ほど後にマムダーニ（E.H.Mamdani 1975）によってルール型のファジィ推論が考案され、注目され始めた。

今では自動制御や家電への応用も進み、「人工知能搭載」といううたい文句の立役者でもある。近年の研究動向として、ファジィはニューラルネットワーク、遺伝的アルゴリズム、カオス理論など、他の技術と融合した形で進んでいる。

ここではファジィの動作原理を知るために、ファジィ推論とファジィ制御のシミュレーションを行う。同じ例題を本文で詳細に解説しているので、まずはシミュレーションによって、感覚的な表現だけで操作できるファジィの雰囲気を実感してもらいたい。

体験してみよう

「ちょっと高め／ちょっと低め」の感覚で空調を制御する

～ファジィ推論による空調制御～

ダウンロードファイル　Ex4_Fuzzy 推論 .xlsm

空調制御に関するファジィ推論のシミュレーションである。ここでは、温度、湿度、部屋の気密性の3つの要素に対し、それらの観測値をもとに、適正な空調制御値を求めるという問題である。これだけでも、厳密に数値計算で制御するには、各要素の取り得るパターンの組合せに相当する制御を想定しないといけないので面倒だ。しかしファジィ推論なら、温度が高いとか、湿度が低いという感覚的な表現だけから、適正な空調制御値を示すことができる。

ただし、高いとか低いというあいまいな表現は、すべて実際の観測値との関係をメンバシップ関数という形で、あらかじめ定義しておく必要がある。自然言語処理を行うわけではないので、この点はあいまい性を扱う上での最低限の準備ということになる。気密性と空調制御値という概念については、シミュレーションに都合がよいように定義しており、特に現実を意識したものではないが、温度と湿度については比較的現実的な感覚でメンバシップ関数を定義している。

▸Excel シートの説明

［Fuzzy 推論］シート：空調制御に関するファジィ推論のシミュレーション

▸操作手順

① ［Fuzzy 推論］シートを開く。温度、湿度、気密性の観測値を入力して、［実行］ボタンを押す。

② ファジィ推論結果としての空調制御値が表示される。

③ 推論過程は、表とグラフで表示される。

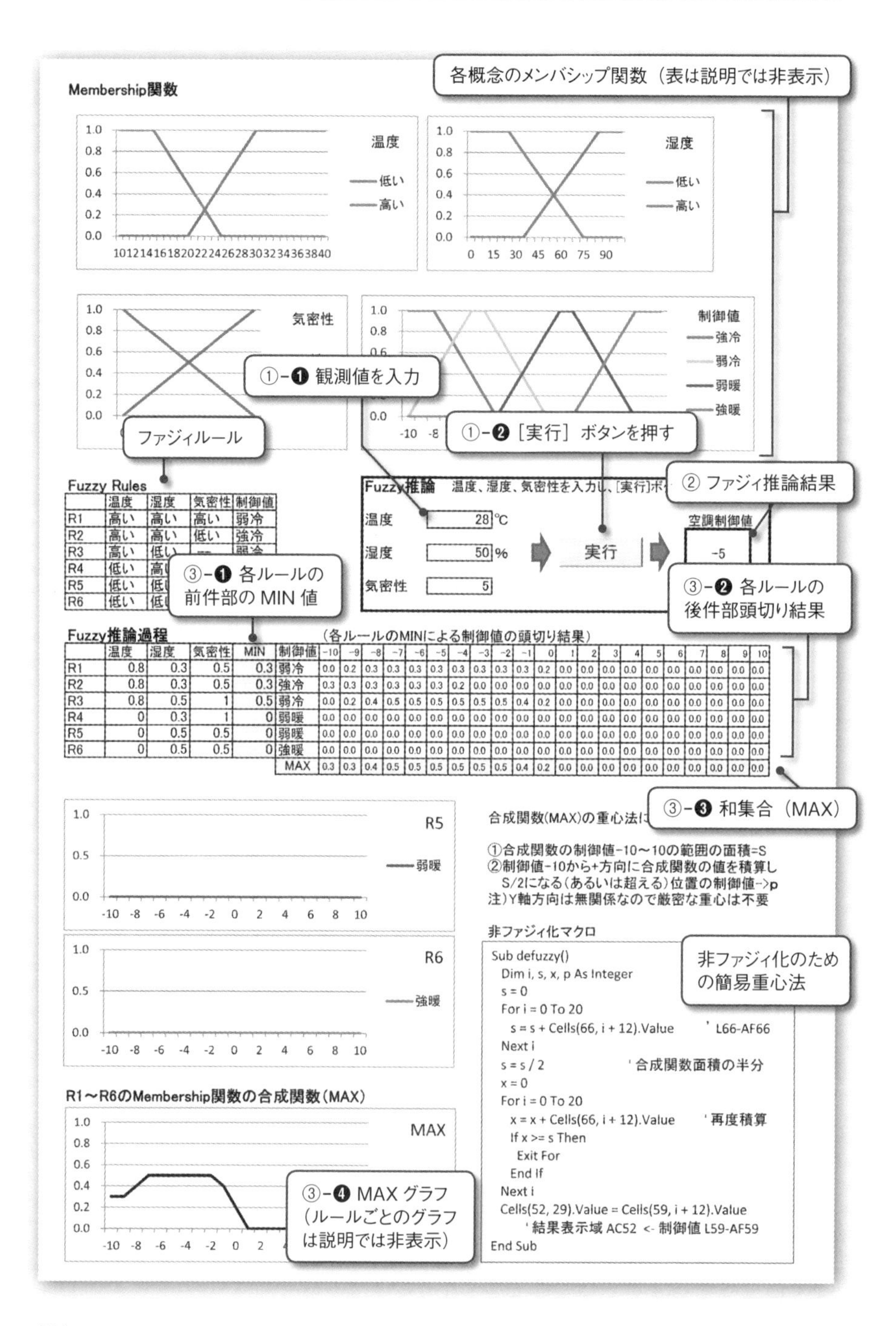

Fuzzy Rules

	温度	湿度	気密性	制御値
R1	高い	高い	高い	弱冷
R2	高い	高い	低い	強冷
R3	高い	低い	[illegible]	[illegible]
R4	低い	高い	[illegible]	[illegible]
R5	低い	低い	[illegible]	[illegible]
R6	低い	低い	[illegible]	[illegible]

Fuzzy推論過程　（各ルールのMINによる制御値の頭切り結果）

	温度	湿度	気密性	MIN	制御値	-10	-9	-8	-7	-6	-5	-4	-3	-2	-1	0	1	2	3	4	5	6	7	8	9	10
R1	0.8	0.3	0.5	0.3	弱冷	0.0	0.2	0.3	0.3	0.3	0.3	0.3	0.3	0.3	0.3	0.2	0.0	0.0	0.0	0.0	0.0	0.0	0.0	0.0	0.0	0.0
R2	0.8	0.3	0.5	0.3	強冷	0.3	0.3	0.3	0.3	0.3	0.3	0.2	0.0	0.0	0.0	0.0	0.0	0.0	0.0	0.0	0.0	0.0	0.0	0.0	0.0	0.0
R3	0.8	0.5	1	0.5	弱冷	0.0	0.2	0.4	0.5	0.5	0.5	0.5	0.5	0.5	0.4	0.2	0.0	0.0	0.0	0.0	0.0	0.0	0.0	0.0	0.0	0.0
R4	0	0.3	1	0	弱暖	0.0	0.0	0.0	0.0	0.0	0.0	0.0	0.0	0.0	0.0	0.0	0.0	0.0	0.0	0.0	0.0	0.0	0.0	0.0	0.0	0.0
R5	0	0.5	0.5	0	弱暖	0.0	0.0	0.0	0.0	0.0	0.0	0.0	0.0	0.0	0.0	0.0	0.0	0.0	0.0	0.0	0.0	0.0	0.0	0.0	0.0	0.0
R6	0	0.5	0.5	0	強暖	0.0	0.0	0.0	0.0	0.0	0.0	0.0	0.0	0.0	0.0	0.0	0.0	0.0	0.0	0.0	0.0	0.0	0.0	0.0	0.0	0.0
					MAX	0.3	0.3	0.4	0.5	0.5	0.5	0.5	0.5	0.5	0.4	0.2	0.0	0.0	0.0	0.0	0.0	0.0	0.0	0.0	0.0	0.0

```
Sub defuzzy()
  Dim i, s, x, p As Integer
  s = 0
  For i = 0 To 20
    s = s + Cells(66, i + 12).Value        ' L66-AF66
  Next i
  s = s / 2                     ' 合成関数面積の半分
  x = 0
  For i = 0 To 20
    x = x + Cells(66, i + 12).Value       ' 再度積算
    If x >= s Then
      Exit For
    End If
  Next i
  Cells(52, 29).Value = Cells(59, i + 12).Value
      ' 結果表示域 AC52 <- 制御値 L59-AF59
End Sub
```

シミュレーションとしては動きがなくて面白くないかもしれないが、頭切りや和集合の形状を注意深く眺めると興味が湧くと思う。また、シート上部のメンバシップ関数の表を入れ替えることで、グラフ形状を簡単に変更できるので、自分の感覚に合ったファジィ推論を行うこともできる。

【注意事項】

・Excelシートの上部［2～48行］は、メンバシップ関数をグラフ化するための表とグラフである。

・Excelシートの中部［49～67行］が、ファジィ推論の部分で、温度、湿度、気密性の観測値を入力してから［実行］ボタンを押すとファジィ推論が実行され、空調制御値が表示される。

・推論過程は、各ルールのメンバシップ関数の頭切り結果の和集合（MAX）が、［Fuzzy推論過程］に表示される。

・Excelシートの下部［71～134行］は、［Fuzzy推論過程］に示されたルールごと、および和集合のメンバシップ関数のグラフである。最終的には、一番下のMAXグラフに対し、重心法を適用して空調制御値を求めるのであるが、ここでは簡易的に非ファジィ化マクロに示すように、グラフの面積が半分になるX軸上の値を求めている。

体験してみよう

あいまいな条件で目標値を維持する
～ファジィ制御～

ダウンロードファイル ⋮ Ex5_Fuzzy 制御 .xlsm

ファジィ推論をさらに効率化した制御規則表に基づく、ファジィ制御のシミュレーションである。ここでは制御対象となる目標を具体的に想定していないが、例えば温度調節でもよいし、棒立てでもよいし、あるいは決められた線に沿って動くロボットでもよい。ファジィ制御で扱う事例は、数値制御とは違って感覚的な補正を想定しており、これを偏差（目標値からのずれ）と偏差の変動を縦横に配した行列である制御規則表に基づいて行う。このような大雑把な制御でも、安定的に目標値を維持できることを実感してもらうことが狙いである。具体的な目標を設定して視覚化することも可能であるが、目標値に収束していく偏差のグラフを見るだけでも、十分真価を理解できると思う。

▸シートの説明

[Fuzzy 制御] シート：制御規則表に基づくファジィ制御のシミュレーション

▸操作手順

① [Fuzzy 制御] シートを開き、制御規則表を設定する。手で入力するか、[制御規則表] ボタンを押して標準値を自動設定する。

② 簡易区分表、簡易制御値、偏差とその変動の初期値、許容誤差、観測回数を設定する。手で入力するか、[初期化] ボタンを押して自動設定する。

③ [開始] ボタンを押して、ファジィ制御シミュレーションを実行する。ファジィ制御の様子が下部グラフに表示される。グラフの下の大きな表はグラフ作成のためのデータなので意識しなくてよい。

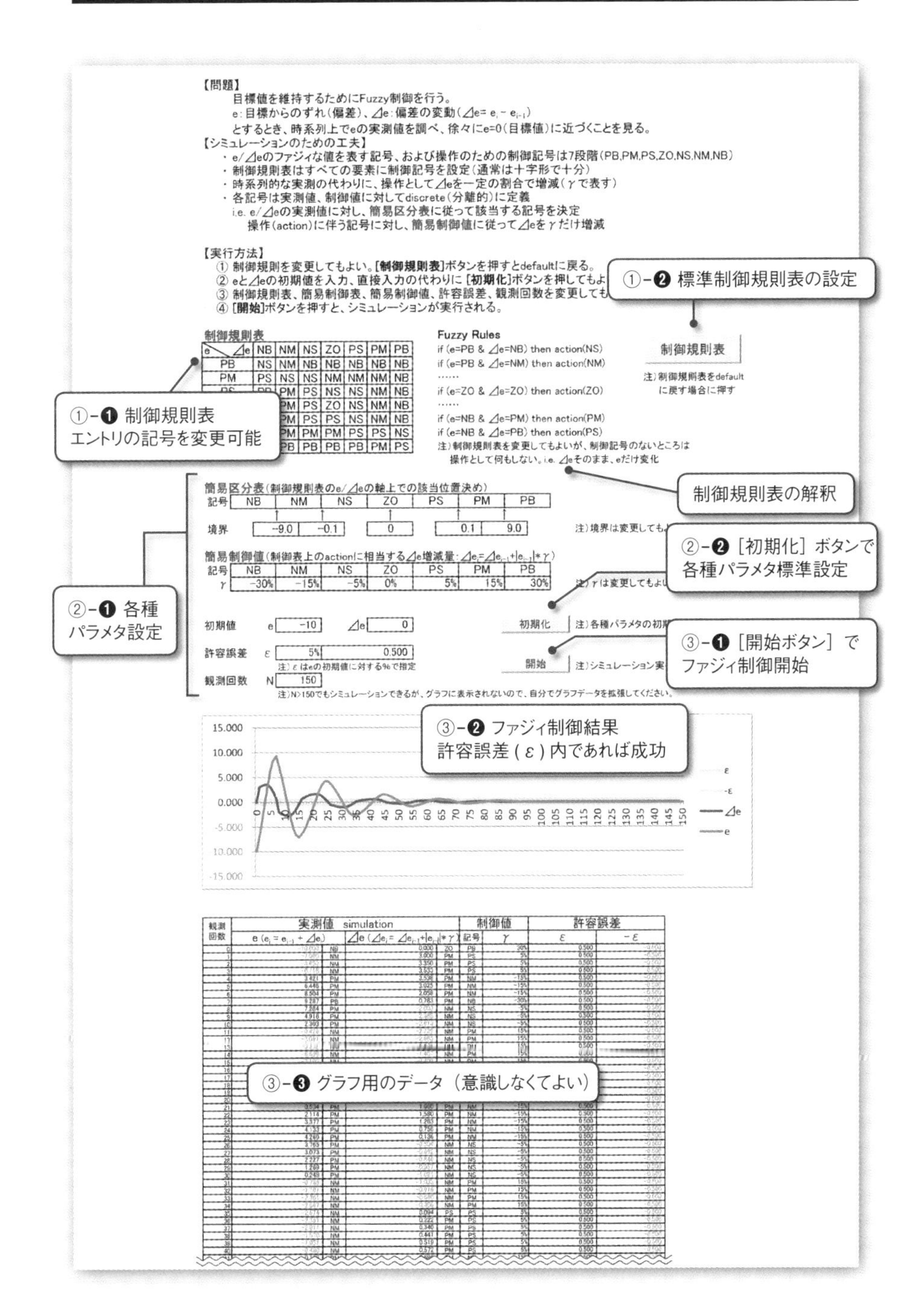
【問題】
目標値を維持するためにFuzzy制御を行う。
e: 目標からのずれ（偏差）、⊿e: 偏差の変動（⊿e= e_i − e_{i-1}）
とするとき、時系列上でeの実測値を調べ、徐々にe=0（目標値）に近づくことを見る。
【シミュレーションのための工夫】
・e/⊿eのファジィな値を表す記号、および操作のための制御記号は7段階（PB,PM,PS,ZO,NS,NM,NB）
・制御規則表はすべての要素に制御記号を設定（通常は十字形で十分）
・時系列的な実測の代わりに、操作として⊿eを一定の割合で増減（γで表す）
・各記号は実測値、制御値に対してdiscrete（分離的）に定義
i.e. e/⊿eの実測値に対し、簡易区分表に従って該当する記号を決定
操作（action）に伴う記号に対し、簡易制御値に従って⊿eをγだけ増減
【実行方法】
① 制御規則を変更してもよい。[制御規則表]ボタンを押すとdefaultに戻る。
② eと⊿eの初期値を入力、直接入力の代わりに［初期化］ボタンを押してもよ
③ 制御規則表、簡易制御表、簡易制御値、許容誤差、観測回数を変更しても
④ [開始]ボタンを押すと、シミュレーションが実行される。
①-❷ 標準制御規則表の設定
制御規則表
注）制御規則表をdefaultに戻す場合に押す
制御規則表
①-❶ 制御規則表 エントリの記号を変更可能
Fuzzy Rules
if (e=PB & ⊿e=NB) then action(NS)
if (e=PB & ⊿e=NM) then action(NM)
……
if (e=ZO & ⊿e=ZO) then action(ZO)
……
if (e=NB & ⊿e=PM) then action(PM)
if (e=NB & ⊿e=PB) then action(PS)
注）制御規則表を変更してもよいが、制御記号のないところは操作として何もしない。i.e. ⊿eそのまま、eだけ変化
制御規則表の解釈
簡易区分表（制御規則表のe/⊿eの軸上での該当位置決め）
記号 NB NM NS ZO PS PM PB
境界 −9.0 −0.1 0 0.1 9.0
注）境界は変更しても
簡易制御値（制御表上のactionに相当する⊿e増減量：⊿e_i=⊿e_{i-1}+|e_{i-1}|*γ）
記号 NB NM NS ZO PS PM PB
γ −30% −15% −5% 0% 5% 15% 30%
注）γは変更してもよい
②-❷［初期化］ボタンで各種パラメタ標準設定
②-❶ 各種パラメタ設定
初期値 e −10 ⊿e 0
初期化 注）各種パラメタの初期
許容誤差 ε 5% 0.500
注）εはeの初期値に対する%で指定
開始 注）シミュレーション実
③-❶［開始ボタン］でファジィ制御開始
観測回数 N 150
注）N>150でもシミュレーションできるが、グラフに表示されないので、自分でグラフデータを拡張してください。
③-❷ ファジィ制御結果 許容誤差（ε）内であれば成功
15.000
10.000
5.000
0.000
-5.000
-10.000
-15.000
ε
-ε
⊿e
e
観測回数
実測値 simulation
e (e_i = e_{i-1} + ⊿e_i)
⊿e (⊿e_i = ⊿e_{i-1}+|e_{i-1}|*γ)
制御値
記号
γ
許容誤差
ε
−ε
③-❸ グラフ用のデータ（意識しなくてよい）

【注意事項】

・制御規則表：通常は縦横 ZO に沿った十字の部分だけ定義すればよいが、ここでは簡易的なシミュレーションを行うために、全エントリを埋めている。これは入替え可能である。
・簡易区分表：概念記号として、本文で説明する PB ～ ZO ～ NB を用いるが、本来はメンバシップ関数で規定されるところを、ここでは重なりのない分離的な値を持つものとし、その境界を簡易区分で指定する。これは入替え可能であり、境界の設定によって、収束の度合いがかなり違ってくる。
・簡易制御値：制御規則表の各エントリに記された、制御値に関する概念も PB ～ NB で表すが、これも本来のメンバシップ関数ではなく、簡易的に偏差の変動の増減で表す。この増減量は偏差に対する割合としているが、これも入替え可能である。
・初期値：偏差と偏差の変動について、シミュレーション開始時の値を設定する。この値は任意であるが、簡易区分表で指定した概念境界の値との整合性を意識する必要がある。
・許容誤差：偏差 0 が望ましいが、通常は許容誤差がある。これは初期偏差に対する割合として指定する。この値はファジィ制御自体には影響はないが、制御の成否の判断基準として設定する。
・観測回数：偏差とその変動を観測するたびに制御規則表の適用を行うこととし、その回数を指定する。
・シート下部のグラフと表：ファジィ制御の結果を表す。グラフが波打ちながら許容誤差内に収束していく様子がわかる。簡易区分表や簡易制御値の設定によっては、許容誤差の範囲外に収束してしまう場合もあり、これはすなわちファジィ制御に失敗したことを示す。

3.1 ファジィの考え方

本節ではファジィ（Fuzzy）の基本概念として、ファジィ集合、メンバシップ関数、ファジィ測度について解説する。

3.1.1 ファジィ集合（Fuzzy Set）

ファジィでは、事象自体のあいまいさや、主観的な表現を扱うために、集合論を拡張して考える。

普通の集合は、「何らかの条件を満たすものの集まり」というような定義であり、次のように定式化される。

A = { x|x の条件 }

例）偶数の集合　B = {x|mod(x,2) = 0}

　　奇数の集合　C = {x|mod(x,2) = 1}

集合の要素は、離散的なこともあるし連続的なこともある。しかし、あるものが集合に含まれるか否かで考えると、そのどちらかになる。含まれる場合を 1、含まれない場合を 0 で表すと、集合 A は要素 x に対して、【式 3-1】のように定義することもできる。ここで $\chi_A(x)$ は、引数 x が集合 A の要素なら 1、そうでなければ 0 を返す関数とする。

式 3-1

$$A = \{ x \mid \chi_A(x) = 1 \}$$

$\chi_A(x) \rightarrow \{0,1\}$ *1　　$\chi_A(x) = 1\ (x \in A)$　or　$\chi_A(x) = 0\ (x \notin A)$

このような集合は、境界がきっちりしているという意味でクリスプ（crisp）集合という。ではあえて、【式 3-1】で 0 と 1 の間の値も取り得る関数を使うとどうなるだろう？ これは境界がぼやけた集合を表すと考えられる。すなわち、値が 1 に近ければ集合の内側に近く、0 に近ければ外側に近い、という見方ができる。

このような考え方で、境界がぼやけた集合を定義したものを、ファジィ集合という（図3-1）。

ファジィ集合（Fuzzy Set）

ファジィ集合は境界があいまいで、「完全に内側」と「完全に外側」との間に幅がある。
この幅を 0〜1 の値をとるメンバシップ関数で補完する。
メンバシップ関数の値は、集合の内側ほど 1 に近い。

メンバシップ関数
（Membership Function）

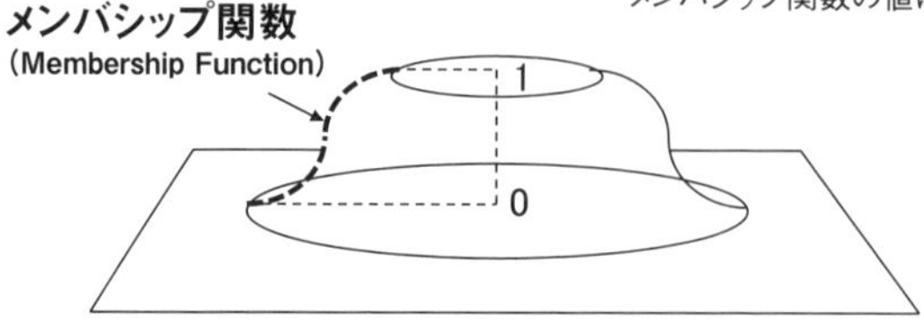

メンバシップ関数	$0 \leqq \mu_A(x) \leqq 1$
ファジィ集合 Aの定義	$A = \{ x \mid \mu_A(x) \rightarrow [0,1] \}$
ファジィ測度の単調性	$m(\phi)=0$, $m(V)=1$, $A \subseteq B \subseteq V$ なら $m(A) \leqq m(B)$

参考）確率との違い
サイコロを振って2の倍数または3の倍数が出る確率は、
m(2の倍数)+m(3の倍数)−m(2&3の倍数)=1/2+1/3−1/6=2/3

Fuzzyの場合は、2の倍数か3の倍数かどちらかなあ?
可能性の高いほう(max)にしよう→2の倍数とみなす

図3-1 ファジィ集合（Fuzzy Set）

3.1.2 メンバシップ関数（Membership Function）

ファジィ集合の境界のぼやけ具合、つまりある要素がどの程度その集合に含まれるといえるか、という所属度を表すために、メンバシップ関数を導入する。これは集合の内側では1、外側では0で、境界ではその間の値をとり、内側ほど1に近いというものである。メンバシップ関数は、ファジィ集合の境界の形状を表すと考えてよい（図3-1を参照）。

ファジィ集合は、メンバシップ関数μを使って、次のように定義できる。

式3-2

$$A = \{ x \mid \mu_A(x) = y \,,\, 0 \leqq y \leqq 1 \}$$

$\mu_A(x) \rightarrow [0,1]$ *2　$0 < \mu_A(X) \leqq 1 \ (x \in A)$　or　$\mu_A(x) = 0 \ (x \notin A)$

3.1.3 ファジィ集合の演算

クリスプ集合の演算には和集合、積集合（共通部分）、補集合（差集合）と、各種の演算規則 *3 が定義される。しかし、ファジィ集合に同様な演算を定義する場合には、どちらかに含まれる、あるいは両方に含まれる、というわけにはいかないので、メンバシップ関数 μ を使って次のように定義する。

式 3-3

和集合　$A \cup B = \{ x | \max(\mu_A(x), \mu_B(x)) \rightarrow [0,1] \}$　…値の大きいほう

式 3-4

積集合　$A \cap B = \{ x | \min(\mu_A(x), \mu_B(x)) \rightarrow [0,1] \}$　…値の小さいほう

式 3-5

補集合　$\sim A = \{ x | (1 - \mu_A(x)) \rightarrow [0,1] \}$

ファジィ集合の場合も、演算規則として交換律、結合律、分配律、二重否定、ド・モルガン律が成り立つ。

- **交換律**：A∪B＝B∪A、A∩B＝B∩A
- **結合律**：A∪（B∪C）＝（A∪B）∪C、A∩（B∩C）＝（A∩B）∩C
- **分配律**：A∪（B∩C）＝(A∪B)∩（A∪C)、A∩（B∪C）＝(A∩B)∪（A∩C)
- **二重否定**：〜〜A＝A
- **ド・モルガン律（図 3-2）**：〜（A∪B）＝〜A∩〜B、〜（A∩B）＝〜A∪〜B

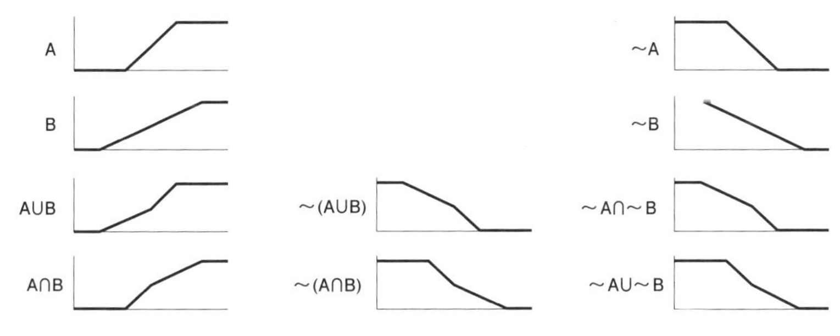

図3-2 ファジィ集合のド・モルガン律

しかし、普通の集合と違って、排中律と矛盾律は成り立たない。すなわち、以下のようになる。

●**排中律**：A∪～A≠V(全体)
●**矛盾律**：A∩～A≠φ(空)

これは、メンバシップ関数の大きいほう、または小さいほうの値をとるため、排中律ではへこみ、矛盾律では膨らむ部分ができるためである（**図 3-3**）。

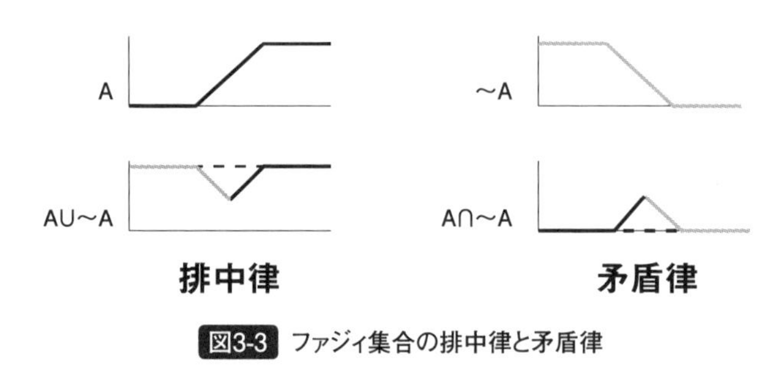

図3-3 ファジィ集合の排中律と矛盾律

3.1.4　ファジィ測度（Fuzzy Measure）

普通の集合では大きさ *4 を表すための測度 *5 を考えることができる。集合全体の大きさを１と考えて、その部分集合の大きさを０～１の実数で表すと思えばよい。測度は加法性 *6 を持つ。ファジィ集合にも同じような概念を導入し、これをファジィ測度という。

ファジィ集合は境界がぼやけていて、要素の個数を数えるわけにはいかない。また、面積もうまく定義できないので、加法性を期待できない。そこで次のように考える。

式 3-6

m(φ)＝0、m(V)＝1、A⊆B⊆V なら m(A)≦m(B)

m はファジィ測度、V は集合全体、φは空集合

これを単調性という。すなわち、ファジィ測度は通常の測度の加法性を緩めて、単調性を持てばよいとする。これなら、要素の個数を数えられなくても、少なくともどちらが大きい、という判断ができる。

◯ファジィ集合とファジィ測度の例

例えば、次のような集合を考えてみよう（図 3-4）。

A: 大人の集合	**A ＝ {x| $\mu_A(x)$ ＝年齢がおよそ 18 歳以上 }**
B: 若者の集合	**B ＝ {x| $\mu_B(x)$ ＝年齢がおよそ 15 歳～ 40 歳 }**
C: 老人の集合	**C ＝ {x| $\mu_C(x)$ ＝年齢がおよそ 65 歳以上 }**
V: 全員の集合	**V ＝ {x| すべての年齢 }**

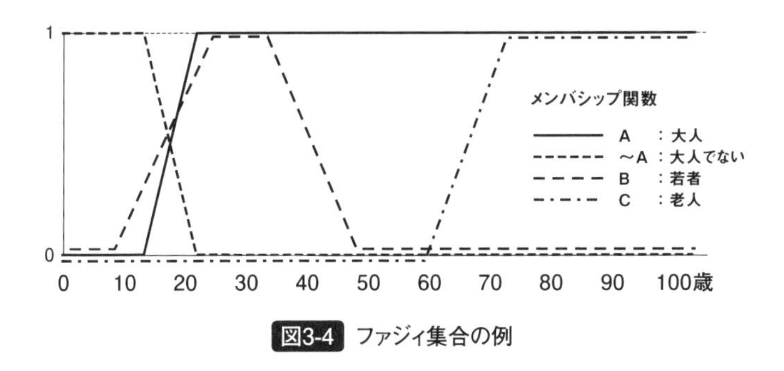

図3-4 ファジィ集合の例

年齢 17 歳の人は A に入れてよいかどうか判断に迷うし、A と B の年齢下限もあいまいだが、少なくとも C は A に含まれることや、B と C は共通部分がないことはわかる。これはそれぞれのメンバシップ関数の形状 *7 で判断できそうである。これがファジィ測度につながる。

上記ファジィ集合のファジィ測度を、それぞれ m(A), m(B), m(C), m(V) とすると、次のような関係がある。

m(C) ＜ m(A)	…C ⊂ A ⊂ V だから。
m(V) ＝ 1	…V は全体だから。
m(B ∩ C) ＝ 0	…B ∩ C ＝ ϕ（空）だから。∩は共通部分を示す。
m(B) ＜ m(A) は不明	…B ⊂ A とはいえないから。

ファジィ集合ではなく、「成人＝年齢 18 歳以上」「高齢者＝ 65 歳以上」というようなクリスプ集合で考えれば、加法性まで含めた判断ができるのだが、ファジィ集合ではそうはいかない。また、ファジィ集合には、次のような難題もある。

D: 大人でない人の集合　**D ＝ {x| $\mu_D(x)$ ≠年齢がおよそ 18 歳以上 }**

とすると、A と D を合わせれば V になるので、

m (A ∪ D) ＝ 1　　　※∪は和集合を示す

になりそうなものだが、そうはならない。なぜなら、「大人でない」というメンバシップ関数は「大人」の反対なので、

$\mu_D(x) = 1 - \mu_A(x)$

と定義され、**図 3-3** でわかるように、μ_A と μ_D を合わせても、18 歳近辺がへこんで、μ_V(＝ 1) にならないからである。

集合としては「A: 大人」と「D: 大人でない」を合わせれば「V: 全体」になりそうなのに、測度がそうならないのであれば、A と D を合わせても V にならないということになる。これはファジィ集合では排中律と矛盾律が成り立たないからである。すなわち、

m(A ∪～ A) ≠ 1　m(A ∩～ A) ≠ 0

3.1.5　ファジィ測度の特徴

ファジィ測度は単調性だけを持てばよいので、通常の測度にはない次のような特徴がある。

- **劣加法性**：A,B ⊆ V、A ∩ B ＝ φのとき、m(A ∪ B) ≦ m(A) ＋ m(B)
- **優加法性**：A,B ⊆ V、A ∩ B ＝ φのとき、m(A ∪ B) ≧ m(A) ＋ m(B)

これは私たちの回りに普通にあるルールを記述するのに、とても便利である。

例えば劣加法性は、「最低〜は保証」とか「たくさん買うと割引」というような概念を記述でき、優加法性は「〜より上を期待」とか「対でそろっていると価値が上がる」「組織で個々の力以上の成果を上げる」というような概念を記述できる。

加法性が保証された通常の測度では、このような概念はかえって表現し難いのだが、ファジィ測度なら自然に表現できる。そのため、身の回りのあやふやなルールを記述するのにとても便利である。

図 3-5 にファジィ集合の劣加法性と優加法性のイメージを示す。

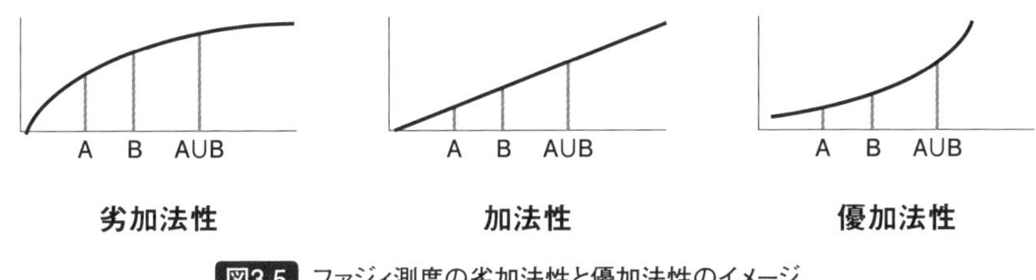

図3-5 ファジィ測度の劣加法性と優加法性のイメージ

---

*1 {} で囲む場合は要素が離散的なことを示す。x が離散的か連続的かにかかわらず、$\chi_A(x)$ は 0 か 1 のどちらかで、間の値はない。

*2 [ ] で囲む場合は要素が連続的なことを示す。すなわち測度 $\mu_A(x)$ は 0 から 1 までの値をとる。

*3 集合の演算規則には、交換律、結合律、分配律、ド・モルガン則、排中律、矛盾律などがある。

*4 有限で離散的な集合（有限加算集合）なら要素の個数を数えればよいが、離散的でも無限な集合（自然数の集合など）や無限で連続的な集合（実数の集合など）もあり、ℵ（アレフ）という集合の密度を表す概念もある。ここでは有限加算集合だけを考える。

*5 測度（measure）：ものごとを定量的かつ統一的に扱うための尺度で、確率測度やファジィ測度の場合は全体を 1、空は 0 とする。

*6 加法性：$m(\phi)=0$、$m(V)=1$、$A,B \subseteq V$ が $A \cap B=\phi$ なら $m(A \cup B)=m(A)+m(B)$；m は測度、V は集合全体、ϕ は空集合

*7 厳密には定義し難いが、メンバシップ関数の積分（面積）をファジィ測度と考えてよい。

3.2 ファジィ推論

一つ目のシミュレーションで見た、あいまいな表現による推論を、ファジィ推論という。

3.2.1 ファジィ推論の考え方

推論というと、三段論法を思い浮かべる人も多いと思うが、真偽判定だけの２値論理推論 *8 は現実問題に適用し難い。現実問題は「〜に近い」とか「〜のように見える」といったような幅を考慮して判断しなければならない。

ファジィ推論はこのような推論を可能にする技術で、最初に考案した人にちなんでマムダーニ推論ともいわれる。考え方は２値論理推論の肯定式を、次のように拡張した形である。

式 3-7

((p → q) & p') → q'　　(p に近いなら q に近い)

p → q の部分をファジィルールといい、p も q もファジィ集合（あるいはあいまいなことば）で表す。p' は現実の観測値、またはこれもファジィ集合である。q' は結論を表すファジィ集合で、最終的な解は何らかの数量に置き換えられる。

3.2.2 ファジィ推論の手順

ファジィ推論は次のような手順で行う。

① ファジィルールを定義する。形式：IF（前件部）THEN（後件部）
② ルールに現れる概念（あいまいなことば）のメンバシップ関数を定義する
③ 各ルールの前件部の各概念の観測値に対し、各概念の積集合（各概念のメンバシップ関数の最小値）を求める

④ 後件部の概念に相当するメンバシップ関数に対し、前件部のメンバシップ関数の最小値で頭切り*9 を行う
⑤ ②の各ルールに対して③④を行い、各ルールの後件部の頭切り結果の和集合（最大値）を求める
⑥ ⑤が結果の測度を表す新たなメンバシップ関数となり、この重心から非ファジィ化*10 を行う

3.2.3 ファジィ推論の具体例

シミュレーションで体験した、空調制御の例を詳細に見てみよう。

ファジィルールは、「すごく寒ければ強く暖める」「蒸し暑ければ少し冷やす」というような直感的な表現で記述する。ここでは、前件部には「温度が高い／低い」、「湿度が高い／低い」、「部屋の気密性が高い／低い」の3種類のパラメタを使う。各パラメタには「高い／低い」という表現に対して、メンバシップ関数を定義する。また、後件部は空調制御の表現として「強冷／弱冷／弱暖／強暖」という4通りのことばを使い、それぞれに空調制御値を横軸とするメンバシップ関数を定義する（**図 3-6a**）。

ファジィ推論は、温度、湿度、気密性の観測値をもとに、各ファジィルールの前件部のメンバシップ関数の最小値を求め、その値で後件部のメンバシップ関数の頭切りを行う。ここでは、温度28℃、湿度50%、気密性5の場合に、6個のファジィルール（R1 ～ R6）を使い、それぞれの後件部のメンバシップ関数の頭切りによる6個の新たなメンバシップ関数ができる（**図 3-6b**）。それらの和（最大メンバシップ関数）を求めることで、結果のメンバシップ関数ができる。最終的には非ファジィ化により、「空調制御値を－2にする」という結論になる（**図 3-6c**）。

ファジィルール

IF (Cond−11, Cond−12, … , Cond−1j, … Cond−1n) THEN Action−1
:
IF (Cond−i1, Cond−i2, … , Cond−ij , … Cond−in) THEN Action−i
:
IF (Cond−m1, Cond−m2, … , Cond−mj , … Cond−mn) THEN Action−m

前件部　　　後件部

概念的には

$$\bigvee_{i=1}^{m} \text{Action}-i \left(\bigwedge_{j=1}^{n} \text{Cond}-ij \right)$$

ファジィ推論

①各ルールの前件部のメンバシップ関数の∧(Min)から後件部のメンバシップ関数の頭切りを行う
②すべてのルールの後件部の頭切り後のメンバシップ関数の∨(Max)による合成を求める
③合成結果の重心を求め、その水平座標位置を求める(非ファジィ化)

空調制御のファジィルール

R1:IF (温度、湿度、共に高く、部屋の気密性が高い) THEN 弱冷
R2:IF (温度、湿度、共に高く、部屋の気密性が低い) THEN 強冷
R3:IF (温度が高く、湿度が低いときは、気密性にかかわらず) THEN 弱冷
R4:IF (温度が低く、湿度が高いときは、気密性にかかわらず) THEN 弱暖
R5:IF (温度、湿度、共に低く、部屋の気密性が高い) THEN 弱暖
R6:IF (温度、湿度、共に低く、部屋の気密性が低い) THEN 強暖

メンバシップ関数

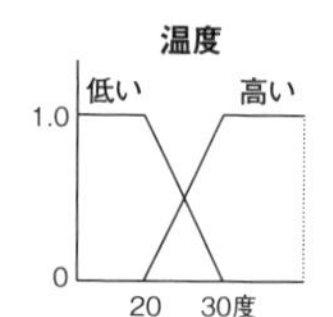

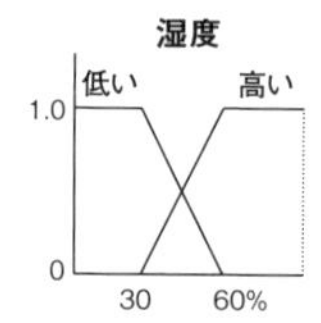

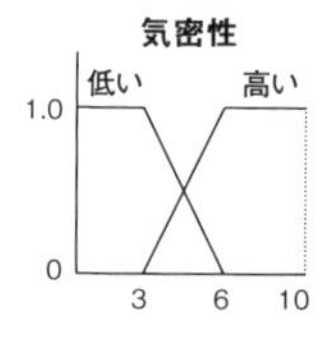

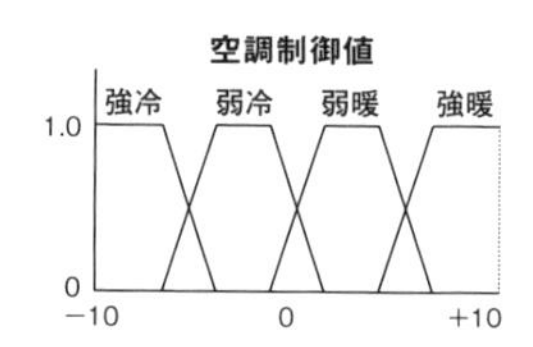

図3-6a ファジィ推論（1）

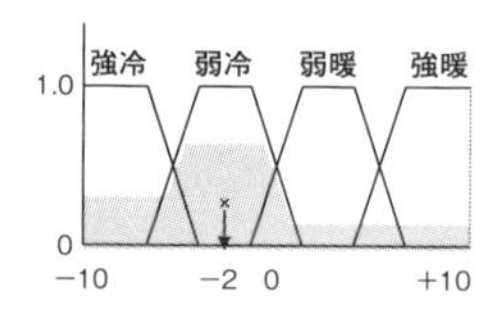

図3-6c ファジィ推論（3）

ファジィ推論　温度28度、湿度50%、気密性5のとき

R1: 温度、湿度が共に高く、部屋の気密性が高いときは、弱冷

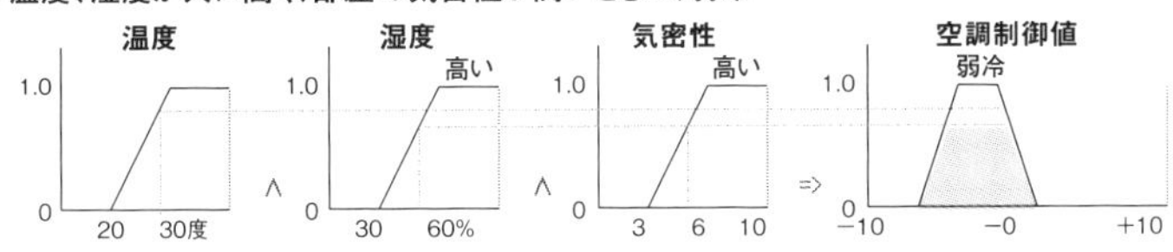

R2:温度、湿度が共に高く、部屋の気密性が低いときは、強冷

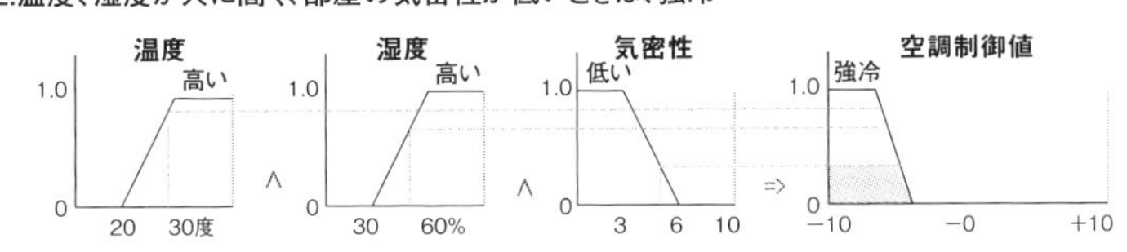

R3:温度が高く、湿度が低いときは、気密性にかかわらず、弱冷

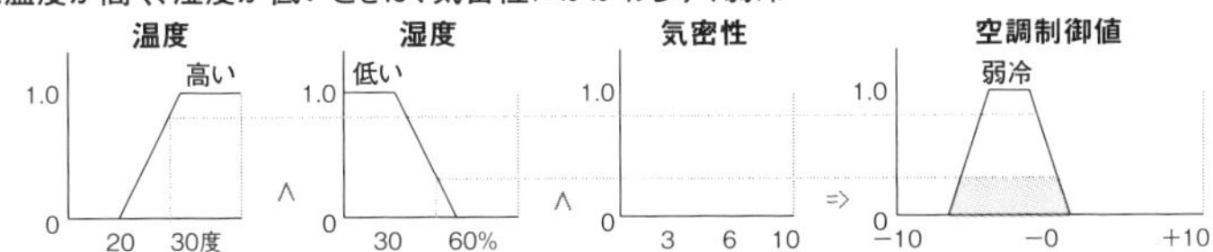

R4: 温度が低く、湿度が高いときは、気密性にかかわらず、弱暖

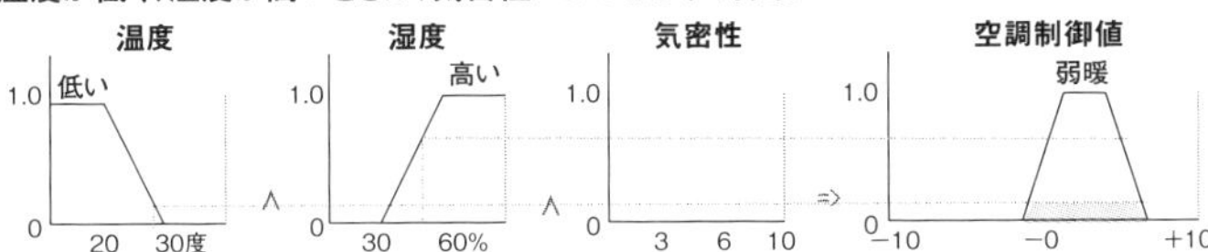

R5: 温度、湿度が共に低く、部屋の気密性が高いときは、弱暖

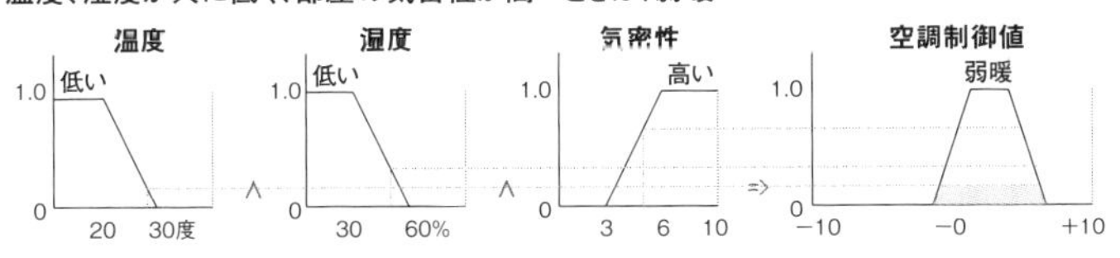

R6: 温度、湿度が共に低く、部屋の気密性が低いときは、強暖

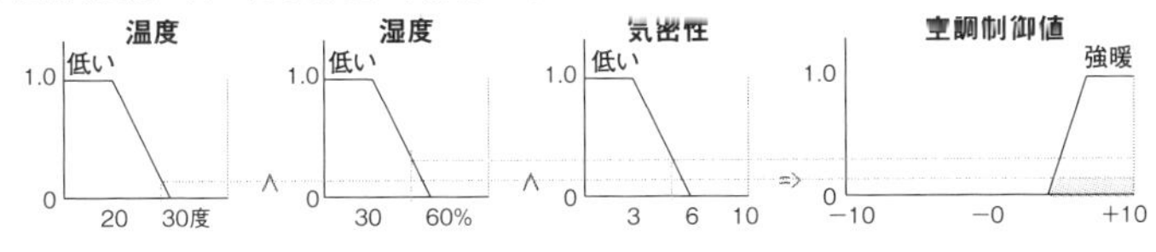

図3-6b ファジィ推論（2）

***8**　2値論理推論：肯定式 ((p→ q) & p)→q、否定式 ((p → q) & ˜q) → ˜p、三段論法 ((p→ q) & (q → r))→ (p→ r)

***9**　頭切り法：後件部メンバシップ関数の上部を、前件部測度最小値で切り取る方法。メンバシップ関数の形状を保って、そのまま押し潰すという方法もある。

***10**　非ファジィ化：重心から横軸へ垂線を下して、横軸の値を最終的な解とする。

3.3 ファジィ制御

2つ目のシミュレーションで体験した、制御規則表に基づくファジィ制御を詳細に見てみよう。

状態を一定に保つ、というような制御問題にファジィを適用する場合、普通のファジィ推論をそのまま適用すると、多くのファジィルールに対してメンバシップ関数の計算を行うので、実時間応答性 *11 が問題になりそうである。

そこで、制御問題の特徴を活かして、偏差 *12 e および、変化率 *13 ⊿e から制御応答規則をルール化し、制御規則表の形にする。こうすることで、実時間応答性に優れた制御を行うことができる。

3.3.1 ファジィ制御の考え方

ファジィルールは、次のような形をしている。

IF（実測値が期待値より大幅に小さくて、変化率がゼロの状態）
THEN 制御値を正の方向に大きくする
IF（実測値が期待値より少し大きくて、変化率が上向きの状態）
THEN 制御値を負の方向に小さくする

ルールには「大幅に小さい、少し小さい、大幅に大きい」というような、あいまいな表現が現れるので、次のような記号で表す。

P：Positive (正方向)
N：Negative（負方向）
B：Big（大きい）
M：Medium（中くらい）
S：Small（小さい）
ZO：Zero

これらの記号はそれぞれメンバシップ関数を持つ。これらを組み合わせて、ルールは次のように表現できる。

IF (e ＝ NB & ⊿ e ＝ ZO) THEN action(PB)　…図 3-7 の①、action は制御操作を示す

⋮

IF (e ＝ NS& ⊿ e ＝ ZO) THEN action(PS)　…図 3-7 の⑮

制御応答のためのファジィ制御規則

実測値が期待値（一定）になるように制御応答
偏差e＝実測値－期待値
偏差の変動$⊿e_t = e_t - e_{t-1}$

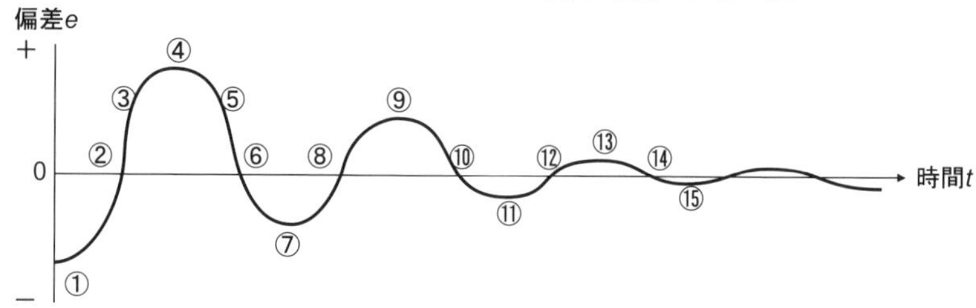

図3-7 ファジィ制御

3.3.2 制御規則表に基づくファジィ制御

時系列上で各観測値（e, ⊿ e）に対し、制御規則表（**図 3-8**）で該当する要素 *14 に対応する操作を行う。

① 一定の時間間隔で e と⊿ e の観測値を求める
② 制御規則表で縦軸、横軸の観測値の位置を決める
③ その位置にある要素に従った操作を行う。具体的な操作内容は、制御パラメタの変化量などを個別に決めることになる

通常のファジィ推論では、上記②③でメンバシップ関数の合成などの操作が必要だが、制御規則表を用いればその必要がなく、高速に処理できる。制御規

則表の要素は必ずしもすべての要素を定義する必要はなく、必要な部分だけ定義すればよい。要素が未定義の部分は、そのようなｅと⊿ｅに対しては変化を加えない、ということを表す。

この方法は、エアコンの温度自動調整や自動運転、さらにはトンネルの排気制御にも使われている。制御規則表は縦横ともZO上の十字形であるケースが多いが、制御規則表の要素の未定義な部分は制御操作を行わなくても、十分効果があることを示している。

制御規則表　制御応答としては、制御規則表に基づき、eと⊿eから制御値決定。
徐々にZOに近づき安定。①〜⑭は図3-7の番号、⑮は⑪と同じ。

e ＼ ⊿e	NB	NM	NS	ZO	PS	PM	PB
PB(＋大)				④NB			
PM(＋中)		⑤NM		⑨NM		③NM	
PS(＋小)				⑬NS			
ZO(ほぼ0)	⑥PB	⑩PM	⑭PS	▶ ZO	⑫NS	⑧NM	②NB
NS(−小)				⑪PS			
NM(−中)				⑦PM			
NB(−大)				①PB			

P: Positive
N: Negative
B: Big
M: Medium
S: Small
ZO: Zero

図3-8　制御規則表

*11　実時間応答性とは、時間の流れに沿って瞬間的に必要な応答を行うこと。制御問題では、この瞬間的な応答を連続して行う必要があるので、じっくり推論を行う暇がない。

*12　偏差：実測値と期待値の差。

*13　変化率：偏差の変動。厳密には実測値の変動の微分であるが、ここでは離散的な時系列で見るので、偏差の差分でよい。

*14　要素はPB、PS、NB、NSなどの記号で、これらの概念はほぼ分離的（Discrete）である。前件部のmin演算を行う際、どれか一つだけ考慮すればよい。厳密には、Mediumという概念はBigやSmallと重なりを持つので、完全に分離的でないが、制御規則表の要素とすることが多い。

3.4 ファジィ関係

ここまで1変数のファジィ集合を見てきたが、2変数以上に拡大して、それらの間の関係のあいまいさに着目する。夫婦関係はクリスプだが、恋人関係はファジィである、というようなものである（図3-9）。

クリスプ関係

夫婦なら1、そうでないなら0

	X	Y	Z
A	1	0	0
B	0	1	0
C	0	0	1

ファジィ関係

恋人度合い

	X	Y	Z
A	1.0	0.1	0
B	1.0	0.8	0
C	0.5	1.0	0.1

図3-9 クリスプ関係とファジィ関係

3.4.1 ファジィ関係の考え方

2変数がそれぞれ離散的[*15]な場合を考える。すなわち、2種類の事象の要素をそれぞれ縦横に並べて、要素間の関係を表す数値を行列の形に並べる。各数値はあいまいさを含むわけだが、事象間の関係を表すメンバシップ関数を想定して該当する値を並べる、と考えればよい。この行列をファジィ行列といい、次のように定義できる。

式3-8

ファジィ行列　$R=[\mu(x_i,y_j)->[0,1]]$

$(x_i,y_j)\in X\times Y$（直積[*16]空間）

このように考えると、恋人関係のファジィ行列は次のように解釈できる。

- X は A とも B とも深い仲、C は怪しい仲
- Z は A とも B ともきれいな仲だが、C とはちょっと訳あり

3.4.2 ファジィ行列の合成と推論

ファジィ関係をファジィ行列で表すことにより、マムダーニ推論のようなルールを作らなくても、行列演算と類似の合成演算だけで、推論を行うことができる。

2つのファジィ行列R, Sに対して、合成演算を次のように定義する。

式3-9

$$R \circ S = [\vee (r_{ik} \wedge s_{kj})]_{ij}$$

$R = [r_{ik}]$、$S = [s_{kj}]$、行列積の+を∨ (max)、×を∧ (min) に置換え

ファジィ関係の推論は、関係を定義したファジィ行列R、原因を表すファジィ行列A、結果を表すファジィ行列Bをもとに、次のような合成演算によって行う。

式3-10

$$A = B \circ R \quad \text{または} \quad B = R \circ A$$

R：ファジィ行列、A：原因、B：結果（観測値）

これによって、既知のRとAから結果Bを予測したり、Rと観測値Bから原因Aを推論したりできる。

3.4.3 ファジィ関係推論の具体例

果物の影絵を見て、どんな果物か当ててみよう。

- 果物（A）＝［りんご、みかん、西瓜、バナナ］
- 影絵の形状（B）＝［丸い、細長い、扁平、大きい、小さい］
- AとBの間の関係を表すファジィ行列R（表3-1）

とするとき、【式3-10】を使って影絵から果物を推論してみよう。

ファジィ行列 R

	りんご	みかん	西瓜	バナナ
丸い	0.6	0.5	1.0	0
細長い	0	0	0	1.0
扁平	0.4	1.0	0	0
大きい	0.4	0.2	1.0	0.2
小さい	0.7	1.0	0.2	0.2

表3-1 果物と形状のファジィ関係

影絵を見た感じが、次のBのようであったとする。要素は「丸い」「細長い」「扁平」「大きい」「小さい」の順として、以下のように推論できる。

Case1 B＝[0.7　0　0　0.8　0] として、A＝B。R＝[0.6　0.5　0.8　0.2]
⇒ 西瓜の可能性が一番高い。

Case2 B＝[0.5　0.3　0.6　0　0.9] の場合、A＝B。R＝[0.7　0.9　0.5　0.3] ⇒ みかん

Case3 B＝[0　0.8　0　0.3　0.5] の場合、A＝B。R＝[0.5　0.5　0.3　0.8] ⇒ バナナ

Case4 逆にバナナの影絵はどうなるか？
A＝[0　0　0　1.0] としてB＝R。A＝[0　1.0　0　0.2　0.2]

Case5 みかんの影絵はどうなるか？
A＝[0　1.0　0　0] としてB＝R。A＝[0.5　0　1.0　0.2　1.0]
逆算すると、A＝B。R＝[0.7　1.0　0.5　0.2] で、みかんになる。

---

*15　連続的な場合は【式3-8】のμの引数が連続的なので、行列にはできないが、積分のイメージで拡張できる。多変数でも同じ。

*16　2つのベクトルX,Yを縦横とし、XとYの各要素の交点に要素間の演算結果を配置した行列を「直積」といい、X×Yで表す。

第4章

よいものが残る
進化の法則をうまく使う
＝ 遺伝的アルゴリズム

遺伝的アルゴリズム（Genetic Algorithm: GA）は、生物の遺伝と進化にならい、対象問題のモデル化に際し、面倒な計算なしで一定の時間内に遺伝子組換えをするだけで良解を得るという、とても要領のよい手法である。得られる解が最良解という保証はないが、どんな複雑な問題でも一定時間でそれなりの良解が得られるので、組合せ最適化問題などへの応用は広い。数式や手続きで解くことが難しい問題では、一考の価値がある。

ここでは遺伝的アルゴリズムの動作原理を知るために、遺産分配のシミュレーションを行う。同じ例題を本文で詳細に解説しているので、まずはシミュレーションによって、複雑な計算なしでそれなりに満足のいく分配ができる、という遺伝的アルゴリズムの雰囲気を実感してもらいたい。

体験してみよう

遺産の適正な分配を要領よく行う

～遺伝的アルゴリズムによる財産分け～

ダウンロードファイル ┆ Ex6_ 遺伝的アルゴリズム .xlsm

遺産分配というのは、遺産がすべてお金なら比例配分で簡単に計算できるが、一般にはお金以外に様々な形態のモノがある。それらは分割できないので、お金のような連続量として扱うことができず、比例配分のような簡単な計算では分配できない。

これをコンピュータで処理する場合は、遺産相続人への分配のすべての組合せを考え、最も適正な分配比率に従うことになる。これは遺産物件数が少ない場合は何の問題もないが、物件の数が増えると膨大な組合せパターンになり、コンピュータで一つ一つ見ていくと膨大な時間がかかる。*1 そこで、まったく遺言どおりではないとしても、ほぼ近い分配を見出すためには、遺伝的アルゴリズムが有効なのである。

ここで用いるExcelプログラムでは、財産物件30個、相続人8人までのシミュレーションが可能である。しかしまずは、相続人を3～5人程度にして試してみよう(物件数は最大でもよい)。相続人が多いと、さすがにこの程度のシミュレーションでは、期待するような結果が得られない。シミュレーションでは遺伝子の数や突然変異の回数など、いろいろ条件を変えて試行できるが、まずは最も基本的な動きを見てもらいたい。慣れてきたら、条件を変えての試行や、1回

---

*1 相続人3人で物件数30とすると、$3^{30} \fallingdotseq 10^{14}$ 通り、相続人5人で物件数100なら $5^{100} \fallingdotseq 10^{70}$ 通りの組合せパターンがある。2GHzのPCで計算すると、1パターン当たり200命令必要として1秒で 10^7 パターン処理するので、10^{14} 通りなら 10^7 秒＝115日、10^{70} 通りなら 10^{63} 秒＝ 3×10^{55} 年（1年は約 3×10^7 秒）かかる！

ごとの動きも確認してほしい。比例配分計算をしているわけでもないのに、一瞬でまずまずの分配ができる、というのは遺伝的アルゴリズムの妙味である。

▸ Excel シートの説明

［財産分け］シート：財産分配に関する遺伝的アルゴリズムのシミュレーション

▸ 操作手順

① ［財産分け］シートを開く。［Clear］ボタンを押し、初期化する（全体をやり直す場合も同様）。
② 財産価値を入力する。手入力で必要個数分を設定するか、［財産価値］ボタンを押して 30 個分を自動設定する。
③ 相続比率を入力する。手入力で必要人数分を設定するか、［相続比率］ボタンを押して 8 人分を自動設定する。このとき、相続比率が 0% または空白の人は、相続人数から除外される（相続人数が多いと 8 個の遺伝子では期待する結果にならない可能性が高いので、最初は人数を 3 ～ 4 人で試行するとよい）。
④ 遺伝子数を入力する。8 以下の偶数でない場合は、内部的に設定される。指定を省略した際は 8 になる。
⑤ 交叉点を入力し、［マスク設定］ボタンを押す。交叉点が 0 の場合は、マスクパターンが乱数で自動生成される。
⑥ ［初期集団］ボタンを押して、遺伝子初期集団を設定する。
⑦ ［適応度評価］ボタンを押す。エリート保存に従って選択が行われる（よいものを残す）。
⑧ ［交叉］ボタンを押す。適応度順に交叉対を作り、マスクパターンに従って一様交叉が行われる。
⑨ ［突然変異］ボタンを押すと、突然変異として、任意の遺伝子を乱数で入れ替えられる。
　⑧～⑨を繰り返すと、最良解が徐々によくなっていくことがわかる。しばらく 1 回ごとに確認を行った後、連続実行に切り替える。
⑩ 連続実行のための交叉回数、許容誤差、突然変異間隔を入力する。
⑪ ［GA 実行］ボタンを押して、連続実行を行う。実行結果と適応度変化のグラフ

が表示される。

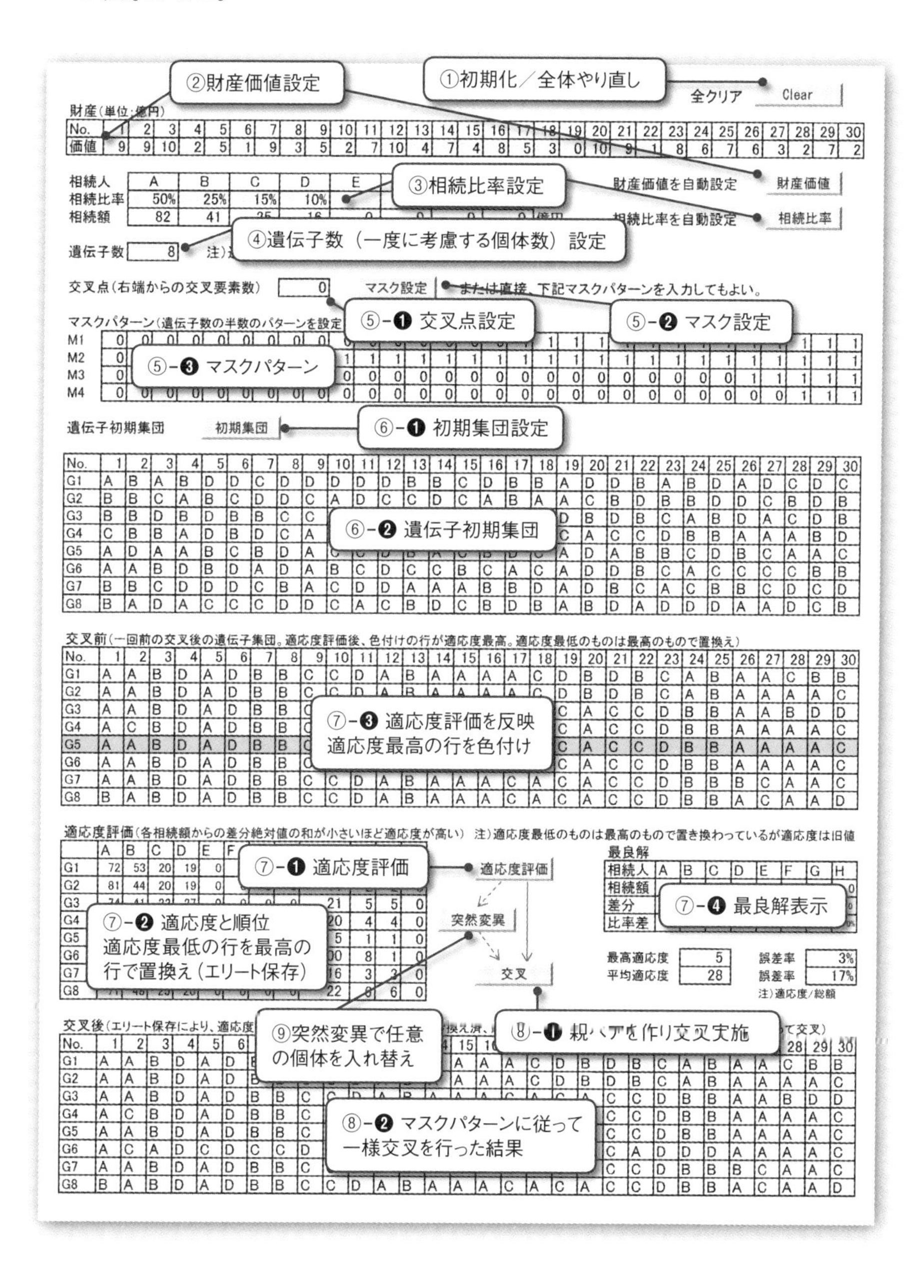

①初期化／全体やり直し
全クリア
Clear
②財産価値設定
財産（単位：億円）
③相続比率設定
財産価値を自動設定
財産価値
相続比率を自動設定
相続比率
④遺伝子数（一度に考慮する個体数）設定
交叉点（右端からの交叉要素数）
マスク設定
または直接、下記マスクパターンを入力してもよい。
⑤-❶ 交叉点設定
⑤-❷ マスク設定
⑤-❸ マスクパターン
遺伝子初期集団
初期集団
⑥-❶ 初期集団設定
⑥-❷ 遺伝子初期集団
交叉前（一回前の交叉後の遺伝子集団。適応度評価後、色付けの行が適応度最高。適応度最低のものは最高のもので置換え）
⑦-❸ 適応度評価を反映
適応度最高の行を色付け
適応度評価（各相続額からの差分絶対値の和が小さいほど適応度が高い）　注）適応度最低のものは最高のもので置き換わっているが適応度は旧値
⑦-❶ 適応度評価
適応度評価
突然変異
交叉
⑦-❷ 適応度と順位
適応度最低の行を最高の
行で置換え（エリート保存）
最良解
⑦-❹ 最良解表示
最高適応度
平均適応度
誤差率
⑨突然変異で任意
の個体を入れ替え
⑧-❶ 親ペアを作り交叉実施
⑧-❷ マスクパターンに従って
一様交叉を行った結果

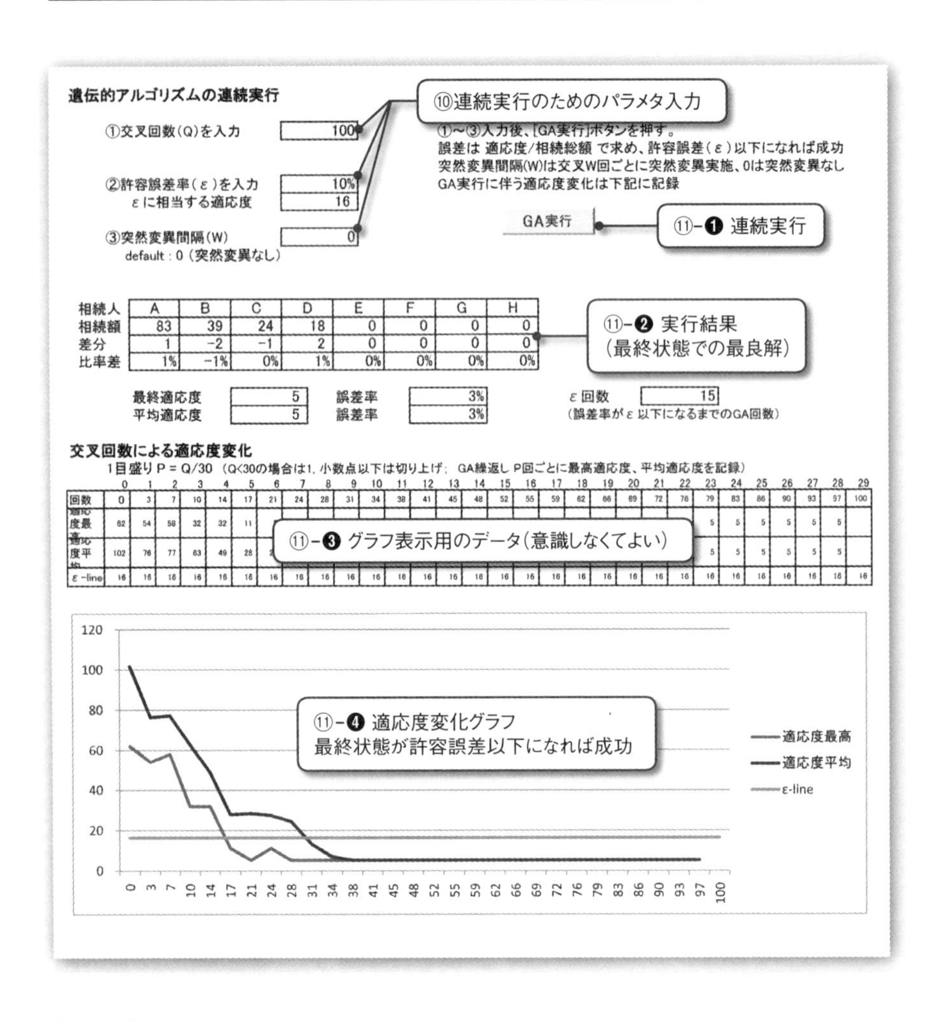

【注意事項】

・財産価値と相続比率（相続人数は比率０以外の人数）だけ指定すれば、最も基本的な試行ができる。

・[マスク設定] → [初期集団] → [GA実行] の順にボタンを押せば、実行結果が表示される。

・その他のボタンやパラメタは慣れてきたら試行するとよい。１回ごとの動きもわかると思う。

【パラメタなどの詳細な注意事項】

・遺伝子数：遺伝的アルゴリズム適用にあたって考慮する遺伝子（個体）の個数（8個以下の偶数）。

・交叉点：遺伝子の右端から数えた位置を指定。マスクパターンに反映される。

・マスクパターン：一様交叉で使用するマスクパターン。直接入力、交叉点指定、または乱数設定が可能。交叉は遺伝子を２個ずつ対にして交叉するので、遺伝子数の半数のマスクパターンが必要である。直接入力の場合は、０か１のマスクパターンを自由に入力する。交叉対ごとに交叉点を変更できる。交叉点指定の場合は、すべてのマスクパターンが指定された交叉点で作られ、同じになる。乱数設定の場合は、交叉点に0を指定しておくと、マスクパターンが乱数で作られる。なお、いったんマスクパターンを生成してから直接入力で変更してもよい。

・遺伝子初期集団：手入力または自動生成による。

・交叉前：交叉前の状態。色付けは適応度最高の個体を表す。適応度最低のものは最高のもので置換えられる。

・適応度評価：適応度として各人の本来の相続額との差分を計算し、全員の差分合計が小さいほど適応度が高い、とする。

・交叉後：交叉対ごとに対応するマスクパターンに従って一様交叉を行った結果が表示される。

・[適応度評価] [突然変異] [交叉]：1回ごとの操作を行うためのボタン。

・最良解：交叉1回ごとの最良解が表示される。平均適応度は、すべての個体の適応度の平均である。

・[GA実行]：連続実行を行うためのボタン。

・連続実行：適応度評価、選択、交叉の繰返しを連続して実行する。交叉回数に指定された回数だけ繰り返し、許容誤差以下に収束すれば成功とする。このとき、突然変異間隔に示された回数ごとに乱数で生成された突然変異を入れる。最終結果は実行結果領域に表示される。ε回数は、適応度最高の個体の適応度が許容誤差（ε）以下になるまでの繰返し回数である。1回ずつ繰返しを行った後に連続実行に切り替えてもよい。

・交叉回数による適応度変化：一定の繰返し回数ごとの最高適応度と平均適応度の変化がグラフ表示される。

4.1 遺伝的アルゴリズムの考え方

遺伝的アルゴリズムが生物の遺伝と進化にならうというのは、対象問題の解を世代交代の繰返しによって徐々によいものにしていく、という考え方である。この考え方は1960年代からあったようであるが、ホランド（John Holland 1975）によって概念が確立された。現実の世代交代は何年もかかるが、コンピュータ上なら何万世代もの世代交代を一瞬で行える。これで問題が解けるならありがたいわけだが、当初は理論的な裏付け *2 に乏しく、その後も理論的検証と拡張研究がなされてきている。

4.1.1 遺伝的アルゴリズムの概念

まず、対象問題を世代交代できるようなモデルで表現する必要がある。すなわち、対象問題の特徴を抽出して、何らかの記号列で表現し、この記号列を世代交代の対象とする。この記号列が、遺伝子 *3 に相当する。このようなモデル化をコーディング（Coding）といい、遺伝子設計にあたる。遺伝的アルゴリズムでは数式を使わなくて済む代わりに、コーディングに気を遣う。バリエーションが多く、遺伝的アルゴリズムの適否を左右する。遺伝子設計と同時に、解としての価値評価を行う指標も必要である。これを適応度という。

世代交代には3つの操作がある。①選択：様々な遺伝子を持つ個体（解の候補）の中から適応度の高いものを選び、②交叉：それらの間で遺伝子の一部を入れ替え、より適応度の高い遺伝子を持つ個体を作り出していく。③突然変異：進化が停滞しないように、ときどき新しい遺伝子を組み入れる。

概念をまとめると、以下のようになる。

- **遺伝子（Gene）**：対象問題の特徴を抽出した、世代交代の対象となる記号列
- **適応度（Fitness）**：対象問題で求められる価値にどれだけ近いかを表す指標
- **選択（Selection）**：多くの個体の中から、適応度の高いものを選び出す操作
- **交叉（Crossover）**：個体間で遺伝子を組み換える操作

● **突然変異（Mutation）**：適応度にかかわらず任意の遺伝子を組み入れる操作

4.1.2　遺伝的アルゴリズムの手順

遺伝的アルゴリズムを適用していく手順は次のとおりである（図 4-1）。

① **モデル化**：対象問題の特徴を抽出し、目標状態を定義

② **コーディング**：遺伝子と適応度評価関数を定義

③ **初期集団**：適当な遺伝子を持つ個体を、必要個数だけ生成

④ **適応度評価**：適応度を評価する。目標状態になれば終わり

⑤ **選択**：適応度の高い遺伝子を持つ個体を選択

⑥ **交叉**：個体間で遺伝子組換え

⑦ **突然変異**：必要に応じて適応度に関係なく新しい遺伝子を組入れ

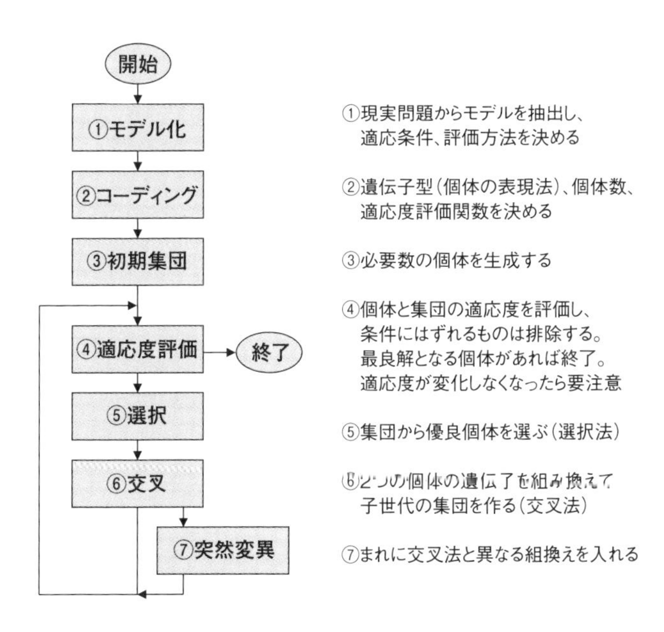

図4-1 遺伝的アルゴリズムの手順

上記手順で④〜⑦を繰り返し、④で目標状態になれば終わりだが、そういう保証はないので、通常は繰り返す回数を決めておく。一定回数を繰り返しても期待する解が得られなければ、さらに繰り返すか、初期集団を再設定してやり直す。コーディングから見直さなければいけない可能性もある。

4.1.3 選択法

世代交代では適応度の高い遺伝子を持つ個体を選ぶが、選び方には次のようにいくつかの方法がある。

- **エリート保存**：適応度最低のものを最高のもので置き換え、親ペアとして適応度の高いものと低いものを順に組み合わせる。こうすることで、適応度の低いものは徐々に淘汰されていく
- **ルーレット選択**：子を適応度に比例した確率で選択する。確率は $p_i = f_i/F$、ただし f_i は固体 i の適応度、$F = \Sigma f_i$。適応度が低いから捨てるということはしないが、実際には子も有限個なので、適応度が低い個体は無視される。そこで、適応度をスケーリング *4 によって調整してから使う、という工夫もされている
- **トーナメント選択**：無作為に選んだ個体中（通常2個）で、最も適応度の高い個体を選択する。常に高い適応度のものだけが残るので収束は早いが、局所解 *5 に陥る可能性も高い

選択法は他にもあり、組み合わせて使われることもある。ホランドが最初に提案した方法はルーレット選択であるが、その後、改良研究が行われてきている。

4.1.4 交叉法

選択された個体の集団の中で、2個ずつ組み合わせて親ペアを何組か作り、親ペアで遺伝子組み換えを行う。親ペアの最も一般的な組合せ方は、適応度の高いものと低いものを順に対にしていくことである。これにより、遺伝子の傾向が偏ってしまうのを防ぐことができる。一見、適応度の高いもの同士を対にす

るほうが効率がよさそうだが、これは局所解で終わってしまう可能性が高い。むしろ低い適応度の遺伝子の中に、よりよい解を導く要素が隠れている可能性がある。別の組合せ方としては､無作為に2個ずつ対にするという方法もある。

親ペアができたら、次のような方法で遺伝子の一部を入れ替える（**図 4-2**）。

- **一点交叉（単純交叉）**：適当な1カ所以降の遺伝子を交換する
- **複数点交叉**：部分的に複数個の遺伝子を一斉に交換する。何カ所あってもよい
- **一様交叉**：親ペアからマスクパターンに従って遺伝子をコピーする。0なら親1から、1なら親2から、など
- **部分一致交叉**:順序が問題になるような場合に、一点交叉で交叉ペアを決め、各個体内で入れ替える
- **順序交叉**：遺伝子の重複を許さない場合は、遺伝子自体の交換ではなく、順序数に置き換えて交叉を行う
- **サブツアー交換交叉**：複数の個体に共通な部分、または良性の部分を保持しながら交叉を行う

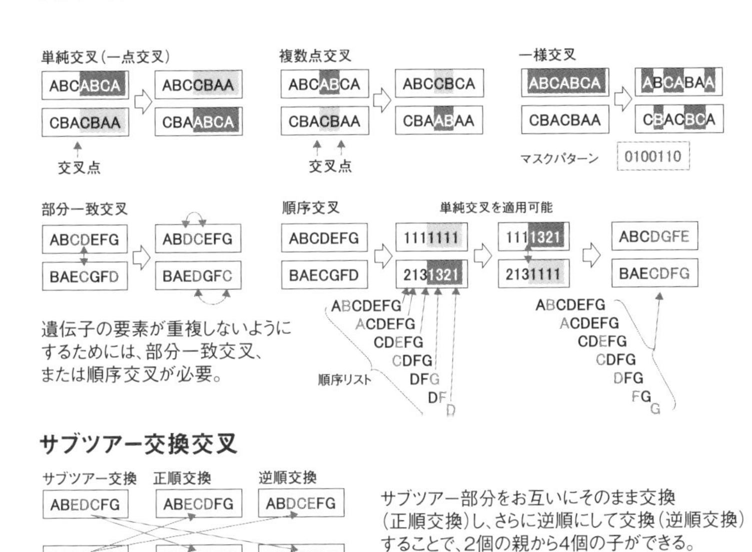

図4-2 交叉法

*2 進化の法則に従えばよくはなっていくのだろうが、どういう場合にうまくいくのか、あるいはうまくいかない場合は何が悪いのか、というような理屈が今一つ明確でなく、適当にやったらうまくいった、という感じがする。生物の進化もまったくでたらめの状態から始まったわけではなく、突然変異も出現理由があると思われるので、コンピュータ上でも、乱数だけで突然変異を生成すればよい、というものではなさそうである。

*3 遺伝子はワトソンとクリック（James Watson & Francis Crick 1953）が DNA の二重らせん構造を発見して以来、A、T、C、G というたった 4 つの塩基の組合せで構成されることがわかり、これらを操作する遺伝子工学が発展してきた。

*4 スケーリング（Scaling）：適応度をそのまま選択の評価値としないで、効果を増幅できるように変換すること。例えば、適応度 f に対して g = af + b というような線形変換を行うことによって、f が小さくても、b の分だけ持ち上げることで無視されないようにできる。

*5 目標状態以外のところに到達すること。第 6 章も参照。

4.2 遺伝的アルゴリズムの具体的考察

シミュレーションで体験した、遺伝的アルゴリズムによる財産分与問題の解法を詳細に見てみよう。

4.2.1 財産分与問題

定式化が難しい組合せ最適化問題として、多種多様な価値を持つ物件を、多人数に決められた比率で配分する、という財産分与問題を考えよう（図 4-3）。

一見、財産総額と各自の取り分比率から、簡単に配分できそうに思える。しかし、財産物件が連続的に分割できる形ではないので、きっちり分配しようとすると、もぐらたたき状態に陥る。そこで、考えられる配分をいくつか試してみて、最も期待比率に近い配分に従う、ということをする。ここに遺伝的アルゴリズムの適用価値がある。

ここでは、財産物件 7 個を、3 人の息子に 4:2:1 の比率で配分することを考える。遺伝子は財産物件ごとに相続者を並べた 7 要素のベクトルとし、適応度各

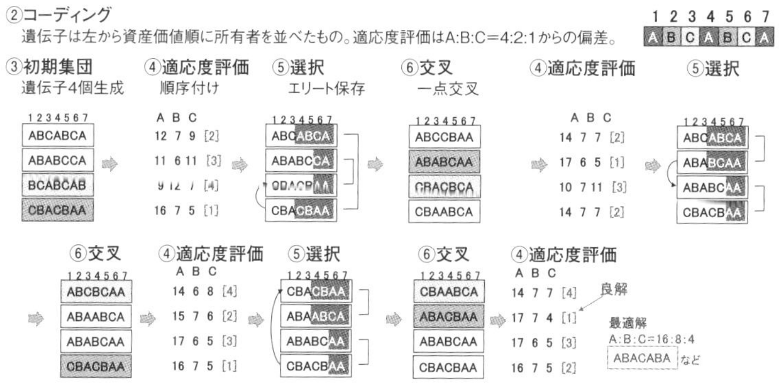

図4-3 財産分与問題

人の配分比率と期待比率との差とする。初期集団として適当に4通りの配分から始め、選択と交叉を繰り返す。毎回の世代交代では、4個の遺伝子を2個ずつ2組の親ペアとし、各親ペアから2個ずつ、合計4個の子遺伝子を作る。これを数回繰り返すと、個体としても全体としても、適応度が徐々によくなっていくことがわかる。

4.2.2 財産分与問題の考察

図4-3で世代交代の様子を詳しく見てみよう。③の初期集団は、4個の適当に選んだ遺伝子からなる。1番目の遺伝子は、物件1はA、物件2はB、物件3はC、・・・、物件7はAが相続することを示す。2番目の遺伝子を同じように見ていくと、Aは物件1,3,7を、Bは物件2,4を、Cは物件5,6を相続することを示している。3番目の遺伝子は、Aが3,6、Bが1,4,7、Cが2,5を、4番目の遺伝子はAが3,6,7、Bが2,5、Cが1,4を相続することを示す。

④でこれらの遺伝子の適応度を評価している。これは各遺伝子の示す配分を見ると、1番目はAが物件合計12億、Bが7億、Cが9億という配分になり、2番目は11億、6億、11億、3番目は9億、12億、7億、4番目は16億、7億、5億という配分になる。これらの配分が、目標の4:2:1という比率にどの程度近いか、というのが適応度であるが、ここでは厳密な計算は省略して、適応度の高いもの順に順序付けをしている。この場合は4番目の遺伝子が最も適応度が高く、続いて1番目、2番目、3番目の順としている。

⑤では選択を行う。エリート保存によって、一番適応度の低い遺伝子を一番高いものに置き換える。すなわち、3番目の遺伝子を4番目の遺伝子に置き換える。これによって常に適応度の一番高い遺伝子は2個になる。そして、この状態で適応度の一番高いものと一番低いものをペアとし、次に高いものと次に低いものをもう一組のペアとする。この場合は3番目と2番目の遺伝子で一組（ペア1)、4番目と1番目の遺伝子でもう一組（ペア2）ができる。ここでは単純交叉を行うこととし、交叉点をペア1は2（後ろから数えて2要素)、ペア2は4（同4要素）とする。

⑥で実際に単純交叉（1点交叉）を行う。すなわち、ペア1は2つの遺伝子

の後ろ2要素を入れ替え、ペア2は4要素を入れ替える。

④に戻って、遺伝子組換えによってできた4つの子遺伝子の適応度を評価する。この結果、適応度が一番高いものは2番目の子遺伝子で、A,B,C の配分が17億、6億、5億となった。一番低いものは3番目の子遺伝子なので、⑤選択で3番目を2番目に置き換え、また2組のペアを作り、交叉点を2と4にして⑥交叉を行う。

また④に戻って孫遺伝子の適応度を評価すると、適応度の一番高いものは16億、7億、5億で最初の状態に戻ってしまったように見えるが、適応度の一番低いものでも14億、6億、8億になっている。最初の状態に比べれば、全体としては比較的適応度の高いものばかりになってきたことがわかる。

さらに⑤選択を行い、一番適応度の低い1番目の孫遺伝子を4番目の孫遺伝子に置き換えて、ペアを作り、⑥交叉を行うと、一番適応度の低い1番目のひ孫遺伝子でも14億、7億、7億なので、全体としてもエリートばかりの集団になっている。一番適応度の高い2番目のひ孫遺伝子は17億、7億、4億なので、目標の4:2:1の配分である16億、8億、4億と比べると、Aが1億もらいすぎ、Bが1億少ないという結果になったが、まずまずの配分ができたことになる。

ただし、この後何回か世代交代を行えば、目標の配分になるかというと、それは保証できない。エリートばかりの遺伝子は、見方を変えると発展性のないところまで来てしまっているので、世代交代を行っても変化がなくなってしまうのだ。そういう状態になったら、まったくエリートとはいえないような適応度の低い遺伝子を入れてみると、一時全体の適応度は下がっても、やがて前よりもよい結果が得られることもある。

この辺りの理論的根拠に乏しいのが難であるが、やってみると確かによくなる。適応度の計算が必要とはいえ、世代交代自体は同じ手順の繰返しなのでとても便利なのである。

4.3 遺伝的アルゴリズムの応用

遺伝的アルゴリズムは理論的背景が未だに完璧でないようだが、応用範囲は広い。主な分野は以下のとおり。

- **組合せ最適化問題**：与えられた制約の中で、最も効果的な組合せを求める。ナップザック問題と巡回セールスマン問題が特に有名
- **配置設計問題**：与えられた機能ブロックを、小スペースに最も効果的に配置する。ＬＳＩ設計、商業施設の設計など
- **配置表示問題**：木構造やグラフ表示で枝の交差を最小にする。これは商用ソフトウェアにも使われた

その他、タスクスケジューリング（多くの工程を最適手順で進める）、制御問題（エアコンの温度制御など）、計画問題（バスダイヤ編成、勤務編成など）といった応用分野がある。

ここでは、遺伝的アルゴリズムの応用例として、組合せ最適化問題と配置表示問題を詳しく見てみよう。

4.3.1 組合せ最適化問題

組合せ最適化問題はニューラルネットワークの章でも述べたが、問題の性質上、延々と組合せに相当する数値計算を繰り返すより、はるかに効率的に良解を求める方法がある。遺伝的アルゴリズムも、この種の問題には最適と考えられている。シミュレーションで取り上げた財産分与問題も組合せ最適化問題の一つであるが、ここでは有名な２つの問題を取り上げる（図4-4）。

①**ナップザック問題（Knapsack Problem; KP）**：いろいろな形、重さの荷物を、できるだけうまく袋に詰め込む。「うまく」とは、それぞれの荷物の持つ価値の合計が最大になるようにすることとする。

②**巡回セールスマン問題（Traveling Salesman Problem; TSP）**：複数の都市を重複しないでうまく回る。「うまく」とは、それぞれの都市間の経路のコストが最小になることとする。

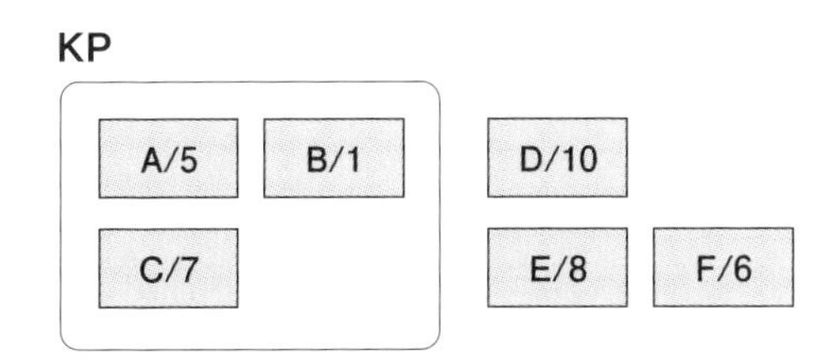

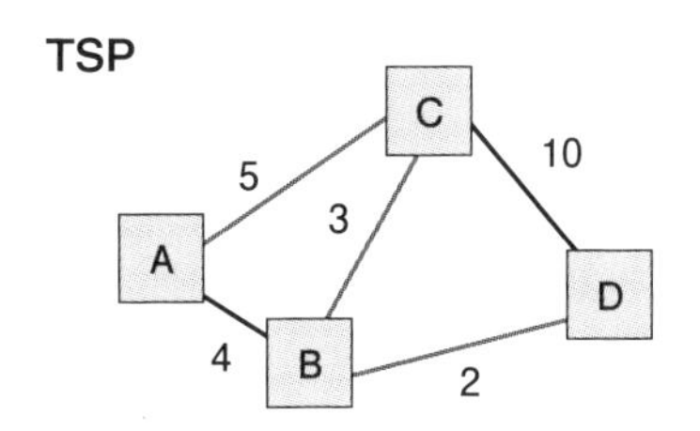

図4-4 ナップザック問題（KP）と巡回セールスマン問題（TSP）のイメージ

どちらも簡単そうに見えるが、総当たりで調べようとした場合、荷物の個数または都市数が50くらいになると1兆通りを超え、普通のコンピュータではとても対応できない。*6 遺伝的アルゴリズムを適用すれば、必ずしも最良解にならないかもしれないが、一定時間で良解（近似解）を得られる。

具体的には、以下のような手順で行う。

⑴ 遺伝子の決定

KP：各ビットを各荷物に対応（1は有、0は無）させた、荷物の個数分の長さのビット列　*e.g.* 111000

TSP：都市の巡回順に都市名を並べた記号ベクトル。ただし道がない都市は隣り合えない　*e.g.* ACBD

or 都市名に対し、その都市の巡回順番を並べた数値ベクトル。上記と同

じ制約あり　*e.g.* 1324

② 適応度の評価

KP：制約条件内の個体は荷物の価値の合計、条件外の個体は価値ゼロと評価

TSP：都市間の移動距離を積算

③ 初期集団を適当に選び、選択、交叉を繰り返し、価値が一定水準以上になったら終わり

KP：一般的な選択、交叉で OK

TSP：すべての都市を回る＝遺伝子の重複なし→順序交叉

4.3.2　配置表示問題

事象の関係図やプログラムの構造図、仕事の流れ図など、多数の事象を線でつないだネットワークの形で表すことが多いが、このとき線ができるだけ交差しないように事象を表示したい。必ずしもネットワークに限ったことではなく、この問題に帰着できる場合は多い。

例えばニューラルネットワークの説明で述べた 8-Queen 問題も、［各列の Queen の位置］からなる 8 要素ベクトルを遺伝子、横と斜めの取り合いの数を適応度、と定義すれば、適応度すなわち取り合いの数が 0 になるまで世代交代を繰り返すだけで解が得られる。すべての解を確実に求めるのは無理であるが、ニューラルネットワークで行ったエネルギー計算のような面倒な計算をしないで、簡単に解決できる。

典型的な配置表示問題として、階層構造を持つグラフを描くことを考えよう。通常は、ノード *7 を階層化し、各階層内で上位階層からの線ができるだけ交差しないよう、座標計算によって各ノードの横位置を決める。一般には交差の有無も、上位から各ノードに引かれる線分の交点の有無（方程式の解の有無）で決めたりするので、結構大変な計算が必要である。

これを遺伝的アルゴリズムによって解くには、ノードの階層化については通常の場合と同じであるが、階層内の横方向のノード配置を、面倒な座標計算なしで決めることができる。

①遺伝子：横方向のノード番号を並べたベクトル。長さは階層内の最大ノード数
②適応度:上位ノードからの線の交差数。交差の有無も、線のあるノード間での横並びの順番を比較するだけで判断できるので、ここも面倒な座標計算は不要
③各階層で適当に遺伝子初期集団を決め、世代交代を行う
④停止は、適応度が 0（各階層での交差数が 0）になったときが望ましいが、そういう配置が 1 通りというわけではなく､また必ずしも適応度が 0 にならない可能性もある。そのため一般には、何回か世代交代するごとにグラフを表示し、人間の判断で期待する配置になったときに停止する、ということでよい

配置表示問題のネットワーク形状が階層構造あるいは木構造の場合は、階層内だけのノードの位置を考えればよいので、遺伝子も作りやすく、適用効果が高いと思われる。ただし、最適配置の保証はないので、適用にあたっては、最終的に世代交代をどう止めるか、ということも考えておかなければならない。

図 4-5 にこのような考え方に基づく配置表示問題の実例 *8 を示す。左上から右下にかけて、木構造の形状が多少違うが、よりよい配置が得られている。

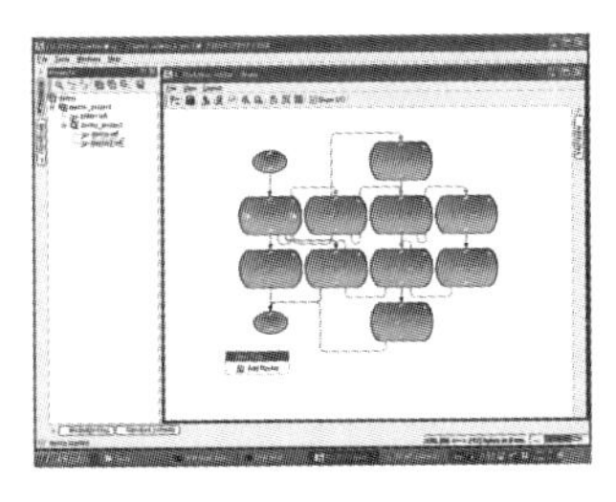
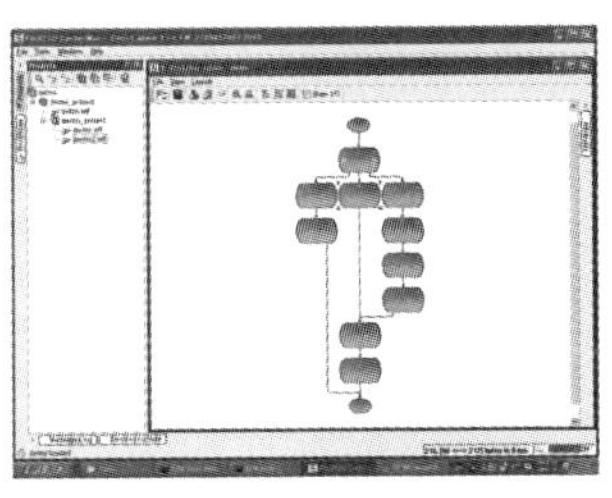
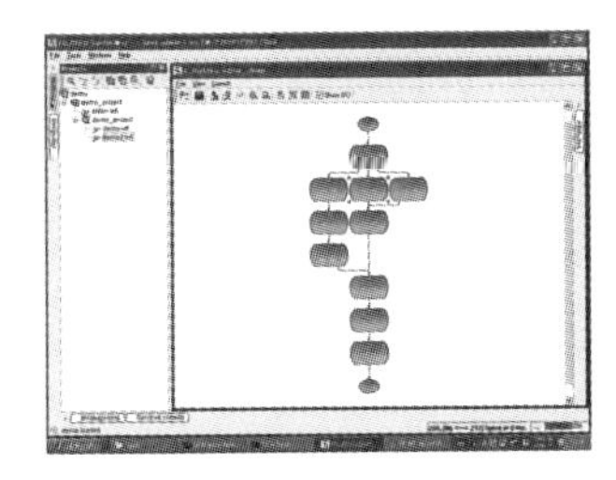
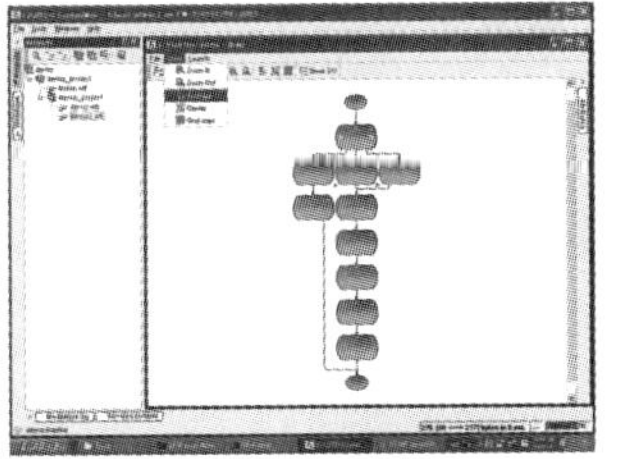

図4-5 配置表示問題への遺伝的アルゴリズム適用例

***6** 規模に応じて計算時間がどれほど増大するかを示す指標として、計算時間のクラスがある。

- O(1)　規模によらず一定時間でOK、理想的な並列処理（m並列で時間1/m）
- O(n)　線形時間クラス；規模がn倍になると時間もn倍になる
- $O(n^2)$　多項式時間クラス；規模の2乗のオーダで時間がかかる。2乗でなくても定数乗の場合は同じ
- $O(2^n)$　指数時間クラス；規模の指数関数のオーダで時間がかかる

組合せ最適化問題は、総当たりで調べると$O(2^n)$よりももっと時間がかかるといわれており、これを$O(n^2)$あるいはO(n)のオーダに落とす研究が続けられている。

***7** ノードとは、ここでは個々の事象を表す何らかの図形、という意味である。

***8** これは筆者が会社勤務時代に、実際に製品に適用したものである。真面目に座標計算を行って配置決めした類似製品に比べ、高速かつ的確に配置決めできた。

第5章

身の回りの問題をうまく解決するには＝問題解決

「問題解決」ということばは、日々の身の回りの問題を解決するという意味合いで使われ、社会では「問題解決力」が重要視される。与えられた問題を解くという学校授業の範囲を超え、自ら問題を発見することも、問題解決の一環である。一般に「問題」というのは理想と現実のギャップで、これを埋めるのが「解決」である。

「問題」は静的な場合と動的な（時間軸がある）場合がある。組合せ最適化問題は静的であるが、身の回りには動的な問題も多い。時間軸は現実世界では後戻りができないので、事前にシミュレーションで確認する必要もある。ニューラルネットワークや遺伝的アルゴリズムは静的な問題向きで、動的な問題解決には別の方法が求められる。すなわち、時間軸の要因を状態遷移 *1 という概念でモデル化することを考える。

問題解決のシミュレーションとして、宣教師と人食い人の問題を考えてみよう。この問題は再帰的 *2 に解けないので、可能な状態遷移をたどってみるしかない。後で詳細に解説するが、ここでは人数と舟の定員数を変えられるようにしている。また、1回ずつ動きを確認することも、一挙に解を求めることもできる。すぐに解を得られなくても、このように状態遷移を見ていけば、（解があれば）必ず解決可能なことを実感できると思う。

---

*1　状態遷移（State Transition）：時間軸を離散的に区切って、各時刻における状態の変化を定義すること。

*2　再帰的（Recursive）：定義の中に自分自身の呼出しが現れること。離散的な状態において、n－1回目の状態をもとにn回目の状態を定義するとき、n回目の定義の中でn－1回目という引数を持って自分自身を呼び出すことになるので、再帰的になる。学校で習う数学的帰納法も再帰的で、これをそのままプログラムすると思えばよい。そうすれば1回目の状態とn－1からn回目への移り方だけを定義すれば、後は何回目でも規定できることになる。

体験してみよう

宣教師が「人食い人」に食われずに川を渡れるか？ ～MC問題～

ダウンロードファイル Ex7_MC問題.xlsm

MC問題とは、「Missionary（宣教師）とCannibal（人食い人）が同数いて、2人乗りの舟が1艘あるとき、全員が川の左岸から右岸に渡るにはどうすればよいか？」という問題である。ただし、宣教師の数が人食い人の数より少ないと食べられてしまうので、両岸には常に同数以上がいないといけない（**図5-1**）。また、反対側に舟を移すためには、1人以上が舟に乗らないといけない。左岸でも右岸でも宣教師の数が人食い人以上、というのは一見無理そうだが、状態を順に追っていけば、この問題の特殊性が見えてきて、解決できることがわかる。M（宣教師）とC（人食い人）の人数、および舟の定員を変更して、いろんな組合せでの状態遷移の様子を見ると、計算問題とは違って、問題の規模に応じて複雑さが増すのではないこともわかる。状態遷移を頭だけで考えると混乱してしまうが、一つずつ状態を調べていけば、解がある場合は必ず成功するわけで、この考え方は複雑に見える問題解決には有用である。

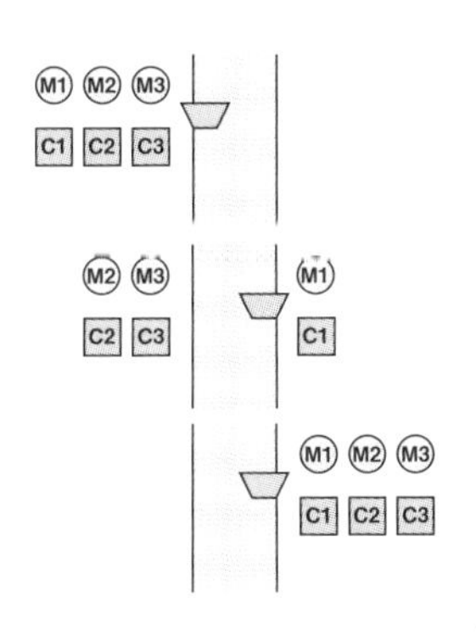

MC問題
宣教師と人食い人が3人ずついて、2人乗りの舟で川の左岸から右岸に渡りたいが、宣教師の数が人食い人の数より少ないと食べられてしまう。食べられないように全員が渡るには？

図5-1 MC問題

▸Excel シートの説明

[MC 問題] シート：川渡りに関する問題解決のシミュレーション

▸操作手順

① [MC 問題] シートを開き、[人数] と [定員] を設定する。人数は 3 ～ 8、舟の定員は 2 ～ 6 を入力。
② [Step] を必要なら設定する（0 のときは連続実行、1 のときは 1 回移動するごとに止まる）。
③ [初期化] ボタンを押して、初期状態を表示する。上段に M、下段に C の人数分だけ色付けされる。舟の位置は黄色で表示される。[状態] と [探索木] も初期状態の値が表示される。
④ [実行] ボタンを押すと、移動が開始する。
⑤ 状態遷移の様子が表示される。

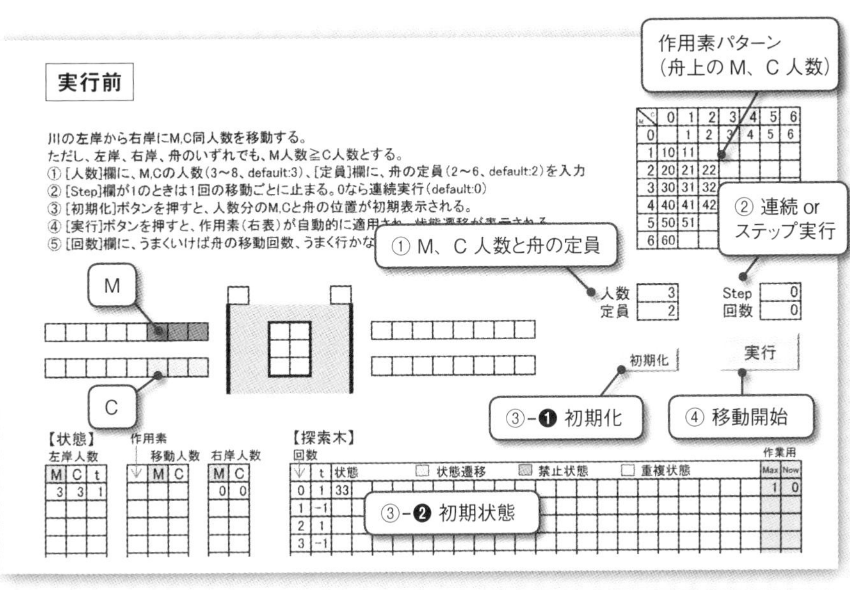

実行前
川の左岸から右岸にM,C同人数を移動する。
ただし、左岸、右岸、舟のいずれでも、M人数≧C人数とする。
① [人数]欄に、M,Cの人数(3～8、default:3)、[定員]欄に、舟の定員(2～6、default:2)を入力
② [Step]欄が1のときは1回の移動ごとに止まる。0なら連続実行(default:0)
③ [初期化]ボタンを押すと、人数分のM,Cと舟の位置が初期表示される。
作用素パターン
(舟上の M、C 人数)
① M、C 人数と舟の定員
② 連続 or
ステップ実行
M
C
人数
定員
Step
回数
初期化
実行
③-❶ 初期化
④ 移動開始
【状態】
左岸人数
作用素
移動人数
右岸人数
【探索木】
回数
状態
状態遷移
禁止状態
重複状態
作業用
③-❷ 初期状態

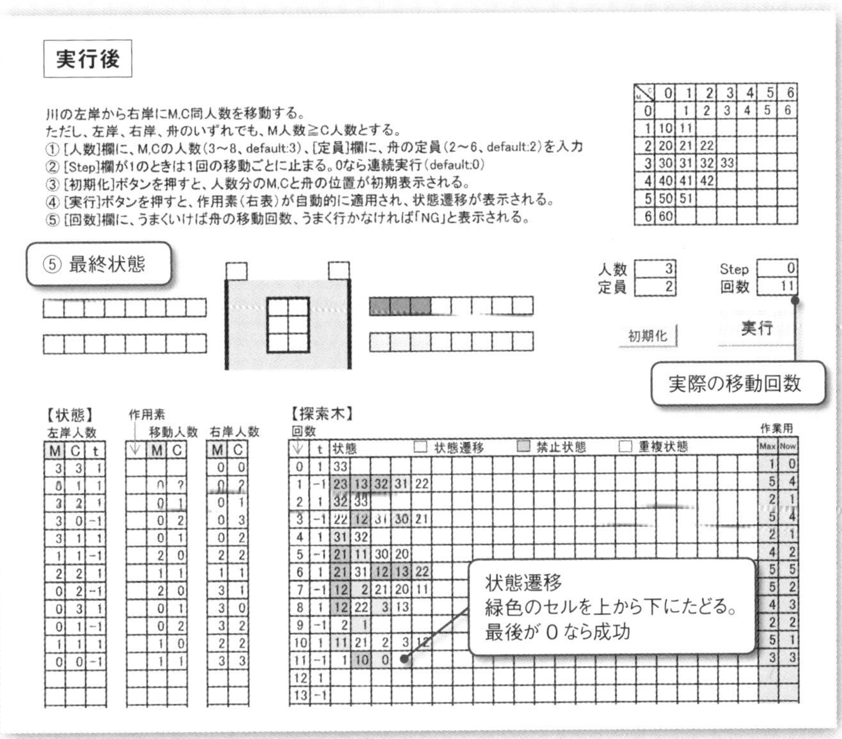

実行後
川の左岸から右岸にM,C同人数を移動する。
ただし、左岸、右岸、舟のいずれでも、M人数≧C人数とする。
① [人数]欄に、M,Cの人数(3～8、default:3)、[定員]欄に、舟の定員(2～6、default:2)を入力
② [Step]欄が1のときは1回の移動ごとに止まる。0なら連続実行(default:0)
③ [初期化]ボタンを押すと、人数分のM,Cと舟の位置が初期表示される。
④ [実行]ボタンを押すと、作用素(右表)が自動的に適用され、状態遷移が表示される。
⑤ [回数]欄に、うまくいけば舟の移動回数、うまく行かなければ「NG」と表示される。
⑤ 最終状態
人数
定員
Step
回数
初期化
実行
実際の移動回数
【状態】
左岸人数
作用素
移動人数
右岸人数
【探索木】
回数
状態
状態遷移
禁止状態
重複状態
作業用
状態遷移
緑色のセルを上から下にたどる。
最後が 0 なら成功

成功すれば、M、Cの色付けが川の右岸だけになる。また、［探索木］の各行の緑色のセルを上から順にたどれば、一番下の行の緑色のセルが0（すなわち左岸のM、Cとも0人）になっているはずである。これは状態遷移の経路を示している。

【注意事項】

・［人数］、［定員］：M、Cの人数（3～8）、および舟の定員（2～6）を指定する。
・［Step］：0のときは連続実行、1のときはステップ実行（1回移動するごとに止まる）。
・［回数］：実際の移動回数が表示される。
・［状態］：左岸のM、C人数、および舟の位置（t＝1は左岸、t＝－1は右岸を表す）、同時に移動人数と右岸人数も示す（作用素欄は未使用）。
・［探索木］：各行はその時点で考えられるすべての状態を示す。禁止状態と前に戻ってしまう重複状態を除いて、有効な状態が一つ下の行に展開される。現在たどっている状態は緑色に色付けされる。途中で後戻りが発生した場合は、一つ上の行に戻り、有効な状態があればそれが展開される。したがって、緑色のセルを上から順にたどれば、状態遷移の経路となる。一番下の行の緑色のセルが0（すなわち左岸のM、Cとも0人）なら成功である。

5.1 問題解決法

問題解決の手法を問題解決法という。問題の特殊性に応じて、簡単な数式で解けることもあれば、統計的な手法を用いたり組合せ最適化問題として考えなければならない場合もあるが、一般に次の2段階で行う。

① 問題のモデル化を行う
② 状態遷移のシミュレーションを行う

5.1.1 モデル化（Modeling）

モデル化 *3 というのは、問題を整理して、コンピュータで扱えるようにすることである。このための方法論はいろいろあり、問題の整理にはKJ法 *4 やマインドマップ *5 がよく使われる。問題の整理とは、解決のために必要な考慮要因を抽出して、それらがどう関係するかを明確にしていくことであり、さらにそれを状態として定義し、時間的な要因に対してどう変化するかを定式化すれば、問題のモデル化ができる。そうすればコンピュータ上でパラメタを変化させてシミュレーション *6 を行い、問題解決を図ることができる。

一般のモデル化手法は、パラメタの組合せの最適化を図るという意味で、組合せ最適化問題と考えることもできるが、ここでは動的な問題を扱うので、次のように考える。

- 状態は、時間軸上で直前の状態から決まる。ただし、必ず一つに決まるとは限らない。これを状態遷移という
- 状態遷移は、一般に次の状態候補が複数あるであろうが、最もよいと思われる状態を選択する

組合せ最適化問題に限らず、時間軸が加わってより複雑になり、かつ後戻りのできなくなった問題の解決には、このようなモデル化とシミュレーションと

いう考え方が有効である。シミュレーションは、状態遷移をコンピュータ上で再現する、ということになる。

◯戦略

状態遷移が一意に決まらなければ、何らかの判断基準が必要になる。すなわち、状態遷移の選択枝に対して、一定の評価基準をもとに、最良と思われる選択肢をとることになる。これを戦略 *7 という。戦略が明確であれば、状態遷移で迷うことはないのだが、戦略自体も考え方がいろいろあり、この考え方によっては状態遷移がまったく違ったものになるという可能性もある。この戦略の考え方が探索法 *8 につながる。

---

*3 モデル化（Modeling）：一般的には、問題に含まれる主な要素パラメタを抽出し、それらを組み合わせた計算式で状態を表現する。一般には時間軸以外のパラメタで状態を構成するが、時間軸も一つのパラメタとするか、あるいは考えないことも多い。

*4 KJ 法：1967 年に東工大の川喜田二郎が発案。問題解決に関する末端概念を洗い出し、グループ化していくことにより、問題解決の本質が見えてくる。ボトムアップ的（詳細から集約へ）な整理法といえる。

*5 マインドマップ（Mind map）：英国のトニー・ブザン（Tony Buzan）が発案。問題の中心課題を中央に置き、周囲に詳細化の枝をのばしていくことで全貌が見えてくる。トップダウン的（大概念から詳細項目へ）な整理法といえる。第 1 章の図 1-6 はマインドマップである。

*6 シミュレーション（Simulation）：モデルに現れるパラメタを意図的に変化させて状態の変化を見る。これにより、最適状態となるパラメタの組合せがわかる。逆に、あるパラメタの組合せで状態がどうなるかを予測することもできる。

*7 戦略（Strategy）：目標を達成するための大きな考え方。これに対して戦術（Tactics）はより具体的な方法論を指す。状態遷移の選択肢を選ぶことを戦術ではなく戦略というのは、どの局面でも共通の考え方に基づいて判断する、という意味合いがある。

*8 探索法（Search method）：一般には多数のデータから目的のものを見つける方法。検索ともいう。Web 検索やデータベース検索も探索法の一つである。ここでは時間軸を考慮して、戦略に基づいて次の選択肢を決める、という意味に用いる。探索法については、第 6 章で詳しく解説している。

5.1.2 状態遷移

モデル化に伴う状態を、次のように定義する。

○状態の定義

- **状態**：問題の時間軸上での各過程　P_i
- **状態空間**：可能な状態のすべての集合　$\{P_i\}$
- **初期状態**：問題の初期状態　P_0
- **目標状態**：問題の最終状態　P_n
- **禁止状態**：許されない状態、問題の条件に反する状態
- **状態遷移**：時間軸上で状態が変化していくこと
- **作用素**：状態遷移の条件　$\delta_i : P_{i-1} \rightarrow P_i$ $(0 < i \leqq n)$

初期状態から開始して、作用素による状態遷移を行い、目標状態に至れば、問題解決成功である（図 5-2）。

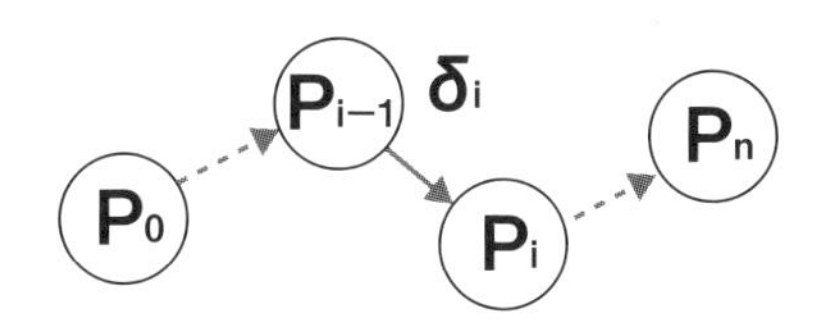

図5-2 状態遷移

○探索木（Search Tree）

状態遷移を効率的[*9]に行うためには、戦略すなわち各状態において作用素をどのように適用するか、という判断基準が必要である。これは、複数の可能な状態遷移があるときにどれを選ぶか、ということであり、問題に与えられた条件を考慮しながら進める必要がある。状態には禁止状態もあるので、これを避けながら進める。途中で先に進めなくなったとき、すなわち可能な状態遷移がなくなってしまったときは、直前の状態に戻って、他の状態遷移の候補を調べ

る。*10 このようにして時間軸に沿って展開される状態遷移の様子は、初期状態を根とする木構造で表すことができる。これを探索木（Search Tree）という（図 5-3）。

問題解決は探索木を根から葉まで最も効率的にたどること、といえる。

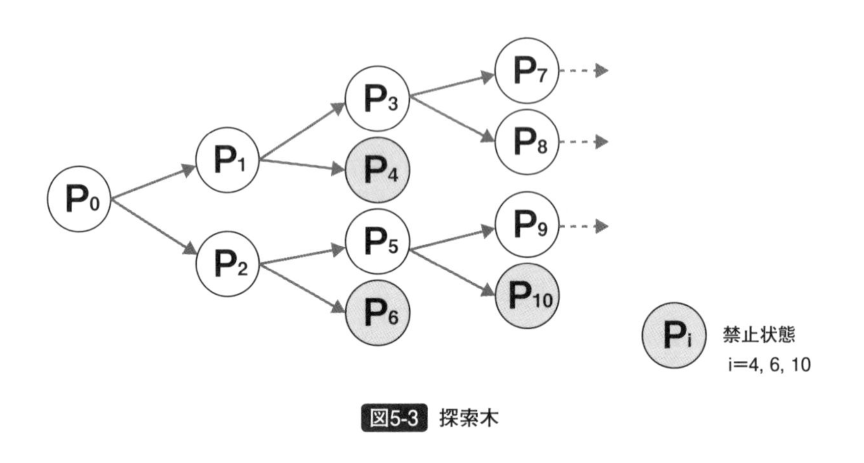

図5-3 探索木

*9 効率的とは、最も早く、現実的な時間内で、あるいはコスト最小で、目標状態に到達することである。

*10 後戻り（Backtrack）という。現実問題では時間軸を戻ることはできないが、シミュレーションでは可能。

5.2 問題解決の具体的考察

数式ではうまく表せない動的な問題の代表例として、シミュレーションで体験したMC問題を詳しく見てみよう。

5.2.1 MC問題

すでに述べたように、この問題は再帰的[*11]には解けない。

問題の規模を、M、Cの人数3、舟の定員2として、次のようにモデル化する（図5-4）。

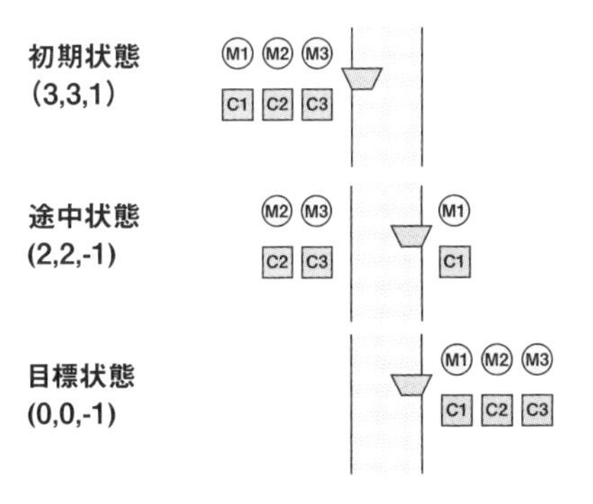

状態　　　：Pi＝（mi, ci, ti）
where mi：左岸の宣教師数
ci　　　　：左岸の人食い人数
ti　　　　：＝1/-1（ボート位置）
初期状態　：P0＝（3,3,1）
目標状態　：Pn＝（0,0,-1）
禁止状態　：mi<ci、（3-mi）<（3-ci）
ただしmi=0/3の場合は除く

状態空間の探索木

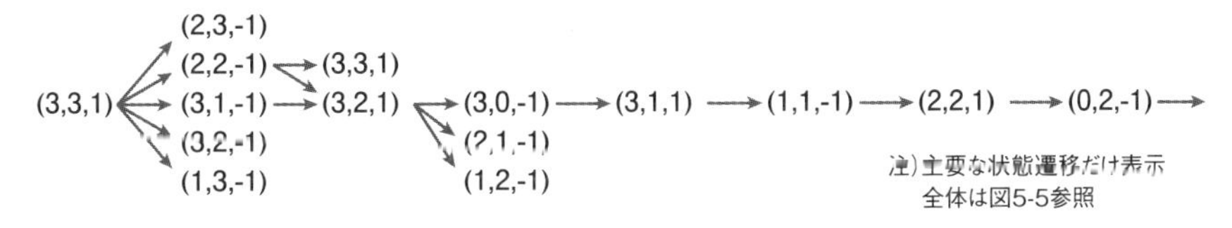

図5-4　MC問題のモデル化

●状態を｛左岸のM、Cの人数、舟の位置（1/－1)｝で表す。定式化すると、

$P_i = (m_i, c_i, t_i)$

$0 \leqq m_i \leqq 3$、$0 \leqq c_i \leqq 3$、$t_i = 1$（左岸）または -1（右岸）

$m_i \geqq c_i$　（左岸での人数制約）

$3 - m_i \geqq 3 - c_i$　（右岸での人数制約）

●初期状態 $P_0 = (3,3,1)$、目標状態 $P_n = (0,0,-1)$

●作用素は、舟の乗員数 {M の数、C の数} だけ、状態（左岸）の人数が増減する。定式化すると、

α：M が 1 人だけ移動　$m_{i+1} = m_i - t_i,\ t_{i+1} = -t_i$

$t_i = 1$ のときは $1 \leqq m_i \leqq 3$、$t_i = -1$ のときは $0 \leqq m_i \leqq 2$

β：C が 1 人だけ移動　$c_{i+1} = c_i - t_i,\ t_{i+1} = -t_i$

$t_i = 1$ のときは $1 \leqq c_i \leqq 3$、$t_i = -1$ のときは $0 \leqq c_i \leqq 2$

γ：M が 2 人移動　$m_{i+1} = m_i - 2t_i,\ t_{i+1} = -t_i$

$t_i = 1$ のときは $2 \leqq m_i \leqq 3$、$t_i = -1$ のときは $0 \leqq m_i \leqq 1$

δ：C が 2 人移動　$c_{i+1} = c_i - 2t_i,\ t_{i+1} = -t_i$

$t_i = 1$ のときは $2 \leqq c_i \leqq 3$、$t_i = -1$ のときは $0 \leqq c_i \leqq 1$

ψ：M、C が 1 人ずつ移動　$m_{i+1} = m_i - t_i,\ c_{i+1} = c_i - t_i,\ t_{i+1} = -t_i$

$t_i = 1$ のときは $1 \leqq m_i \leqq 3$ & $1 \leqq c_i \leqq 3$

$t_i = -1$ のときは $0 \leqq m_i \leqq 2$ & $0 \leqq c_i \leqq 2$

面倒な定義だが、要するに、1回の舟の移動で、{M}、{C}、{MM}、{CC}、{MC} のいずれかのパターンで人数の増減がある。ただし、舟のある岸の人数以下しか乗れないし、最低1人は乗らないといけない。したがって、左岸の人数に着目すると、上記のような5種類の作用素があることになる。

状態の定義は、一見すると、左岸で $m \geqq c$ なら、右岸では逆に $3 - m \leqq 3 - c$ になりそうで、両岸で宣教師のほうが多いというのは不思議であるが、次のような禁止状態を考えると納得できる。

●禁止状態 $P_j = (m_j, c_j, t_j)$

$m_j < c_j$（ただし $m_i = 0$ を除く）または $3 - m_i < 3 - c_i$（ただし $m_i = 3$ を除く）

m ≧ c かつ 3 − m ≧ 3 − c なら、常に m = c でないといけないが、禁止状態の「ただし〜を除く」をうまく使う。すなわち、宣教師の人数が 0 なら食べようがなく、対岸には必ず 3 人いて人食い人より多いので、禁止状態から除外できるのである。同じように考えて、人食い人の人数が 0 人のときはどうかというと、これは対岸に人食い人が 3 人いるため、宣教師の人数無関係というわけにはいかないので、普通に禁止状態を考える必要がある。

5.2.2 MC 問題の探索木

この例の探索木は、禁止状態を除くことと、2 回前に戻る重複状態も除けば、適用できる作用素がほぼ 1 通りに決まるので、枝が広がることもなく容易に構築できる（**図 5-5**）。図は木の形になっていないが、左端が根で、左から右に向かって枝が広がっている、と考えてもらいたい。この場合は、禁止状態を除くと常に 1 通りなので、その状態に関して枝を展開している。

実際にこの状態遷移に従った移動の様子を、**図 5-6** に示す。

i＝0 L	1 R	2 L	3 R	4 L	5 R	6 L	7 R	8 L	9 R	10 L	11 R
(3,3,1)	(3,2,−1)	(3,3,1)	(3,1,−1)	(3,2,1)	(3,0,−1)	(3,1,1)	(2,1,−1)	(2,2,1)	(0,2,−1)	(2,1,1)	(0,1,−1)
	(3,1,−1)	(3,2,1)	(3,0,−1)	(3,1,1)	(2,1,−1)	(2,2,1)	(2,0,−1)	(1,3,1)	(0,1,−1)	(1,1,1)	(0,0,−1)
	(2,3,−1)		(2,2,−1)		(2,0,−1)	(2,1,1)	(1,2,−1)	(1,2,1)		(0,3,1)	(1,0,−1)
	(2,2,−1)		(2,1,−1)		(1,1,−1)	(1,3,1)	(1,1,−1)	(0,3,1)		(0,2,1)	
	(1,3,−1)		(1,2,−1)			(1,2,1)	(0,2,−1)			(1,2,1)	

注）交互に舟が左岸（L）か右岸（R）にある。 状態遷移 禁止状態 重複 後戻り

図5-5 MC 問題の探索木（図 5-4 の探索木の完全な形）

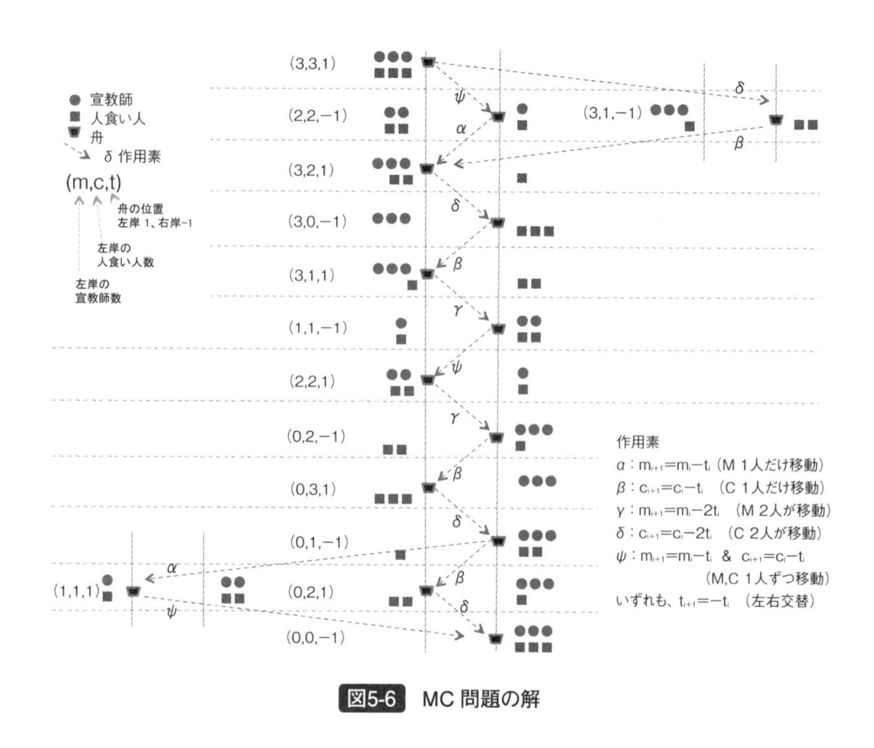

図5-6 MC問題の解

---

*11 再帰的（Recursive）の意味はすでに述べたが、言い換えると、手続き全体を規模を小さくしながら繰り返すことである。規模最小のときの値だけを定義すれば、ループを使わないで、いくらでも規模を拡大できる。

例えば、$2^n = 2 * 2^{n-1}, 2^0 = 1\ (n \geqq 1)$ は、

ループで定義すると　{x = 1, for i = 1 to n {x = x * 2}}

再帰的に定義すれば　P2(n) = {if n = 0 then 1 else 2 * P2(n − 1)}

第6章

最も効率的な道筋をどう選ぶか = 探索法

問題解決においては、戦略を考慮した探索法が必要になる。本章では、主な探索法の特徴を述べる。まずいくつかの探索法について、シミュレーションによって違いを見てみよう。

シミュレーションで取り上げる探索法は次のようなものである。

- **分枝限定法**：すべての経路の中で最もよい（累積コストが最小の）経路を探す
- **山登り法**：眼前の経路の中で、先のコストだけを見て最もよさそうな経路を選ぶ
- **最良優先探索**：山登り法では乱暴すぎるので、まだ選んでいない経路も含めて、先のコストが最もよい経路を選ぶ
- **A アルゴリズム**：先のコストだけでなく累積コストも考慮することで、最もよい経路を効率的に選ぶ

体験してみよう

最小コストで山の頂上まで登るときの経路を探せ
～探索法の比較～

ダウンロードファイル ⋮ Ex8_ 探索法 .xlsm

ここでは**図 6-1** のような探索木を想定して、山の麓（A）から頂上（Z）まで行くとする。途中に休憩所があり、各経路にはコスト（時間とか費用だと思ってよい）がついている。これを前述の 4 種類の探索法によって、各休憩所でのコスト評価と進み方を見てみよう。

探索木は Excel の表（Node tree）で表現しているので、木のイメージがつかみ難いかもしれないが、各ノードからその先の子ノードへの経路コストを表している。**図 6-1** と Node tree を照合して、理解してもらいたい。Node tree の表を直接書き換えれば、デフォルト以外のシミュレーションも可能である。

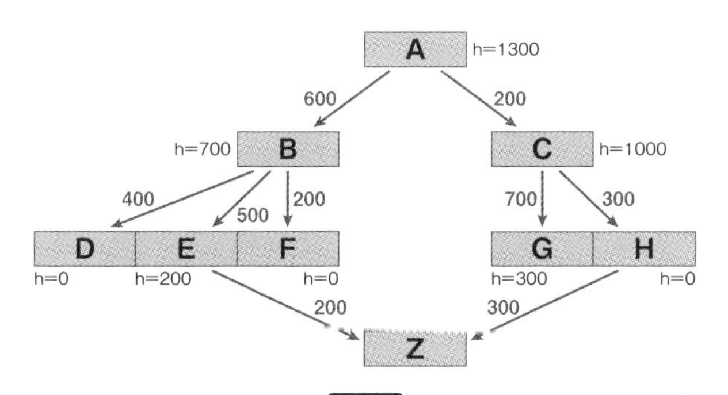

シミュレーションで使う Default Tree（AからZに至る経路）

A～Z：ノード
経路上の数字：経路コスト
ノード上の数字(h)：そこから先の予測コスト

図6-1 シミュレーションで使う探索木

‣Excel シートの説明

［探索法］シート：探索法シミュレーション

［探索法補］シート：探索法シミュレーションのための設定情報。変更不可

▶操作手順

① [探索法] シートを開く。Node tree を手入力、または [Default] ボタンを押して自動設定する。

② 探索法を選択して、実行する（[分枝限定法] ～ [A アルゴリズム] ボタンのどれかを押す）。[Step] が 0 の場合は連続実行、1 の場合は探索 1 回ごとのステップ実行になる。

③ [Stack] に探索状況が展開され、[履歴] と [経路] が表示される。

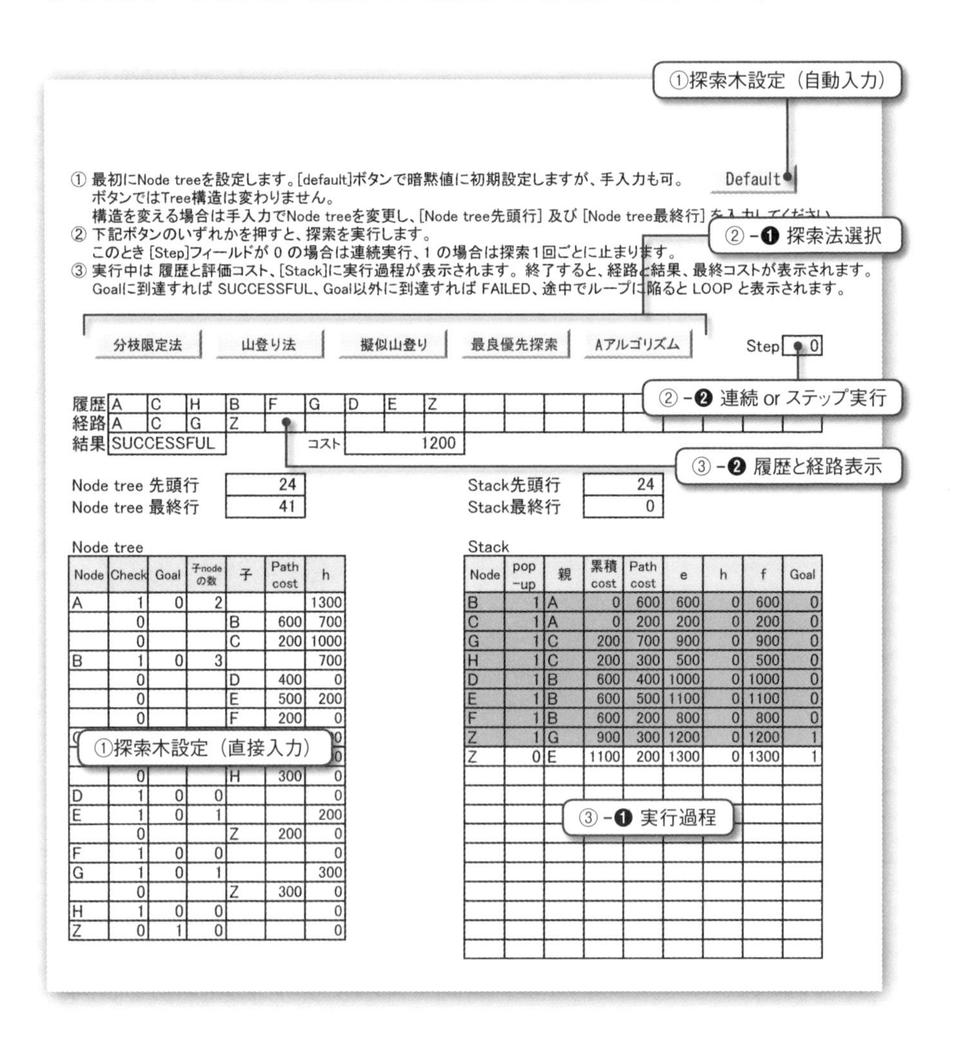

Node tree

Node	Check	Goal	子nodeの数	子	Path cost	h
A	1	0	2			1300
	0			B	600	700
	0			C	200	1000
B	1	0	3			700
	0			D	400	0
	0			E	500	200
	0			F	200	0
[illegible]	[illegible]	[illegible]	[illegible]	[illegible]	[illegible]	[illegible]
[illegible]	[illegible]	[illegible]	[illegible]	[illegible]	[illegible]	[illegible]
	0			H	300	0
D	1	0	0			0
E	1	0	1			200
	0			Z	200	0
F	1	0	0			0
G	1	0	1			300
	0			Z	300	0
H	1	0	0			0
Z	0	1	0			0

Stack

Node	pop-up	親	累積cost	Path cost	e	h	f	Goal
B	1	A	0	600	600	0	600	0
C	1	A	0	200	200	0	200	0
G	1	C	200	700	900	0	900	0
H	1	C	200	300	500	0	500	0
D	1	B	600	400	1000	0	1000	0
E	1	B	600	500	1100	0	1100	0
F	1	B	600	200	800	0	800	0
Z	1	G	900	300	1200	0	1200	1
Z	0	E	1100	200	1300	0	1300	1

この程度の探索木でも、探索法による経路の違いがわかる。もう少し複雑な探索木を使えば、優劣の判断まで実感できると思う。Node treeの構造を変えるのは面倒かもしれないが、コストを変えるだけなら比較的簡単にできるので、試してみてほしい。

【注意事項】

・[履歴]：探索でたどったすべてのノードが表示される。

・[経路]：初期状態から目標状態に至る、最終的な経路が表示される。

・[Node tree先頭行]、[Node tree最終行]：探索木を表現する表の先頭と最終行を示す。探索木のコスト値だけを変更する場合はそのままでよいが、構造を変更する場合は必ず指定する。

探索木の構造は次の点に注意して変更すること。

a. Node欄にノード名、Goal欄にゴールなら1、子ノードの数、ヒューリスティックコストを記入

b. 子ノード名とそれへの経路コスト、およびヒューリスティックコストを記入（子の数分の行）

c. 各子ノードについても、a、bを記入

d. Check欄は、内部的な作業域なので、意識しなくてよい。

・[Stack]：探索で使用する内部的な作業域。ここに子ノード情報が展開され、探索が進められる。調べ終わったノードは灰色に色付けされる。[Stack先頭行][Stack最終行]は内部的な情報なので意識しなくてよい。

6.1 探索法の分類

探索法とは、問題解決における状態空間内での、初期状態から目標状態に至る経路の決め方のことである。問題解決で戦略によって選択肢が決まったように、探索法にもいくつかの種類がある。

6.1.1 探索法の概念

問題解決の範囲では、作用素適用に伴う制約と、禁止状態を避けることだけを考えてきたが、探索法ではさらに次のような概念も考慮する。

- **到達保証**：探索がループしないでどこかで止まること。止まったところが解かどうかは問わない
- **最良解**：目標状態に到達すること
- **局所解**：目標状態以外のところに到達すること
- **最適経路**：経路コスト[*1]を考慮するとき、目標状態に至るコスト最小の経路のこと
- **累積コスト**：各状態に対し、そこに至るまでの経路コスト（実績値）
- **将来コスト**：各状態に対し、そこから目標状態に至る経路コスト（推測値）

全経路をもれなく調べる、ということは意外と難しい。ここでは、まずコストを考えないで全経路を調べる方法を述べ、次に各状態に何らかの評価値を設定し、その評価値に基づく戦略に従って探索空間を絞り込む探索法を考える。

6.1.2 探索法の戦略による分類

戦略の考え方によって、探索法を次のように分類する。

- **盲目的探索**：適用可能な作用素をランダムに選ぶ。重複を気にしない。解があっ

ても到達保証なし

- **系統的探索**：すべての状態空間を（重複なく）調べる。解があれば必ず到達するが、非効率
- **ヒューリスティック探索**：経験則による状態空間の絞込みを行うことで、効率化を図る

まったく戦略性のない盲目的探索は、例えば乱数で進み方を決めればよいが、日常の実際問題としては、これに似た無計画行動は多い。それでもせめて重複は避けるとか、なるべく期待効果の大きいところから手をつけたいと考えるわけで、何らかの評価基準を定めて、評価値のよいほうを先に見る、ということになる。

そこで評価基準として、次のような評価関数を考える。

式6-1

$$f(n) = e(n) + h(n)$$

e(n)：累積コスト→初期状態から状態 n までの（最小と思っている）実績コスト
h(n)：将来コスト→状態 n から目標状態までの予想最小コスト（わからない場合は一つ先のコストを使用）

すなわち、評価関数は、過去の実績（累積コスト）と、将来予測（将来コスト）の合計ということである。しかし、これらのコストは両方とも、途中の状態では真の値がわからない。過去の実績でも、後で考えればもっとよい経路があったのに、ということもあり得るので、最良の累積コストかどうかはわからない。将来コストとなると、まったく予測するしかない。それにもかかわらず、評価関数として【式 6-1】を使うには、累積の仕方や経験則の活用などの工夫が必要になる。

*1　時間や費用。あるいは目標に近づくための、何らかの評価値。

6.2 系統的探索（Systematic Search）

まず、全経路をもれなく調べることを考える。時間がかかりすぎて非現実的かもしれないが、ひと通り調べて最もよい経路を解とするのである。このような探索法を系統的探索といい、次のような種類がある（図6-2）。

- **縦型探索：** スタック（Stack）*2 を使用した全経路探索。コストは考えないので評価関数なし
- **横型探索：** キュー（Queue）*3 を使用した全経路探索。コストは考えないので評価関数なし
- **分枝限定法：** 全経路探索。累積コストの小さい方向に進む。最適経路保証。
  評価関数：f(n) = e(n)

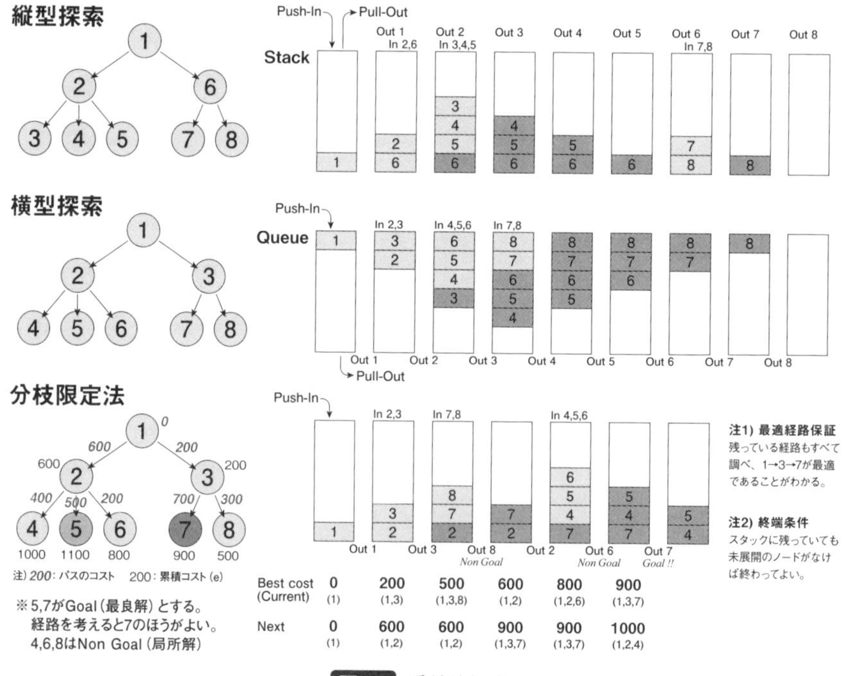

図6-2　系統的探索

6.2.1　縦型／横型探索（Depth-first / Breadth-first Search）

最初の2つは、コストを考えず、とにかく全経路を順に見る方法で、縦型探索は適用可能作用素が一つ見つかればどんどん先に進み、横型探索は毎回すべての作用素を展開しながら進む。縦型は進む方向が当たれば速いが、先に進めなくなれば後戻りが必要になり、そのたびに新たな作用素展開を行うので時間がかかる。一方、横型は後戻りしてもすでに可能性のある作用素を展開済みなので速いが、全体としては後戻りがなくてもすべて展開しながら進むので遅い。

両方とも、後戻りできるように状態履歴の記録が必要だが、縦型はスタック、横型はキューを使用する。一般に縦型の場合は、不要になった作業域を上書きするので作業域が小さくて済むが、横型の場合は要不要の判断の前にすべて記録するので、作業域が大きくなる。縦型、横型とも、一長一短である。第5章のMC問題のシミュレーションでは、縦型探索を用いたことになる。

6.2.2　分枝限定法（Branch and Bound Method）

分枝限定法は、縦型／横型のようにただ到達すればよい、というのでなく、最もよい経路を進む。よい経路、すなわちコストが小さい経路を選ぶには、コストを定義して、これを毎回評価しながら進む。コストの定義は評価関数によって行うが、分枝限定法では累積コストだけを使う。

探索順序は、縦型／横型のような決まった順序ではなく、評価関数により、累積コストの小さい経路を優先的に進む。したがって、どの状態においても、少なくともそこまでの経路の中では最もよい経路を進んできていることになる。最終的に目標状態に到達したときは、全経路の中で最もよい経路、すなわち最適経路を求めたことになる。

分枝限定法は、系統的に最適経路を求める最も確実な方法であるが、あちこち飛び回るので現実的ではない。

---

*2　Stack：後に入れたものから先に取り出す。Last-in First-out ともいう。入れ子構造を扱う場合などに有用
*3　Queue：先に入れたものから先に取り出す。First-in First-out ともいう。一般の待ち行列などに有用

6.3 ヒューリスティック探索（Heuristic Search）

分枝限定法では累積コストだけを考慮したので非常に遅いが、将来のコストも予測して探索効率を上げることを考える。ここでは具体的なコスト予測の方法については述べないが、何らかの経験値、期待値、報酬などがあるという前提で考える。このような探索法を、ヒューリスティック探索といい、次のような種類がある。

- **山登り法**：将来コストの小さい方向に進む。後戻りしない。最良解保証なし。
  評価関数：$f(n) = h(n)$
- **最良優先探索**：将来コストの小さい方向に進む。他の状態も見ながら進む。
  最良解保証。
  評価関数：$f(n) = h(n)$
- **A アルゴリズム**：過去の経路を記憶し、他の状態も見ながら進む。最適経路保証。
  評価関数：$f(n) = e(n) + h(n)$
- **A* アルゴリズム**：将来コストに制約を設けて A アルゴリズムを安定化。
  最適経路保証。
  評価関数：$f(n) = e(n) + h(n)$

6.3.1 山登り法（Hill-climbing）

評価関数として、将来コストだけを使い、過去の経路を記憶しないで先だけを見て進む。山登りで、頂上だけを見て登るようなものである。将来コストが各状態でうまく設定されていれば、最良解に最も速く到達できるが、将来コストは推測値であるので、経路を誤って局所解に陥ることもある。過去の経路を記憶していないので後戻りができず、結局は探索失敗、という可能性もある。

危ない方法のように見えるが、実は私たちが普段使っている方法ともいえる。将来コストどころか、一つ先のコストだけを見て、一番小さい方向に進む、ということもある。それでも、限られた時間、判断基準の中で進むためには、有効な方法である（図 6-3）。

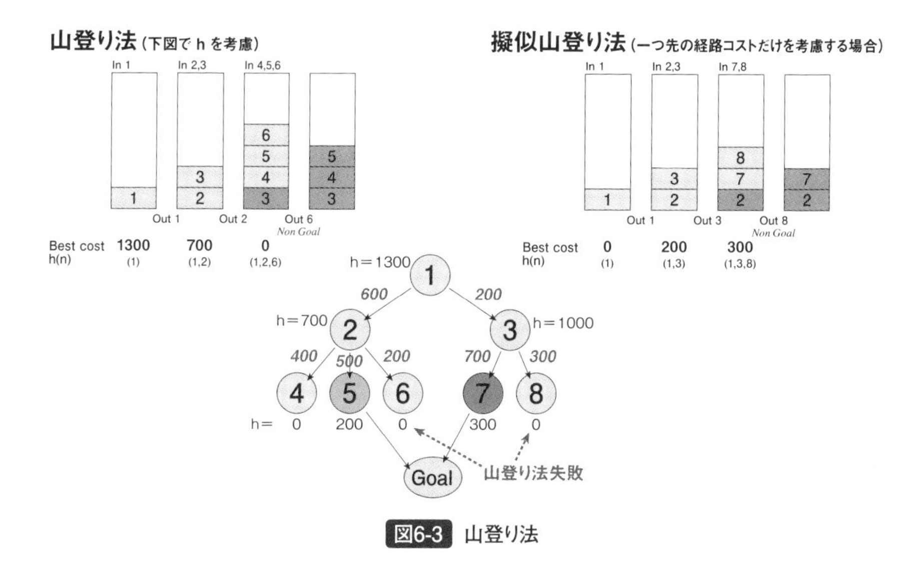

図6-3 山登り法

6.3.2 最良優先探索（Best-first Search）

山登り法では後戻りができずに失敗することがあるので、局所解に陥ったときに他の状態を調べ直すように改良した方法である。評価関数は山登り法と同じで将来コストだけを使い、過去の経路は記憶しないが、改良点として、各状態において未調査状態も含めて評価関数の比較を行う。もし進んでいる経路上での将来コストより、未調査状態（選択しなかった状態）における将来コストのほうが小さければ、現行経路をいったん中断して、将来コストが最も小さい他の状態からやり直す。こうすることで、将来コストだけを見ているにもかかわらず、どの状態においても少なくともその時点では一番よい経路を選択できる。また、局所解に陥っても、未調査状態の中で最も将来コストの小さい状態からやり直すことができるので、必ず目標状態に到達する。

以上のように、山登り法の利点である速さを活かしながら、分枝限定法で行ったように未調査状態も考慮することで最良解を保証しているが、目標状態に到達した時点で終了してしまう。すなわち、いったん目標状態に到達すれば他の状態は調べないので、最良解ではあるが最適経路という保証はない（図 6-4）。

最良優先探索は、目標状態に必ず到達することを目標にしているので、評価関数に累積コストが入っていないし、過去の経路を記憶することもない。本来は目標状態に到達するまでに要するコストも最小にしたいわけだから、もうひと工夫必要になる。

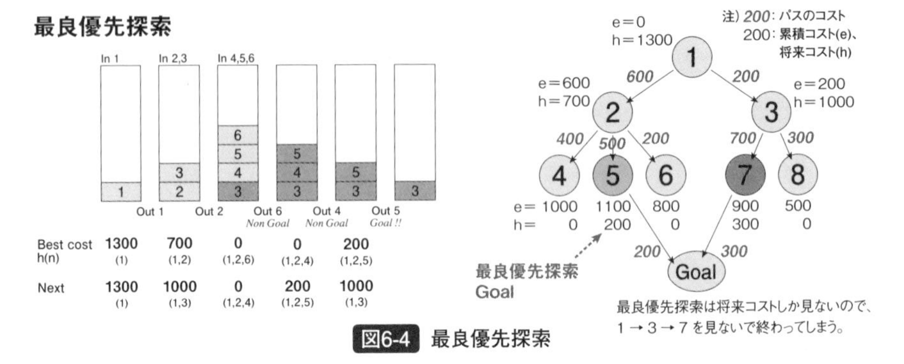

図6-4 最良優先探索

6.3.3 A アルゴリズム（Algorithm A）

A アルゴリズムでは評価関数として、前述の【式 6-1】が示すように、累積コストと将来コストの合計を使う。過去の経路を記憶しておき、各状態において、すべての未調査状態も含めて評価関数を比較しながら、最も値の小さい方向に進む。したがってどの状態においても常に一番よい経路を選択するので、必ず目標状態に最適経路で到達できる。あちこち経路を切り替えながら進むという難点はあるものの、将来コストを加味しているおかげで、分枝限定法で行ったようにすべての経路を飛び回る、ということにはならないので現実的である。

しかしまだ問題もある。一般に将来コストの予測は難しいので、誤って過大な値を設定すると、その状態は永久に選択されないかもしれない。それでも目標状態には到達するので探索が失敗するわけではないが、最適経路にならない可能性がある。これを避けるため、将来コストの設定にさらにもうひと工夫必要になる（図 6-5）。

6.3.4 A* アルゴリズム (Algorithm A*)

A* アルゴリズムでは、A アルゴリズムの将来コストに、次のような制約条件を設ける。

式6-2

$$f(n) = e(n) + h(n)$$

$$h(n) \leqq h^*(n)$$

$h^*(n)$　… n から先の真の最小コスト *4

将来コストに【式 6-2】のような制約をつければ、どの状態においても、そこから先の真のコスト以下の状態が選択されるのだから、目標状態に到達したときも真のコスト（この時点では累積コストと等価で確定値）を維持することができるわけだ。A* アルゴリズムによって、最良解（目標状態到達）かつ最適経路を完全に保証することができる。

Aアルゴリズム

f(n)＝e(n)＋h(n)　ただし e(n):ノードnまでの累積コスト、h(n):ノードnからゴールまでの予測コスト

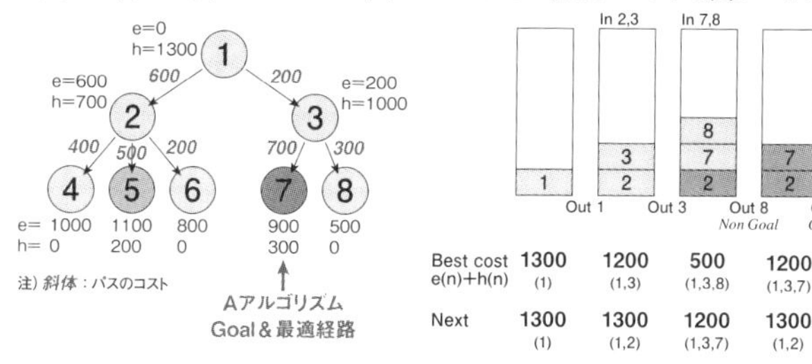

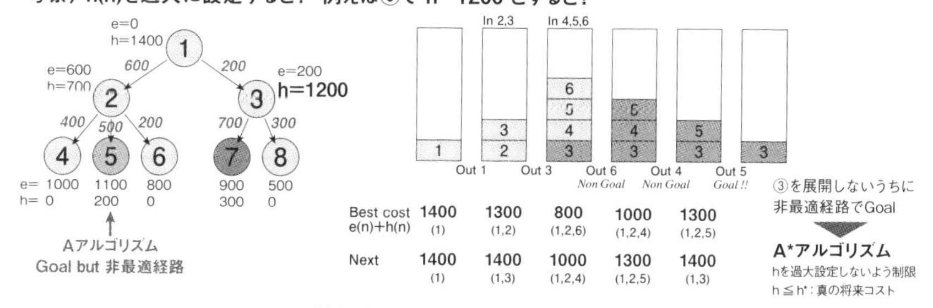

図6-5　A アルゴリズムと考察

4　h(n) などという便利な数値があらかじめわかるはずがない、と思われるかもしれない。しかし、実際問題としては、どうやってもこれくらいだろう、というような値が考えられるものである。例えば、コストがお金であれば予算や最も高い運賃を想定できるし、コストが地図上の距離であれば一番回り道をしたときの道程を想定できる。h* が過少見積りされたとしても、すべての状態の h が一様に h* 以下に設定され、h の過小評価は実際にその状態に進んだときに e で補正されていくので、問題はない。

6.4 探索法まとめ

本章で述べてきた探索法の特徴を以下にまとめる（図6-6）。

h*(n)：n 以降の真の最小コスト

探索法まとめ		盲目的探索	系統的探索			ヒューリスティック探索			
			縦型探索	横型探索	分枝限定法	山登り法	最良優先探索	Aアルゴリズム	A*アルゴリズム
コスト評価関数		—	—	—	f(n)=e(n)	f(n)=h(n)	f(n)=h(n)	f(n)=e(n)+h(n)	f(n)=e(n)+h(n) h(n)≦h*(n)
探索経路		—	全経路探索			将来のみ	過去経路も記憶し見直す		
探索順序		—	網羅的		コスト順				
精度	到達保証	×	○	○	○	○	○	○	○
	Goal保証	×	○	○	○	×	○	○	○
	最適経路保証	—	—	—	—	×	×	△	○
速度		—	—	—	4	1	2	3	3

h(n) を過大に設定すると失敗

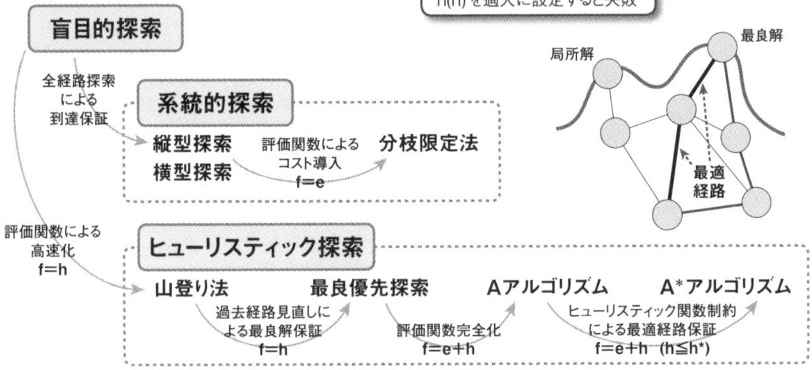

図6-6 探索法まとめ

速度については、最も速いのはどんどん先に進む山登り法で、最も遅いのはすべての経路を確認する分枝限定法であるが、他の3つの戦略は優劣が難しい。図6-6では、最良優先探索のほうがAアルゴリズムより速いとしているが、これは評価関数が軽いのと、確認する経路を絞り込みやすいと思われるからである。しかし実際には、Aアルゴリズムのほうが効率的に経路を選択できる可能性もある。また、A* アルゴリズムは将来コストのチェックで毎回余分な時間がかかるように見えるが、これは探索木を作るときに設定されるので、探索を実行するときはAアルゴリズムと同じか、より効率的な探索を行うことができる。

第7章

相手がいるときの対処法
= ゲーム戦略

ゲーム（game）とは、ここでは「２人で交互に相反する（競合する）手をうつ勝負」とする。通常の問題解決であれば常に最善の状態をとるが、ゲームの場合は最善と最悪の状態を交互に繰り返す。このような状態遷移の探索木を、ゲーム木（game tree）と呼ぶ。将棋や囲碁を思い浮かべればよいが、一般にゲーム木は、決着がつく（すなわち目標状態）までの状態遷移と評価関数を想定することは困難である。もちろんプロの棋士は相当先まで読むわけだが、ここでは数手先までのゲーム木を想定し、その段階での最善の手をうつ、ということを考えよう。各状態で評価関数が最大または最小の状態をとればよく、それ以外の無駄な状態は調べない、という戦略をたてられるので、探索空間の絞込みができるのである。これをゲーム戦略という。

ゲームは最終的な評価値[*1]によって勝ち負けが決まるので、過去の累積評価値を考える必要はない。また、後戻りができない（「待った！」なし）ので、過去履歴を記憶しながら進める必要もない。これは探索法でいえば山登り法に相当し、山登り法でどれだけ将来コストを正確に見積もれるか、ということになる。下手な打ち手は、１手先までしか見ず、いわば山登り法で１手先のよいほうに進むであろう。上手な打ち手は、数手以上先まで読んで、同じ山登り法でも、失敗の少ないほうに進むであろう。ゲーム戦略は相手がある場合の特別な山登り法といえる。

---

*1 ゲームの評価値は決め方が難しい。将棋で相手の王様を捕るとか、囲碁で１目多いほうが勝ち、といっても、途中の状態ではわからない。そこで、過去の棋譜に現れる勝ちのパターンを調べて、それらに近づける、というような評価を行うようである。シミュレーションではそんな複雑な評価値ではなく、戦略がわかる程度の単純な評価値を用いる。

体験してみよう

簡単なカードゲームでコンピュータに挑戦!

～αβ枝刈りによるカードゲーム～

ダウンロードファイル ⋮ Ex9_ ゲーム戦略 .xlsm

簡単なカードゲームで、αβ枝刈り*2のシミュレーションを行う。将棋や囲碁のように、お互いの手や状態がわかっていることが前提の対戦ゲームとして、次のような単純なゲームを想定する。

- 対戦者は貴方とコンピュータで、それぞれトランプの1～13の13枚のカードを持つ
- 交互に1枚ずつ任意のカードを提示し、直前の相手のカードとの数字の差（絶対値）を得点として積算する
- すべてのカードを提示し終わったときに、得点の大きいほうが勝ち
- 先攻が最初のカードを提示するときは、起点となる数字を設定しておき、それとの差を得点とする

「こんな単純なゲームでは面白くない、常に相手の数字との差が一番大きいカードを出せばいいのだから」と思われるかもしれないが、それは1手先までしか先読みしていないからで、数手先まで読むと少し様子が違ってくる。

コンピュータがαβ枝刈りに基づいて数手先まで読んだ手をうつので、貴方も負けないように先読みしてみよう。

---

*2　αβ枝刈り：ゲームで探索空間の絞込みを行う方法（詳しくは後述）。

▶Excel シートの説明

[ゲーム戦略αβ枝刈り] シート：ゲームシミュレーション

[解説] シート：ゲームシミュレーションの解説

▶操作手順

① [ゲーム戦略αβ枝刈り] シートを開く。貴方の先攻／後攻、およびコンピュータ戦略を選択し、[初期化] ボタンを押す。ゲーム回数を [Max] セルに入力する。

② 貴方が先攻なら、[ゲーム] 領域の [貴方] 先頭フィールドに初手を入力後、[続行] ボタンを押す（ゲーム開始）。
貴方が後攻なら、何も入力しないで、[続行] ボタンを押す（ゲーム開始）。

③ コンピュータの手番が表示されるので、貴方の [残り] カードから数字を選んで次のフィールドに入力し、[続行] ボタンを押す（ゲーム継続）。

④ 毎回の評価値、コンピュータの枝刈り実施状況が表示される。[Max] に指定した回数が終了すると、評価値の正負により [Winner] が表示される。

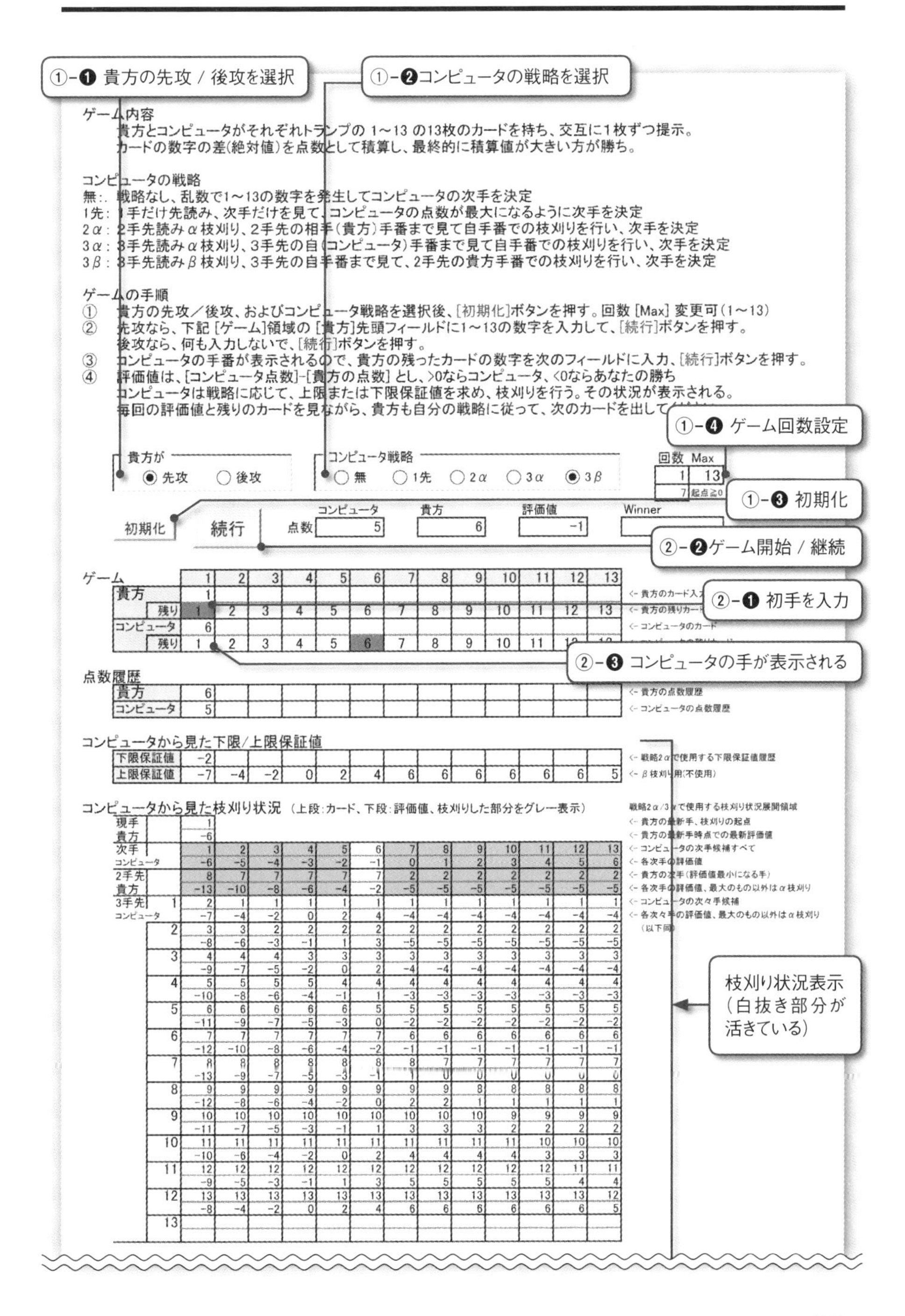

ゲーム

	1	2	3	4	5	6	7	8	9	10	11	12	13
貴方	1												
残り	1	2	3	4	5	6	7	8	9	10	11	12	13
コンピュータ	6												
残り	1	2	3	4	5	6	7	8	9	10	11	12	13

点数履歴

貴方	6												
コンピュータ	5												

コンピュータから見た下限/上限保証値

下限保証値	-2												
上限保証値	-7	-4	-2	0	2	4	6	6	6	6	6	6	5

コンピュータから見た枝刈り状況（上段：カード、下段：評価値、枝刈りした部分をグレー表示）

現手		1												
貴方		-6												
次手		1	2	3	4	5	6	7	8	9	10	11	12	13
コンピュータ		-6	-5	-4	-3	-2	-1	0	1	2	3	4	5	6
2手先		8	7	7	7	7	7	2	2	2	2	2	2	2
貴方		-13	-10	-8	-6	-4	-2	-5	-5	-5	-5	-5	-5	-5
3手先	1	2	1	1	1	1	1	1	1	1	1	1	1	1
コンピュータ		-7	-4	-2	0	2	4	-4	-4	-4	-4	-4	-4	-4
	2	3	3	2	2	2	2	2	2	2	2	2	2	2
		-8	-6	-3	-1	1	3	-5	-5	-5	-5	-5	-5	-5
	3	4	4	4	3	3	3	3	3	3	3	3	3	3
		-9	-7	-5	-2	0	2	-4	-4	-4	-4	-4	-4	-4
	4	5	5	5	5	4	4	4	4	4	4	4	4	4
		-10	-8	-6	-4	-1	1	-3	-3	-3	-3	-3	-3	-3
	5	6	6	6	6	6	5	5	5	5	5	5	5	5
		-11	-9	-7	-5	-3	0	-2	-2	-2	-2	-2	-2	-2
	6	7	7	7	7	7	7	6	6	6	6	6	6	6
		-12	-10	-8	-6	-4	-2	-1	-1	-1	-1	-1	-1	-1
	7	8	8	8	8	8	8	8	7	7	7	7	7	7
		-13	-9	-7	-5	-3	-1	1	0	0	0	0	0	0
	8	9	9	9	9	9	9	9	9	8	8	8	8	8
		-12	-8	-6	-4	-2	0	2	2	1	1	1	1	1
	9	10	10	10	10	10	10	10	10	10	9	9	9	9
		-11	-7	-5	-3	-1	1	3	3	3	2	2	2	2
	10	11	11	11	11	11	11	11	11	11	11	10	10	10
		-10	-6	-4	-2	0	2	4	4	4	4	3	3	3
	11	12	12	12	12	12	12	12	12	12	12	12	11	11
		-9	-5	-3	-1	1	3	5	5	5	5	5	4	4
	12	13	13	13	13	13	13	13	13	13	13	13	13	12
		-8	-4	-2	0	2	4	6	6	6	6	6	6	5
	13													

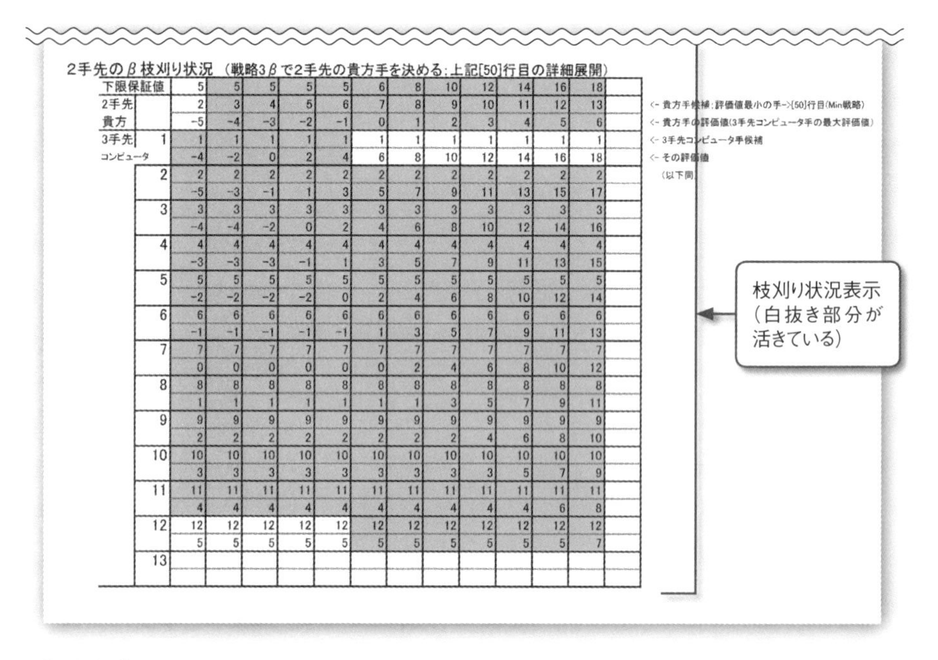

2手先のβ枝刈り状況（戦略3βで2手先の貴方手を決める：上記[50]行目の詳細展開）

下限保証値		5	5	5	5	5	6	8	10	12	14	16	18	
2手先		2	3	4	5	6	7	8	9	10	11	12	13	
貴方		-5	-4	-3	-2	-1	0	1	2	3	4	5	6	
3手先	1	1	1	1	1	1	1	1	1	1	1	1	1	
コンピュータ		-4	-2	0	2	4	6	8	10	12	14	16	18	
	2	2	2	2	2	2	2	2	2	2	2	2	2	
		-5	-3	-1	1	3	5	7	9	11	13	15	17	
	3	3	3	3	3	3	3	3	3	3	3	3	3	
		-4	-4	-2	0	2	4	6	8	10	12	14	16	
	4	4	4	4	4	4	4	4	4	4	4	4	4	
		-3	-3	-3	-1	1	3	5	7	9	11	13	15	
	5	5	5	5	5	5	5	5	5	5	5	5	5	
		-2	-2	-2	-2	0	2	4	6	8	10	12	14	
	6	6	6	6	6	6	6	6	6	6	6	6	6	
		-1	-1	-1	-1	-1	1	3	5	7	9	11	13	
	7	7	7	7	7	7	7	7	7	7	7	7	7	
		0	0	0	0	0	0	2	4	6	8	10	12	
	8	8	8	8	8	8	8	8	8	8	8	8	8	
		1	1	1	1	1	1	1	3	5	7	9	11	
	9	9	9	9	9	9	9	9	9	9	9	9	9	
		2	2	2	2	2	2	2	2	4	6	8	10	
	10	10	10	10	10	10	10	10	10	10	10	10	10	
		3	3	3	3	3	3	3	3	3	5	7	9	
	11	11	11	11	11	11	11	11	11	11	11	11	11	
		4	4	4	4	4	4	4	4	4	4	6	8	
	12	12	12	12	12	12	12	12	12	12	12	12	12	
		5	5	5	5	5	5	5	5	5	5	5	7	
	13													

【注意事項】

- コンピュータの戦略：次の５種類のいずれかを使う。
  無：戦略なし。乱数で１～13の数字を発生してコンピュータの次手を決定
  １先：１手だけ先読み。次手だけを見て、コンピュータの点数が最大になるように次手を決定
  ２α：２手先読みα枝刈り。２手先の相手（貴方）手番まで見て、自手番での枝刈りを行い、次手を決定
  ３α：３手先読みα枝刈り。３手先の自（コンピュータ）手番まで見て、自手番での枝刈りを行い、次手を決定
  ３β：３手先読みβ枝刈り。３手先の自手番まで見て、２手先の相手手番での枝刈りを行い、次手を決定
- [点数]：１回ごとに各自の得点が表示される。
- [評価値]：両者の差を評価値とする。評価値が正の場合はコンピュータ、負の場合は貴方が勝っている。
- [ゲーム]：貴方は黄色で色付けされたセルに提示するカードを入力する。毎回［残り］カードから選ぶこと。
  コンピュータも毎回、戦略に基づくカードを提示する。
- [点数履歴]：毎回の点数の履歴が表示される。
- [コンピュータから見た下限／上限保証値]：枝刈りで使用する下限または上限保証値が表示される。
- [コンピュータから見た枝刈り状況]：枝刈りした部分が灰色で色付けされる。戦略２α、３α、３βで使用される。
- [２手先のβ枝刈り状況]：戦略３βの場合に使用される。コンピュータは色付けされていないセルの中から
  最も数字の小さいカードを選択する。

このシミュレーションでは、次のようなことがわかる。

●戦略「１先」では、コンピュータも単純に直前の相手の手から最も離れたカード

（絶対値最大）を選ぶ

- しかし戦略「2α」で2手先読みすれば、必ずしも最も離れたカードでなくてもよいことがわかる
- さらに戦略「3α」で3手先読みすれば、最も離れたカードよりもよい（評価値がより大きい）手があることがわかる
- 戦略「3β」が本格的なαβ枝刈りに近いもので、2手先の貴方の手を3手先のコンピュータ手番に基づいてβ枝刈りすることで、2αや3αとは結果が変わってくる

実際のゲームでは、先読みの手数が増え、評価値計算も複雑になると思われるが、枝刈りに基づくゲーム戦略の雰囲気はつかめると思う。ただし、将棋や囲碁で人間が常にこのような戦略だけを考慮しているわけではなく、直感的な要素もある。近年のコンピュータ将棋も、枝刈りとは異なる勝ちパターンの学習というような戦略を併用している。

7.1 Min-Max戦略

ゲーム木では、次のような状態遷移を行う。

- 自分の手番（自手番）では、考えられる選択肢のうち最善（評価値最大）の状態をとる
- 相手の手番（他手番）では、考えられる選択肢のうち相手にとって最善（自分には最悪）の状態をとる

自手番は最大（Maximum）、他手番は最小（Minimum）の評価値の状態を交互にとるので、これをMin-Max戦略という（**図7-1**）。

自手番で2手先まで読む、すなわちゲーム木を2手先まで展開したとき、2手先の自手番でMaxの評価値をとりたい（**図7-1**のσ01→σ13）が、その前（1手先）の他手番ではMinの評価値をとる（**図7-1**のσ01→σ12）であろうから、単純に2手先のMaxをとればよい、というわけにはいかない。2手先のMaxというのは、1手先のMinを前提として考えなくてはいけない。すなわち、まず1手先の他手番で、Minとしてとられる候補（**図7-1**のσ11とσ12）の中からMaxを考えることになる（**図7-1**のσ00→σ11）。

これが1手先しか見ないということであれば、他手番での評価値だけ見てMaxをとればよいが、数手先までのゲーム木を考えるだけでも、選択肢の数の掛け算のオーダで枝が広がっていくので、探索空間は膨大なものになっていく。数手先までのすべての枝を調べてその中で一番よい手をとる、ということは結構大変なのである。

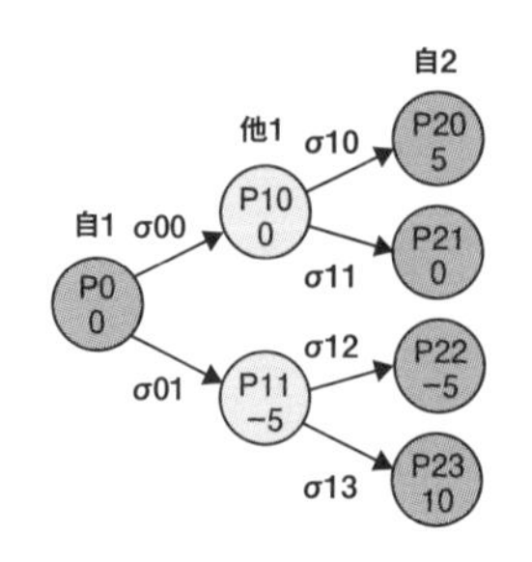

自分は**自**手番で最善の手をうつ（Max）
相手は**他**手番で（自分にとって）最悪の手をうつ（Min）

2手先の価値が**自2**手番のようであるとき、
自分が**自1**手番でうつべき手は Max（**他1**）
相手が**他1**手番でうつべき手は Min（**自2**）
Max（**他1**）＝Max（Min（**自2**））＝Max（0,-5）＝0→**σ00**
自2手番に10という価値があっても**σ01**はうてない。

図7-1 Min-Max戦略

7.2 αβ枝刈り

ゲーム木の探索空間が膨大で、Min-Max 戦略ではすべての枝を調べるのが大変ということであれば、調べる枝を減らすことを考えたい。それには Min-Max 戦略の特徴を利用する。すなわち、各状態において興味があるのは Min または Max の評価値だけなので、それ以外の評価値を持つ状態は捨ててもよいはずである。この点に着目して、ある状態から先を評価しないで捨ててしまう、という方法を枝刈り（pruning）といい、次の２通りがある。

- α枝刈り：自手番で、下限保証値 *3 αより小さい直下の他手番ノードを捨てる
- β枝刈り：他手番で、上限保証値 *4 βより大きい直下の自手番ノードを捨てる

例えば、**図 7-2** の２手先までのゲーム木で、１手先（他手番）を順に調べていき、状態 P10 でσ11をとることがわかったとする。次に状態 P11 を調べ始め、σ12が P10 のσ11より悪い評価値であることがわかると、P11 はもうσ12よりはよくならないわけだから、P10 より必ず悪くなる。つまり、今のところ P10 のσ11よりよくなることはない。このときσ 11 の値 0 を下限保証値という。もし、P11 以外に１手先の他手番でまだ調べる状態があり、σ11より悪い選択肢が見つかっていない場合は、P10 よりよくなる可能性があるので調べ続ける必要がある。その他手番のすべての２手先の自手番で、最終的にσ11より悪いものがないのであれば、それらの中で一番悪い選択肢を新たな下限保証値とすることになる。しかし、一つでもσ11より悪いものが見つかった段階で、その他

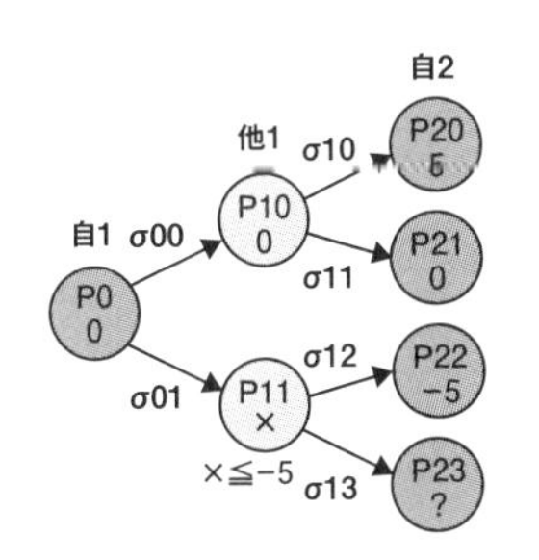

自1手番でP10は最低 0 とわかっていて（下限保証値）、
σ12が−5とわかった時点で、P11の評価値はx≦−5となり、
Max（**他1**）＝Max（Min（**自2**））＝Max（0, x）＝0
したがって、P11以下は評価不要（α枝刈り）

自手番での評価値の下限保証値α
→αより小さい直下の**他**手番は評価不要（α枝刈り）
他手番での評価値の上限保証値β
→βより大きい直下の**自**手番は評価不要（β枝刈り）

図7-2 αβ枝刈り

手番はもう調べても仕方がないことになる。これがα枝刈りである。

同様の考え方を他手番で行うのが、β枝刈りである。Min-Max 戦略でこのように探索空間を小さくすることを、αβ枝刈りという。

探索空間は、何手先まで読むかによって変わってくる。枝刈り失敗、ということもあり得る。すなわち、「手が進んで、先に予想した評価値が間違っていた」という場合は、すでに間違った評価値で枝刈りをしてしまっているので、もう元には戻れない。この場合は枝刈り失敗である。先読み手数が多いほど、枝刈りは妥当なものになるであろうが、全局面をあらかじめ把握できない以上、枝刈り失敗があることは避けられない（図 7-3）。

現実問題としては、枝刈り失敗があったとしても、失敗だったかどうかは先を見ていないのでわからない。そのため、各局面において有限手数の中での枝刈りによって、最善の手をうっていくしかない。

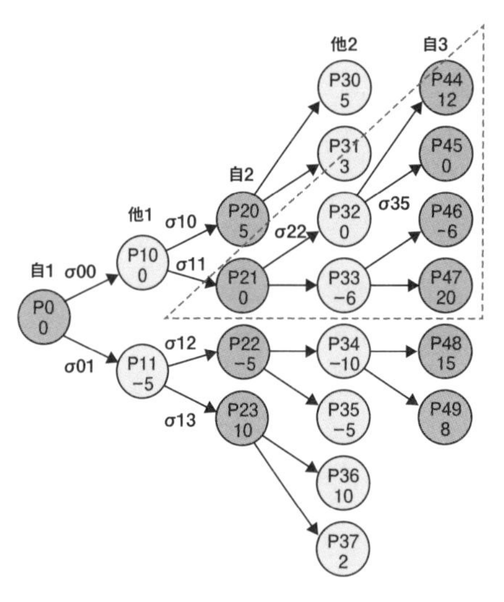

他手番でのβ枝刈り

他1手番でP21を P20の前に評価する場合は、P21が0（上限保証値）であるから、P20の子で0以上の枝があれば評価しない。すなわち、P20の子で5がわかった時点でP20の評価は打ち切る。

次の自手番局面

自1手番で**σ00**、**他1**手番で**σ11**がとられると、**自2**手番では点線で囲まれた2手先までの展開となる。

枝刈り失敗

自2手番にきたとき、2手先の読みでP48、P49のいずれにも −10という評価値が現れず、実際は左図のようであるとすると、P34の評価値は8となる。すると、P22もP11も8となり、**自1**手番で P11以下を枝刈りしたのはまずかった、ということになる。4手先まで見ていれば、**自1**手番で**σ01**をとり、P10以下を枝刈りしたであろう。

図7-3 αβ枝刈りの進展

*3 下限保証値ということばはあまり一般的でないが、それよりよくはならないことを保証する、という意味である。

*4 上限保証値は、それより悪くはならないことを保証する、という意味である。

第8章

人間が学習する過程を機械で真似る＝機械学習

人間が勉強や経験によって学習する過程をコンピュータで実現するのが、機械学習（Machine Learning）である。コンピュータ内のモデルを、システムの目的に合うように自律的に改善していく、という言い方もできる。学習というからには、単なる記憶ではなく、入力されたモノの概念を特定できる必要がある。これを概念学習という。

例えば、三角形といえば「内角の和がπ（180度）」ということをみな知っているが、最初はいろんな図形を見てこれは三角形、あれは違う、とか試行錯誤しながら、そのうちに三角形の定義にたどりついた。もっとあいまいな例で、「Rich（豊かさ）とは？」と聞かれたら、どうであろうか。人によって定義が違うかもしれない。そこで、この人はRich、あの人はそうじゃない、というように選別していくと、やがてその人の考えるRichの定義が浮かび上がってくるだろう。

概念学習が機械学習のすべてではなく、類別学習や特徴抽出など狙いの異なる学習もある。これらの研究はニューラルネットワークや知識表現とともに発展して、近年では深層学習が脚光を浴びている。ここでは最も初歩的な概念学習と、深層学習について、シミュレーションを体験しながら、それぞれの狙いを見ていこう。

体験してみよう

人工知能にことばの意味を教えよう
～バージョン空間法による学習～

ダウンロードファイル　Ex10_機械学習Version空間.xlsm

　本章で解説するバージョン空間法という手法を使って、三角形の概念学習を行うシミュレーションである。三角形だけではつまらないので、「Rich(豊かさ)とは?」という概念記述も試してみよう。正例／負例(そうだ／そうでない)の操作によって、概念記述のための要因の値が敏感に変わるが、最後はある要因のある値に収束して、それ以上は変化しなくなる。これが概念記述、すなわち三角形やRichという概念の具体的な内容記述ということになる。事例を入れ替えることで様々な概念記述のシミュレーションも行えるようになっているので、その他の概念記述も試してみるとよい。

Excelシートの説明

[Version空間法] シート：バージョン空間法シミュレーション

[VSdefault] シート：バージョン空間法シミュレーションで使用する事例データ(変更不可)

操作手順

① [Version空間法] シートを開き、[Clear] ボタンを押して初期化する（やり直す場合も同様）。

② 概念と事例を表Eに入力、または[Default-1]か[Default-2]ボタンを押して自動設定する。

③ テーブルサイズ（行数、列数）を設定して、[Set] ボタンを押す(Defaultの場合は不要)。

④ 表Eの行を一つ選び、[選択] 欄に、正例（そうだ）なら1、負例（そうでない）なら－1を入力後、[Check] ボタンを押す（学習実行）。

⑤ 表Gと表Sが更新される。定数は文字列比較のみで、意味は感知しない。変数は*で表す。

⑥ G＝Sになったところで学習成功。SUCCESSFULと表示される。

⑦ その後も継続してよいが、GとSは変わらない。もし変われば概念に矛盾がある

（WRONGと表示される）。

⑧表Eのすべての行を選択してもG=Sにならなければ、学習失敗（FAILEDと表示される）。

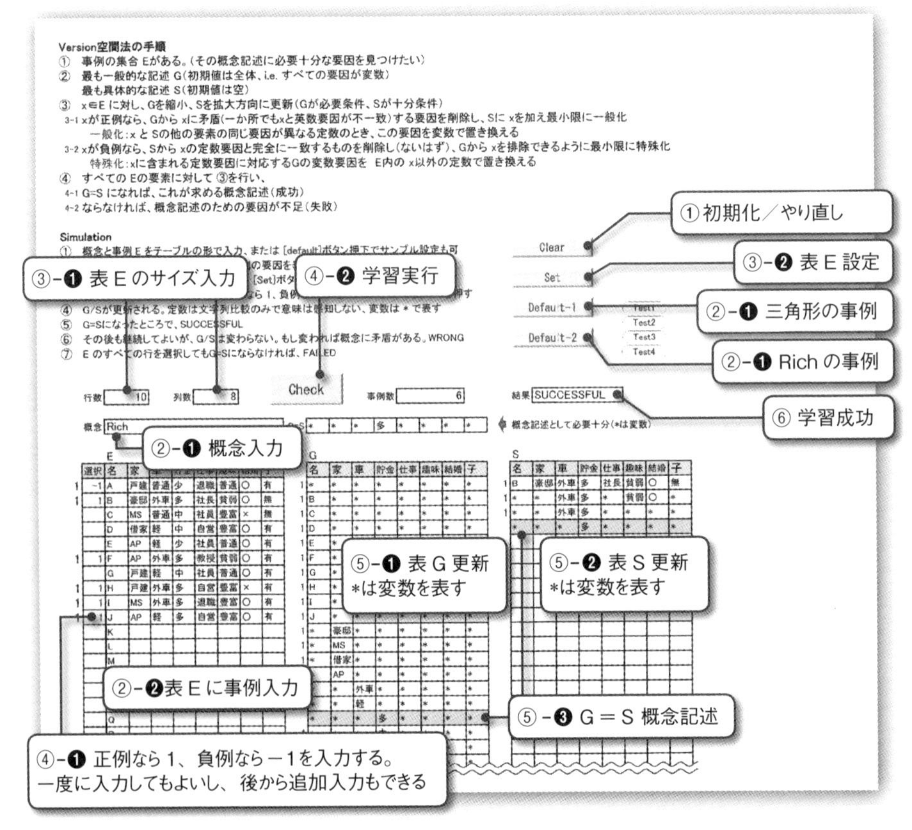

このシミュレーション例は、「Richとは、貯金が多いことである。他の要因はどうでもよい」という概念記述を表しているが、正例／負例の指定の仕方によって、概念記述は変わる。正例／負例の指定が矛盾すると、学習は失敗するが、そういう場合も含めて概念学習なので、いろいろ試してみると雰囲気がわかると思う。

【注意事項】

- ［概念］：学習目標となる概念。これを別の言葉（要因）で表すのが狙いである。
- ［表E］：事例データ。この表の1行目が、概念記述の要因になる。入替えは表の枠の範囲で可能。［選択］欄に、正例なら1、負例なら-1を入力する。
- ［行数］、［列数］：表Eの行数と列数。表Eを変更した場合に入力する。
- ［表G］：最も一般化された概念空間を表す。
- ［表S］：最も特殊化された概念空間を表す。G、Sとも、＊は変数（概念記述に無関係）を表す。

8.1 機械学習の基本的な考え方

機械学習の分野は、近年注目されている深層学習に限らず、最も幅広く、また息長く研究されているので、多種多様な方法がある。ここでは人間の学習レベルに照らし合わせて、次のような種類を考えてみたい。

- 教示学習：教師の知識を形式変換して、既存知識に統合していく
- 演繹学習：既知の知識から具体的概念を生成し、新たな知識として追加していく
- 帰納学習：既知の知識あるいは新しい教師事例から共通概念を抽出して、全体を表す知識として追加していく
- 強化学習：環境との相互作用から、環境適応要因に基づく報酬を見ながら、知識を整えていく
- 発見学習：与えられた環境から、その中にとどまらない新たな概念を形成し、全体の知識を整えていく

最初の3つは教師事例がある教師あり学習であり、古典的な学習法である。後の2つは教師事例がないことを前提とした教師なし学習であり、深層学習も発見学習の一つに位置づけられる。

前者は一般に既存概念の中でしか使えないが、後者は概念自体を新たに創り出す可能性を秘めている。こういう言い方をすると、後者が前者より優れている、と思われるかもしれないが、目的によっては前者も必要であるし、むしろ後者より役に立つ場合もある。

8.1.1 教師あり学習（Supervised Learning）

人間の学習レベルを考えると、最初は先生に教えてもらい、徐々に知識を蓄えて、自分の頭で概念を整理していき、やがて新発見に至る。この最初の段階に相当する機械学習が教師あり学習である。

○教示学習（Learning by Being Told）

教示学習は与えられた教師事例をそのまま記憶していくので、知識を取り出すときには教師事例とまったく同じパターンで取り出す。いわば小学校の授業で、生徒が先生から教えられたとおりに答えるようなものである。

○演繹学習（Deductive Learning）

演繹学習では教師事例をそのまま記憶するだけでなく、それらを組み合わせて新しい形の知識を生成するので、教師事例と異なるパターンも扱うことができる。例えば三段論法によって、①犬は動物である、②動物は動く、という知識から、③犬は動く、という知識を導くことができる。既存の知識を組み合わせて新しい知識を導く手法をルール合成といい、証明などに応用できる。ただし、演繹学習では既存知識の組合せの範囲にとどまり、教師事例と同等、あるいはより詳細化された知識を生成できるとしても、新しい概念を生成するわけではない。

○帰納学習（Inductive Learning）

帰納学習では、教師事例をより上位の新しい概念に集約することができ、概念学習に相応しくなる。いわば高等教育において、先生の言っていることは結局こういうことなんだ、と生徒自身の言葉で理解するようなものである。代表的な手法として、複数の教師事例から共通要因を抽出して、新しい概念を生成していくバージョン空間法がある。これは概念化の手法として、古典的ではあるが基本的な考え方であるので、後ほど詳述する。

8.1.2 教師なし学習（Unsupervised Learning）

人間の学習レベルは、やがては先生の言うことに反論したり、先生に教わらなかったことを考え出したりできるようになるのだが、機械学習もこのようなことができるであろうか？

◯強化学習（Reinforcement Learning）

強化学習は教師事例を使わず、代わりに環境適応に応じた報酬を見ながら学習を進める。代表的な手法として、Q 値と呼ばれる評価値を設定してこれを高めていく Q 学習がある。これは次の状態が、現在の状態と状態遷移に伴う報酬だけから決まるという前提で、状態に付随する Q 値を次の式[*1] に従って変更していく。

式 8-1

$$Q(s_{i+1}) = (1-\alpha)Q(s_i) + \alpha R(s_i)$$

$Q(s_i)$：状態 s_i での Q 値、$R(s_i)$：状態 s_i での報酬、$0 \leqq \alpha \leqq 1$: 学習率

α が 1 に近いほど Q 値の変化が激しい学習になるが、通常、学習の初期段階では α を大きく、最終段階では小さく設定する。強化学習の分野は近年の学習研究の中心にあり、さらに発展した発見学習という形で、データマイニング[*2] やクラスタリング[*3] に使われ、ビッグデータ解析への応用も進んでいる。

◯発見学習（Heuristic Learning）

人間の学習過程は、教わったことから徐々に発展して、上述の学習過程を経た上で、最後は自力で新しい発見に至る。この発見という活動はどのようになされるのだろうか？ まったくの直感とかひらめきという理由のない場合もあるが、次のような論理的な説明のつく場合もある。

普通の推論：(A→B)＆(Aは真)⇒ Bも真
(A→B)＆(B→C)⇒ (A→C)　(三段論法)
発見的推論：(A→B)＆(Bは真)⇒ Aも真だろう
(A→B)＆(Aと似たA'が真)⇒ Bも真だろう

現状の学習手法は、いわば普通の推論に基づくもので、既存のデータの範囲、あるいは環境内にとどまる。これを範囲外にまで広げて学習を行うことで、新たな発見が生まれる可能性が広がる。このような考え方は昔からあり、1970 年代には数学の定理を発見してくれるシステム[*4] が作られたり、データマイニン

グのためのクラスタリング手法 *5 が生まれたりするなど、多くの学習法が研究されてきた。これらの手法は、機械学習から独立して、新規の特徴抽出を行うためのデータマイニング手法として発展してきているが、近年最も注目されているのが深層学習である。

次節以降で、古典的な教師あり学習ではあるが、概念学習のわかりやすい手法であるバージョン空間法と、近年注目の深層学習について述べる。

*1 Q 値を求める式は、実際はさらに先の状態の報酬も加味し、先に行くほど割引率によって影響が小さくなるようにしている。

*2 Data Mining：統計的手法などを用いて、多数の観測データから規則性を見出すこと。

*3 Clustering：観察データを特徴に従って分類すること。生データの多次元空間から次元を下げた空間へのマッピングともいえる。

*4 1970 年代後半 D.Lenat の AM（Automated Mathematics）は、初等数学と集合論において 200 以上の定理を発見したといわれている。中身は最良優先探索を用いたルールの書き換えシステムであるが、古くから発見学習への試みがなされていたことがわかる。

*5 例えば、統計的機械学習は、ベイズ確率を用いて、元データから分類要因へのマッピングを的確に行う。その他学習方法論は多数存在する。

8.2 バージョン空間法 (Version Space Method)

機械学習の中で、概念抽出を目的とした帰納学習の一つの手法として、バージョン空間法がある。

8.2.1 バージョン空間法の考え方

バージョン空間法は、有限個の教師事例から共通の一般則を見つける、という帰納学習の代表的な手法であり、次のような考え方に基づいている。

①教師事例が概念に合うか（正例）か否か（負例）によって、正例を一般化し、負例を排除していく
②正例の一般化とは、正例である複数の教師事例に同じ概念を表す複数のパラメタがあれば、それらを共通の変数に置き換える。同時に、この正例に矛盾するような表現は除いてしまう
③負例の排除とは、負例である一つの教師事例に現れるパラメタ（どれが負例の原因かはわからないが）と同じパラメタを含むような事例をすべて除く。さらに、変数化されている概念は、負例に含まれないパラメタだけを残して特殊化する。特殊化された概念は、概念記述として必要である可能性がある
④このような操作をすべての教師事例について繰り返し、具体的なパラメタと変数が混在した形の表現が変化しなくなれば、その表現が、求める概念記述ということになる。このときパラメタのまま残っている要因が、目標概念の特徴を表す重要な部分であり、変数化された要因は本質的でない、というわけだ。

教師事例やそれらの一部を変数化した表現の集合を、バージョン空間（Version Space）という。②は何も変数化されていない、最も特殊化された概念記述から始める。③はすべてのパラメタが変数化された、最も一般化された概念記述から始める。④で両者が同じ表現に収束して最終的に決まる概念記述が、目標概念を表す。

8.2.2 バージョン空間法の具体例

ここでは、“三角形”の概念記述としてどういう表現が相応しいか、学習してみよう（図 8-1）。

教師事例は、それぞれ「大きさ」「色」「内角の和」という3つの要因を持っている。個々の教師事例が三角形か否かはわかるが、どの要因が“三角形”の概念記述に必要なのかは、わかっていないということである。

まず次のように、2つの特別な空間を想定する。この状態から、いくつかの教師事例に対し、バージョン空間の考え方に基づく操作①〜③を行う。

G：最も一般化された概念記述の空間。すべての要因が変数で表され、何でもありの記述になっている

Version Space

G:General space　S:Special space

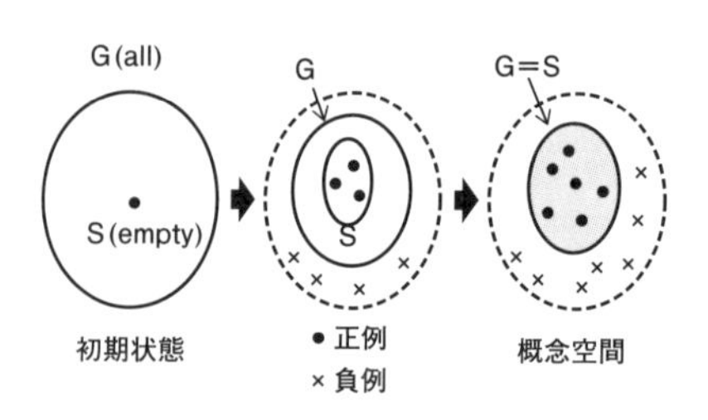

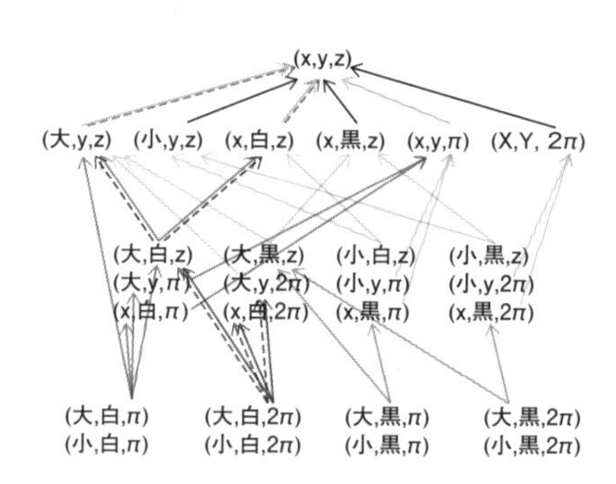

Version Space (G,S) の求め方
G=all, S=空から始めて、事例ごとにGを減らし（特殊化）、Sを増やしていく（一般化）と、やがてG=Sになる。
（Gが必要条件、Sが十分条件、ともいえる）

事例x	Gの更新	Sの更新
正例	xに矛盾する要因を除く *i.e* xの定数要因に反するものを除く	xを追加し、最小限に一般化 *i.e* 同種の定数要因を**変数化**
負例	xを含まないように最小限に特殊化 *i.e* 変数要因をx以外の**定数化**	xを除く（本来正例だけのはず） *i.e* xの定数要因を含むものを除く

① 正例(大,白,π) → G={ (x,y,z) }, S={ (大,白,π) }

② 負例(大,白,2π) → G={ (小,y,z), (x,黒,z), (x,y,π),}

③ 正例(大,黒,π) → G={ (x,黒,z), (x,y,π),}
　S={ (大,y,π) }　共通要因(白、黒)を変数yに置換え

④ その他の事例についても同様に正例か負例かに従って(G,S)を調整していくと、やがてG=S={ (x,y,π) }となる。これが目標概念を表す。
(大,白,π)…(小,黒,π) →…→(x,y,π)→ (x,y,z)

図8-1 バージョン空間法

S：最も特殊化された概念記述の空間。すべての要因が直接パラメタで表された正例の集合で、最初は空集合

まず、(大，白，π) という事例は三角形の正例であるから、G = {(x，y，z)}、S = {(大，白，π)}。

次に、(大，白，2π) は三角形ではない、すなわち負例であるから、Gの概念記述の変数を (大，白，2π) 以外のパラメタに置き換える。この場合は、「大でない」「白でない」「2πでない」という概念記述の集合に特殊化される。Sはパラメタすべてが一致する事例がないので変わらない。

次に (大，黒，π) は正例であるから、Sの既存の事例 (大，白，π) との間で、表現の違う同種の要因に着目する。この場合は「黒」「白」が該当し、この要因を変数yで置き換えると、S={(大，y，π)} となる。Gも、この正例 (大，黒，π) に矛盾するような表現があれば除いてよいので、G={(x，黒，z)，(x，y，π)} となる。

このように、各教師事例に対して①〜③の操作を行うと、やがて④ G = S = {(x，y，π)} となる（**表8-1**）。これで“三角形”の概念記述として、「内角の和がπ」というパラメタが重要で、大きさや色は変数化されているので何でもよい、ということがわかる。

概念学習が単なる記憶ではなく、この過程はいわば特徴抽出に相当することがわかると思うが、実際問題としてはこんな単純な過程では済まない。特徴抽出のための要因項目は、「三角形」なら、大きさ、色、内角の和という単純なも

事例	正／負	G	S
①(大,白,π)	正	{(x,y,z)}	{(大,白,π)}
②(大,白,2π)	負	~~{(大,y,z)~~,(小,y,z)~~,(x,白,z)~~,(x,黒,z),(x,y,π)~~,(x,y,2π)~~} = {(小,y,z),(x,黒,z),(x,y,π)}	{(大,白,π)}
③(大,黒,π)	正	~~{(小,y,z)~~,(x,黒,z),(x,y,π)} = {(x,黒,z),(x,y,π)}	{(大,白,π),(大,黒,π)} = {(大,y,π)}
④(大,黒,2π)	負	~~{(x,黒,z)~~,(x,y,π)} = {(x,y,π)}	{(大,y,π)}
⑤(小,白,π)	正	{(x,y,π)}	{(大,y,π),(小,白,π)} = {(x,y,π)}
⑥(小,白,2π)	負	{(x,y,π)}	{(x,y,π)}
⑦(小,黒,π)	正	{(x,y,π)} (G＝Sになったのでもう調べる必要はない)	{(x,y,π)}
⑧(小,黒,2π)	負	{(x,y,π)}	{(x,y,π)}

表8-1 バージョン空間の推移

のでよかったが、一般にはこの要因項目を抽出すること自体が難しい。また要因項目も、それらの要因の取り得る値も多様なものになるので、バージョン空間法のＧとＳは巨大なものになり、容易にＧ＝Ｓという収束状態にはならないのではないかと思われる。

その点、深層学習ならば特徴抽出のための要因を与えなくてもよいのだから、特徴抽出のための学習時間は大きいとしても、要因項目を与える難しさがないため、とても使いやすい。もっとも、深層学習は概念記述が目的ではないから、特徴抽出を行ってもその理由を明確に提示しない可能性がある。このような点も踏まえて、次節で深層学習について考えてみよう。

8.3 深層学習（Deep Learning）

深層学習は、近年最も注目されている手法で、教師事例も報酬もない状態でも与えられた環境に適応し得る。例えば、多くの写真の中から、猫に共通する概念を自動抽出して、新たに与えられた写真が猫か否かを判別する。

基本的な考え方については第1章と第2章で述べているが、それまでの学習手法では、教師信号が必要であったり、教師なしの場合でも何に着目して学習するか、という特徴のポイントを人間が与えたりしなければならなかった。しかし深層学習では、何も与えなくても特徴自体を抽出し、その特徴点によって雑多なデータを抽象化概念で整理することができるので、大量のデータを整理して重要な論点を抽出する、というビッグデータ解析には最適である。抽出された特徴概念をどう呼ぶか、という名前づけは人間が行うしかないが、猫などという既存の概念にとどまらず、人間には思いつかなかった新しい概念を提示してくれるかもしれない。まさに発見学習に近づいた、といえる。

深層学習についての書籍は多数あるので、ここでは他の学習、特に概念学習との違いを中心に見ていこう。深層学習は、階層型ニューラルネットワークの階層が深い、すなわち多階層になっていることが構造的な特徴であり、様々な方式があるが、以下では簡単な構造の教師なし学習をもとに説明する。

8.3.1 自己符号化器による三角形の判別

2.4節で述べた自己符号化器は、入力層から最終層にかけて徐々に次数が小さくなっていくので、最終層に次数圧縮された類別結果が現れた。ただし、データ次数の二乗オーダの重み行列が階層分だけ必要であるため、膨大なデータ量になる。本書のシミュレーションでは、規模が極端に小さいので深層学習とはいえないが、この程度の規模でも原理的なことはわかった。ではこの仕組みで、バージョン空間法で取り上げた「三角形の特徴抽出」ができるだろうか？

バージョン空間法では「三角形とは何か？」という観点の概念学習のために、各データが三角形か否かを人間が教師信号として与えたわけだが、自己符号化器の場合は人間が正解を与えることはない。すなわちデータに正例／負例という教師信号に相当する情報がなく、雑多な図形があるだけである。この状態で、三角形とそれ以外を類別できるものだろうか。これを第2章で使ったシミュレーションで試してみよう。

「Ex3_Autoencoder.xlsm」のPatternシートでTriangleを選択すると、三角形と四角形を類別するシミュレーションができる。Googleの猫認識では、多数の写真を学習して複雑な猫の特徴を抽出したのだから、三角形などいとも簡単に識別できそうなものである。しかし、それは大規模なネットワークの場合で、この小規模なシミュレーションではどうだろう。結論としては、○×判別と違ってなかなかうまくいかない。それでも入力データを2～3個ずつ、合計6個以下に絞る（[Filter]ボタンを使う）と、類別できるときもある。

バージョン空間法では「内角の和がπ」という特徴を教師データに持たせることができたが、ここではそういう抽象的な特徴での類別はできない。そのため、あくまで形状の類似性、例えば先が尖っているとか、尖った部分が3つとかいった形だけから類別することを考える。○×の場合は、周囲が囲まれているとか、中心部が黒いとかのわかりやすい形状的特徴で識別できたが、三角形と四角形ではどちらも周囲が囲まれていて、そういう観点での区別もつけ難い。このシミュレーションではちょっと無理があるようだ。

しかし、ドット数がもっと多ければ、先が尖っている、というような形状的把握もできるようになるはずである。ただし、尖った部分が3つというような概念は、形状比較だけでなく、「数える」とか「回転」などの操作も必要になる。すなわち三角形の上向きと下向きをひと括りの三角形として類別するのは、自己符号化器による類別だけでは無理で、より高度な深層学習の技術が必要である。

図8-2に、3層で4個のデータから三角形をうまく類別できた例を示す。この図は25次元ベクトルからなる入力パターンが三角形なら[1,1]、そうでなければ[1,0]に類別されたことを示している。こんな小規模のシミュレーションでも三角形を判別できるときがある、というのは興味深い。ただし、[1,1]から逆方向に各層の重みの転置行列を使って求めた代表パターンは、ちょっと崩れた形になってしまった[*6]。

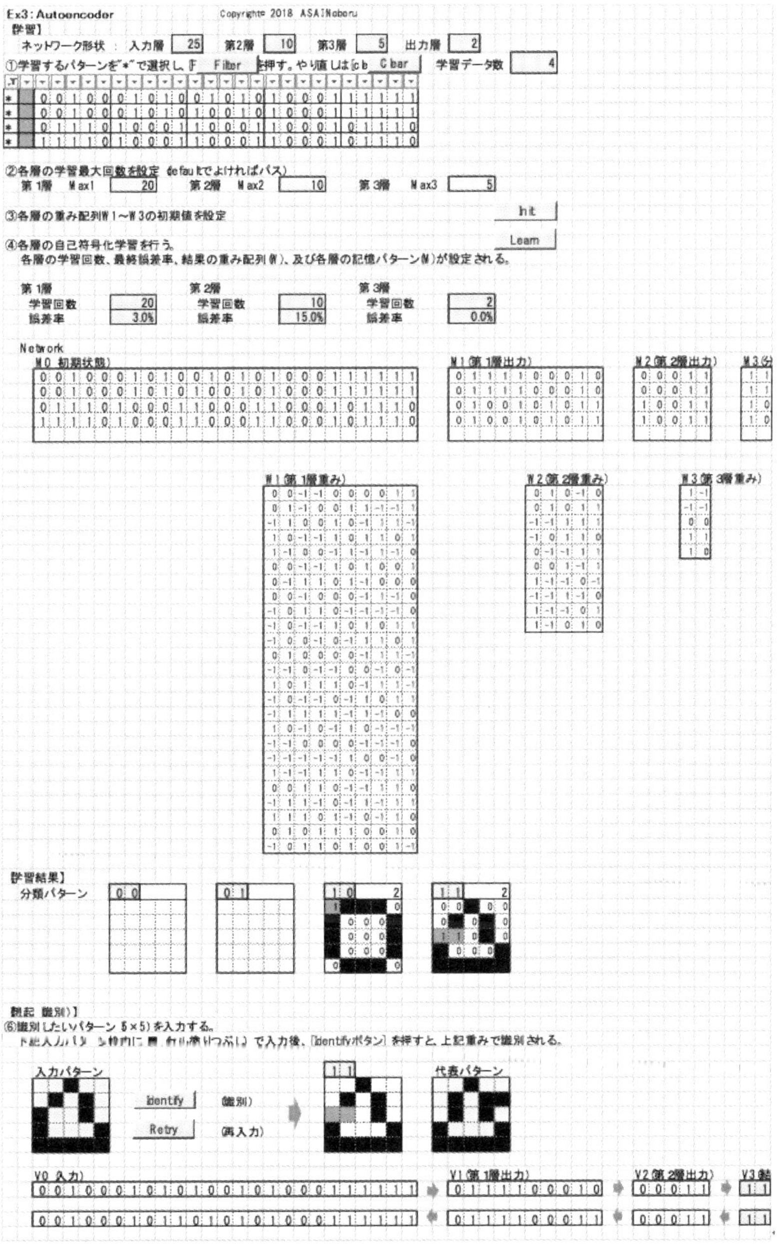

Ex3：Autoencoder　　　Copyright© 2018 ASAINoboru

学習】

ネットワーク形状 ： 入力層 25　第2層 10　第3層 5　出力層 2

①学習するパターンを"*"で選択し、[Filter]を押す。やり直しは[Clear]　学習データ数 4

*	0	0	1	0	0	0	1	0	1	0	0	1	0	1	0	1	0	0	0	1	1	1	1	1	1
*	0	0	1	0	0	0	1	0	1	0	1	0	0	1	0	1	0	0	0	1	1	1	1	1	1
*	0	1	1	1	0	1	0	0	0	1	1	0	0	0	1	1	0	0	0	1	0	1	1	1	0
*	1	1	1	1	0	1	0	0	0	1	1	0	0	0	1	1	0	0	0	1	0	1	1	1	0

②各層の学習最大回数を設定（defaultでよければパス）

第1層 Max1 20　第2層 Max2 10　第3層 Max3 5

③各層の重み配列W1～W3の初期値を設定　[Init]

④各層の自己符号化学習を行う。　[Learn]

各層の学習回数、最終誤差率、結果の重み配列(W)、及び各層の記憶パターン(M)が設定される。

	第1層	第2層	第3層
学習回数	20	10	2
誤差率	3.0%	15.0%	0.0%

Network

M0（初期状態）

0	0	1	0	0	0	1	0	1	0	0	1	0	1	0	1	0	0	0	1	1	1	1	1	1
0	0	1	0	0	0	1	0	1	0	1	0	0	1	0	1	0	0	0	1	1	1	1	1	1
0	1	1	1	0	1	0	0	0	1	1	0	0	0	1	1	0	0	0	1	0	1	1	1	0
1	1	1	1	0	1	0	0	0	1	1	0	0	0	1	1	0	0	0	1	0	1	1	1	0

M1（第1層出力）

0	1	1	1	1	0	0	0	1	0
0	1	1	1	1	0	0	0	1	0
0	1	0	0	1	0	1	0	1	1
0	1	0	0	1	0	1	0	1	1

M2（第2層出力）

0	0	0	1	1
0	0	0	1	1
1	0	0	1	1
1	0	0	1	1

M3（分

1	1
1	1
1	0
1	0

W1（第1層重み）

0	0	-1	-1	0	0	0	0	1	1
0	1	-1	0	0	1	1	-1	-1	1
-1	1	0	0	1	0	-1	1	1	-1
1	0	-1	-1	1	0	1	1	0	1
1	-1	0	0	-1	1	-1	1	-1	0
0	0	-1	-1	1	0	1	0	0	1
0	-1	1	1	0	1	-1	0	0	0
0	0	-1	0	0	0	-1	1	-1	0
-1	0	1	1	0	-1	-1	-1	-1	0
-1	0	-1	-1	1	0	1	0	1	1
-1	0	0	-1	0	-1	1	1	0	1
0	1	0	0	0	0	-1	1	1	-1
-1	-1	0	-1	-1	0	0	-1	0	-1
1	0	1	1	1	0	-1	1	1	-1
-1	0	-1	-1	0	-1	1	0	1	1
-1	1	1	1	1	-1	1	-1	0	0
1	0	-1	0	-1	1	0	-1	-1	-1
-1	-1	0	0	0	0	-1	-1	-1	0
-1	-1	-1	-1	-1	1	0	0	-1	0
1	-1	-1	1	1	0	-1	-1	1	1
0	0	1	1	0	-1	-1	1	1	0
-1	1	1	-1	0	-1	1	-1	1	1
1	1	1	0	1	-1	0	-1	1	0
0	1	0	1	1	1	0	0	1	0
-1	0	1	1	0	1	0	0	1	-1

W2（第2層重み）

0	1	0	-1	0
0	1	0	1	1
-1	-1	1	1	1
-1	0	1	1	0
0	-1	-1	1	1
0	0	1	-1	1
1	-1	-1	0	-1
-1	-1	1	-1	0
1	-1	-1	0	1
1	-1	0	1	0

W3（第3層重み）

1	-1
-1	-1
0	0
1	1
1	0

学習結果】

分類パターン

0 0

0 1

1	0			2
1				0
	0	0	0	
	0	0	0	
	0	0	0	
0				0

1	1			2
0	0		0	0
0		0		0
1	1	0		0
	0	0	0	

想起（識別）】

⑥識別したいパターン（5×5）を入力する。

下記入力パターン枠内に■（白黒塗りつぶし）で入力後、[Identifyボタン]を押すと、上記重みで識別される。

入力パターン　[Identify]（識別）　[Retry]（再入力）　1 1　代表パターン

V0（入力）

0	0	1	0	0	0	1	0	1	0	1	0	0	1	0	1	0	0	0	1	1	1	1	1	1
0	0	1	0	0	0	1	0	1	1	0	1	0	1	0	1	0	0	0	1	1	1	1	1	1

V1（第1層出力）

0	1	1	1	1	0	0	0	1	0
0	1	1	1	1	0	0	0	1	1

V2（第2層出力）

0	0	0	1	1
0	0	0	1	1

V3（結

1	1
1	1

図8-2　Ex3 シミュレーションでの三角形の類別（うまくいった事例）

このシミュレーションでは、三角形の他、縦横棒、数字の０／１判別の例も試してみることができる。これらは三角形よりはうまく判別できるので試してみてほしい。

8.3.2 深層学習の目的および概念学習との違い

繰り返しになるがこのシミュレーションは規模が小さいので、深層学習とはいえないが、深層学習につながる原理的な示唆を含んでいる。すなわち、あえてこのようなシミュレーション事例を取り上げたのは、教師ありのバージョン空間法と、教師なしの自己符号化器では、目的が違うということを実感してもらいたいからで、次のようなことがいえる。

- 自己符号化器は、雑多なデータの類別を自動的に行うのが目的であり、類別結果がどういう概念に基づくのかには関知しない。したがって類別のグルーピングは同じでも、類別結果の値自体は一定ではない可能性がある。類別さえできれば、値自体はコンピュータの問題ではなく、人間が意味付けを的確に与えればよい

- バージョン空間法の目的は、結果の意味付けにある。副次的に類別も行えるだろうが、類別自体は目的ではないので、概念にはずれたもの（負例）の類別には固執しない。その代わり、類別結果の値は一定でないといけない。その値が概念を表すことになるからである

自己符号化器の考察だけですべての深層学習が語れるわけではないが、深層学習の多くは自己符号化器をもとにしており、上記の目的の違いは共通である。すなわち深層学習による類別学習は、バージョン空間法で行ったような「三角形の概念」を浮き彫りにするような学習[*7]ではない。また、代表パターンが期待する最もきれいな形になる保証もないので、これを類別結果の真の姿、すなわち概念を表す最適のパターン、ということはできない。図8-2の代表パターンも最適ではない。

とはいえ、概念学習で的確に正例か負例か決めるのは意外と難しいし、概念

記述自体も簡単ではない。概念学習においては人間が与える概念定義自体に誤りがあれば致命的である。このような場合でも、深層学習なら「三角形」を的確に識別してくれるだろう。深層学習が偏見なく類別してくれることは、人間にとってはありがたいヒントになるし、人間が思いつかないような結果を生み出す可能性もあるわけだ。

教師信号なしで類別ができる、すなわち巨大なデータから自動的に特徴抽出が行えるということは、近年のデータ過多の時代にはとてもありがたい。類別結果を人間が実生活に即して正しくとらえることができれば、新規の概念確立につながる可能性もある。ただし、いくら規模が大きくなっても深層学習の狙い自体は同じである。深層学習で人間が気付かなかった特徴を抽出できたとしても、そこには何の概念的意図はない。したがってその妥当性は人間が判断しなければならない。

8.3.3　深層学習のためのネットワーク

深層学習に自己符号化器が使われることは、実際にはあまりない。仮想パーセプトロンの重み行列はノード数の2乗の規模になるので、規模も計算量も膨大になってしまう。さらに、各層の学習精度の問題や、次元圧縮して類別しても類別結果の値自体は一定ではない、というような問題もある。これらを改善したネットワークとして、実際の深層学習で使われる主なネットワークには、次のようなものがある。

◯制限ボルツマンマシン（Restricted Boltzmann Machine：RBM）

RBMは、当初は言語学の分野で使われていたものを、ヒントン教授が自身の自己符号化器とボルツマンマシンの研究の延長として、効率的な学習法（CD法：Contrastive Divergence）を考案したことで一躍脚光を浴びることになった*8。

考え方はボルツマンマシンの入出力層（可視層）と隠れ層間の接続だけを残し、各層内の接続をなくした構造で、自己符号化器の各層の仮想パーセプトロンと形は似ている。学習は全体のエネルギー関数を最小にする方向に進み、ボルツマンマシン同様、確率的な要因 *9 が入るので、局所解に陥ることなく、最良解を得られる可能性が高くなる *10。

制限ボルツマンマシンを多数並べて、隠れ層を次の階層の入力層としてつなげたネットワークは Deep Belief Network（DBN）と呼ぶ。精度の高い次元圧縮が可能なので、実用的な深層学習、特に画像認識や音声認識に使われる。

◯畳み込みニューラルネットワーク（Convolutional Neural Network : CNN）

CNN は、1979 年に当時 NHK 放送技術研究所の福島邦彦が考案したネオコグニトロンが原型である。学習法が工夫されて進化してきてはいるが、構造的にはほぼ同じ階層型ネットワークである。

CNN の階層構造は、2 種類の層を対として、これらを多段に並べた形である。すなわち、各層で一つの重みで一気に次元圧縮するのではなく、まず「①特徴抽出のためのフィルタ *11」をかけてから、「②その結果を近傍ごとに集約する（プーリング *12）」、という 2 種類の層の操作があり、①と②を対として繰り返すことによって徐々に次元圧縮を行っていく。各層の次数はプーリング層で集約するたびに下がっていき、「③最後に意図する類別数に振り分ける全結合層」を経て、最終出力層に特徴抽出された類別結果が得られることになる。

各層では、特徴抽出のためのフィルタで徐々に類別していくことになる。フィルタを設定する手間は必要だが、通常フィルタはデータ規模に比べればかなり小さい行列が使われる。抽出したい特徴ごとに、素直に複数用意すればよいので、教師信号とか正解データというような設定困難なものに比べれば設定しやすい。例えば、画像認識なら、縦方向の線とか、斜めの線とか、空の色とかの単純なパターンをフィルタとして設定すればよい。

学習時の計算は、フィルタごとにデータの行列とフィルタ行列の類似度を見ることになるので、フィルタが小さければノード数の 2 乗というような規模に比べて作業域は小さくできる。ただし、フィルタをデータ上でずらしながら何度も類似度計算（要素ごとの比較、あるいは積和計算）を行う必要があるので、1 回の計算は小さくてもそれを何度も繰り返すことになり、計算量はやはり大きい。

フィルタをかけただけでは元データの特徴反映が敏感に現れて、意図しない特徴抽出になりがちである。そこで、プーリングによって、全体的に滑らかな特徴抽出になるように、近傍ごとにまとめる。例えば、精度によっては、青空の中に鳥の黒い陰があっても、プーリングによって空に吸収されてしまう。また、鳥の大群で一面が陰になっていれば、逆に合間にちらほら見える青空が、鳥の大群の黒い陰に吸収されてしまうだろう。このようにプーリングは雑音除去には非常に有効であり、データの本質を抽出する、と考えることができる。

このようにして、元データから特徴抽出された畳み込みデータがフィルタごとにできるので、最後に全結合層ですべての畳み込みデータをもとに、意図する類別パターンに振り分ける。フィルタの設定は当初は人間が行っていたが、近年では抽出された特徴をもとにフィルタ自体も学習の一環で生成されるという。CNN は深層学習のネットワークとして近年最も注目されている。

8.3.4 深層学習を取り巻く状況

実用的な深層学習は規模が大きく、処理論理も複雑で、実際にハードウェアでネットワークを構築するとなると簡単ではない。そこで、一般ユーザが使うようなサーバマシンや PC でも深層学習を行えるような環境も整えられてきた。ハードウェアの高速化、コンピュータ言語やライブラリ、そしてソフトウェアで深層学習環境を構築できるフレームワークがある。これらについて簡単に触れる。

○深層学習のためのハードウェア

実際にハードウェアでネットワークを構築する場合は別として、通常のサーバマシン上で深層学習を行うには、頻繁に登場する積和計算だけでも高速化できれば、全体の学習時間をかなり短縮できる。このために積和計算を並列処理するための GPU*13 や、ベクトル命令 *14 が利用できる。

○深層学習のためのソフトウェア

深層学習用には近年では Python*15 がよく使われるが、特に深層学習用のコンピュータ言語があるわけではないので、言語は何でもよい。

積和計算の並列化はもちろん、積和計算以外の並列化も含めて、マルチコアやマルチプロセサ上で並列処理に対応できるような、並列化言語やライブラリもある [*16]。深層学習のソフトウェアとしては並列化が必須というわけではないが、高価なGPUが使えない環境での学習の高速化にはとても役に立つ。

◯深層学習のためのフレームワーク

深層学習は一般に次のような要素で成り立っている。

- 多階層ニューラルネットワーク
- 重み行列による積和計算
- 活性化関数、誤差訂正、評価関数など

これらの要素をフレームワークとして提供する試みがなされてきた。これらを使えば、実際にハードウェアネットワークを構築しなくても、PC上で容易に本格的な深層学習を試すことができる。すなわち、ソフトウェアでRBMやCNN、その他のネットワーク形状を構築することができるようになっている。積和計算には先に述べたGPUを利用することもできるし、GPUがなくても使えるようになっている。多くのフレームワークがPython言語に対応しているが、C/C++言語その他で使えるものもある。

フリーソフトとしてダウンロードして使えるフレームワーク [*17] がいくつかあるので、本書でのシミュレーションの次のステップとして、実際的な深層学習に挑戦してみるとよいだろう。

***6** 実はEx3のシミュレーションで三角形をこの例のようにうまく類別できるのは、極めてまれである。何度も［Init］と［Learn］を繰り返さないといけない。また、やっと類別できても、結果の一方が［0,0］の場合は、代表パターンを生成できない。この辺りは本シミュレーションの限界として、ご容赦願いたい。

***7** 三角形の概念は、厳密にいえば「内角の和がπ」というわけでもない。例えば球面上に描かれた三角形の

内角の和はπより大きいし、平面上でも直線ではなく少し膨らんだ線で描かれたり、あるいは少しへこんだ線で描かれた三角形の内角の和も、やはりπではない。深層学習ならこのような「人間の誤り」はない代わりに、結果の考察には注意が必要なのだ。なお、自己符号化器やRBMのCD法による教師なし学習は、大規模な教師あり学習の事前学習として、重み配列などのパラメタの良好な初期値を求めるためにも有用である。

***8** 2012年の画像認識の国際競技会で認識率を一気に10%も向上させ、圧倒的な勝利を収めた。それまでの画像認識の水準は75%程度の認識率で、年々数%の向上を競うレベルだったので、ヒントン教授の方法は画期的であり、その後画像認識だけでなく、様々な分野で主流となった。人間の画像認識率は95%といわれており、現在はすでに深層学習の認識率がこれを上回っているそうで、そうなると例えば防犯カメラのチェックなどは人間よりコンピュータのほうが確実、ということになる。

***9** 第2章のボルツマンマシンの項を参照。

***10** 確率的な学習を行っても100%最良解が得られる、という保証はない。そこで近年、量子アニーリング（Quantum Annealing）という、いわばハードウェアで、より確実にネットワークのエネルギー最小値に落とし込む手法も研究されている。

***11** Filter：特徴抽出のための濾過器のイメージ。

***12** Pooling：溜める、まとめる、というイメージ。

***13** GPU（Graphics Processing Unit）：画像処理用に開発された、多数のコアで並列処理を行うための専用チップで、一般のCPU（Central Processing Unit）より動作周波数は大きいが、多数のコアで並列に処理するので、単純計算はとても速い。通常CPUと組み合わせて使うが、データはCPUが管理するメモリにあるので、GPUを使うときは巨大なデータをGPU側に転送しなければならない。しかし、いったん転送すればCPU処理と独立に並行して処理できるので、転送コストを上回る効果がある。圧倒的なシェアを占めているのがNVIDIA社で、当初の画像処理用からGPGPU（General Purpose GPU）として汎用向けに製品化を行ってきており、最新チップは5000個のコアを搭載しているという。

***14** ベクトル命令（Vector Instruction）：同じ型の多数のデータに同じ演算を繰り返す場合に、演算の各段階（命令フェッチ、実行、後処理など）をパイプライン的にずらしながら複数のデータを同時に処理することができる命令で、IntelやAMDのチップには標準的に搭載されている。

***15** Pythonはスクリプト言語として使いやすく、多くの機械学習のためのライブラリが作られているので取り組みやすい。スクリプト言語（Script Language）は処理目的を特化した簡易的なコンピュータ言語の総称で、UNIX系OSのシェルスクリプト、Webブラウザ向けのJavaScriptなど様々であるが、汎用的なプログラミング言語としても、Perl、PHPなど多数ある。中でもPythonは1990年代に登場し、現在深層学習で最も使われている。基本的にはインタプリタであるが、高度なライブラリを有しており、特に数値計算のためのNumPyはベクトル処理なども自動で行うので、十分高速である。

***16** 標準化された仕様としては、並列化のためのOpenMPや、並行処理とデータ転送のためのMPI（Message Passing Interface）などがある。現状では、人間が並列化やデータ転送をプログラム上で指示することが前提なのだが、ループについては自動検出も行われており、インテル始め多くのコンパイラですでに実用化されている。さらに、ループ以外も含むタスク並列の自動検出も研究開発が進められている。

***17** Linux、MacOS、Windows上で使える、主なフリーのフレームワークには次のようなものがある。

- Caffe（UC Berkeley, 2013）：初期に公開されたフレームワークだが、比較的簡単に環境定義、ネットワーク定義ができてわかりやすい。Python、C++に対応。
- Chainer（Preferred Networks, 2015）：日本発の実用的フレームワークで、Pythonプログラムで自然に深層学習ができる。
- Tensorflow（Google, 2015）：Googleが社内ツールとして開発したものを公開したもの。Kerasなどの上位のライブラリも利用可能。Python、C++、Javaに対応。

第9章

人間の知識を機械上で表現すれば人間の代わりになる＝知識表現とエキスパートシステム

知識表現とは、人間の知識や対象問題モデル化のための表現方法のことである。脳の構造がわかっても、蓄えられた知識を表現する方法がなければ、知識を伝えることができない。ことばは表現方法の一つであるが、コンピュータにとっては自然言語のままでは扱い難い。一般にコンピュータのデータには表現方法があり、数値や文字や記号で様々なデータ構造の外部表現を可能にしているが、知識の表現としては次の点を考慮する必要がある。

- 宣言的[*1]に記述できること。その結果、更新が独立的に容易にできる
- 体系的[*2]に記述できること。その結果、検索や更新が効率的にできる

一連のアルゴリズムを記述する通常のプログラムとか配列では知識表現には向かない、ということだ。

一般のデータを格納したデータベースと同じく、知識表現を格納したデータベースは知識の格納庫となり、特に知識ベースと呼ばれる。知識ベースを専門家の脳に蓄えられた知識とみなして、検索や問合せ、さらには推論を組み合わせて、専門家を代行するシステム、すなわちエキスパートシステムを構築できる。

---

*1　宣言的（declarative）：ものごとの性質や関係を表す。対語の「手続的（procedural）」がHow型とすれば、これはWhat型である。

*2　体系的（systematic）：概念の階層や関係を厳密かつ柔軟に整理できることが必要。配列ではうまくいかない。

体験してみよう

病院に行く前に人工知能に聞いてみよう ～病気診断エキスパートシステム～

ダウンロードファイル　Ex11_ 病気診断 ES.xlsm

エキスパートシステムのシミュレーションとして、簡単な病気診断システムを試してみよう。プロダクションルール（後述）や問診票の項目を追加、変更してもよい。前向き推論と後向き推論、両方のプロダクションルールを用意してあるので、この程度のシステムでも、雰囲気を実感できると思う。

▸Excel シートの説明

[前向き推論 ES] シート：前向き推論のシミュレーション
[後向き推論 ES] シート：後向き推論のシミュレーション

▸操作手順

① [前向き推論 ES] シートを開く（[後向き推論 ES] シートの場合も操作手順は同じ)。[初期化] ボタンを押して初期化する。
② 問診票に回答を入力する（■や☑などで入力)。
③ [診断] ボタンを押して、推論を実行する。
④ [病名リスト] に結果が表示される。[評価値] 欄の値が最も大きい病名が色付けされる。

※問診票やプロダクションルールを変更する場合は、次の点に注意すること。
前向き：問診票の第 1 列と Rule Base の行の対応、および病名リストと Rule Base の列の対応を維持する。
後向き：問診票の第 1 列と Rule Base の列の対応、および病名リストと Rule Base の行の対応を維持する。

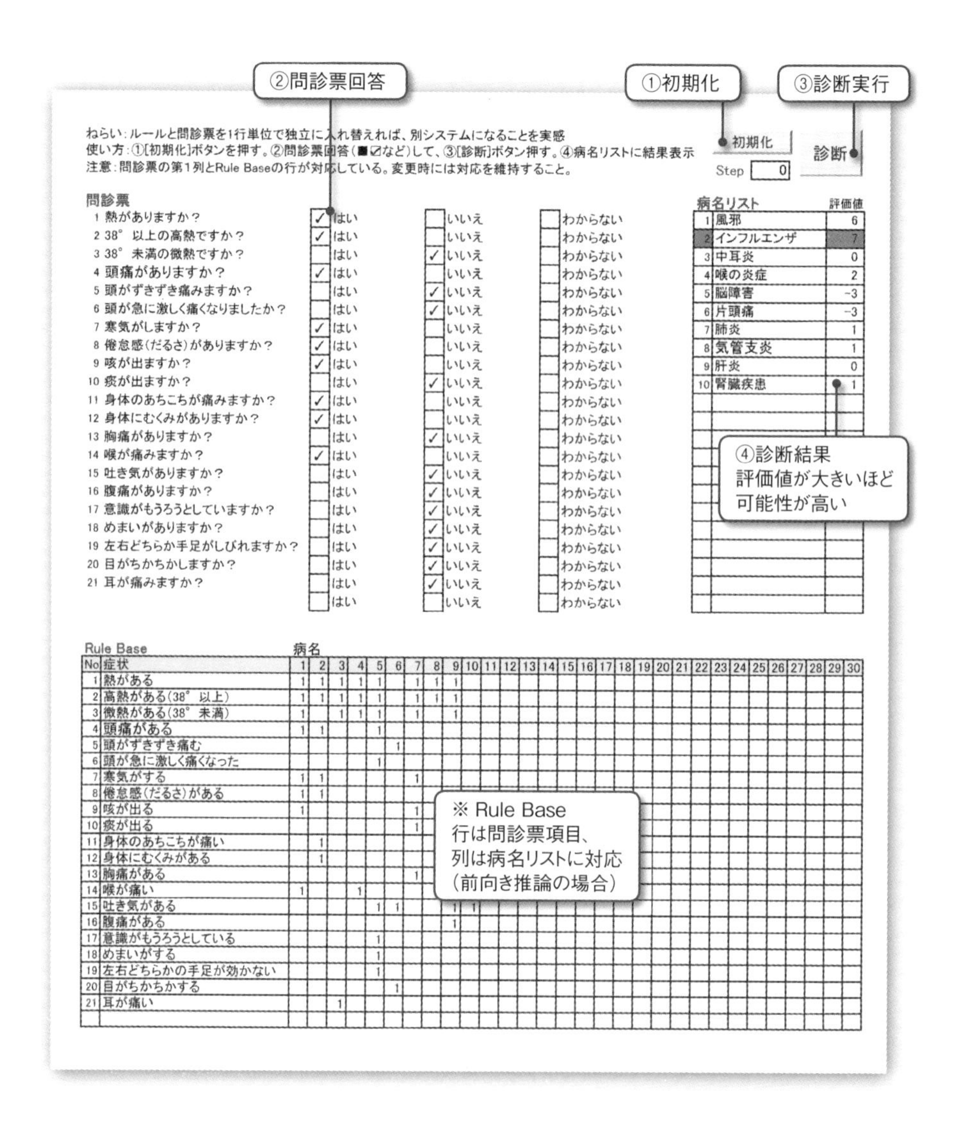

ねらい：ルールと問診票を1行単位で独立に入れ替えれば、別システムになることを実感
使い方：①[初期化]ボタンを押す。②問診票回答（■☑など）して、③[診断]ボタン押す。④病名リストに結果表示
注意：問診票の第1列とRule Baseの行が対応している。変更時には対応を維持すること。

問診票

No	質問	はい	いいえ	わからない
1	熱がありますか？	✓		
2	38° 以上の高熱ですか？	✓		
3	38° 未満の微熱ですか？		✓	
4	頭痛がありますか？	✓		
5	頭がずきずき痛みますか？		✓	
6	頭が急に激しく痛くなりましたか？		✓	
7	寒気がしますか？	✓		
8	倦怠感（だるさ）がありますか？	✓		
9	咳が出ますか？	✓		
10	痰が出ますか？		✓	
11	身体のあちこちが痛みますか？	✓		
12	身体にむくみがありますか？	✓		
13	胸痛がありますか？		✓	
14	喉が痛みますか？	✓		
15	吐き気がありますか？		✓	
16	腹痛がありますか？		✓	
17	意識がもうろうとしていますか？		✓	
18	めまいがありますか？		✓	
19	左右どちらか手足がしびれますか？		✓	
20	目がちかちかしますか？		✓	
21	耳が痛みますか？		✓	
		はい	いいえ	わからない

病名リスト

No	病名	評価値
1	風邪	6
2	インフルエンザ	7
3	中耳炎	0
4	喉の炎症	2
5	脳障害	-3
6	片頭痛	-3
7	肺炎	1
8	気管支炎	1
9	肝炎	0
10	腎臓疾患	1

Rule Base　病名

No	症状	1	2	3	4	5	6	7	8	9	10	11	12	13	14	15	16	17	18	19	20	21	22	23	24	25	26	27	28	29	30
1	熱がある	1	1	1	1	1		1	1	1																					
2	高熱がある（38° 以上）	1	1	1	1	1		1	1	1																					
3	微熱がある（38° 未満）	1		1	1	1		1		1																					
4	頭痛がある	1	1			1																									
5	頭がずきずき痛む						1																								
6	頭が急に激しく痛くなった					1																									
7	寒気がする	1	1					1																							
8	倦怠感（だるさ）がある	1	1																												
9	咳が出る	1						1																							
10	痰が出る							1																							
11	身体のあちこちが痛い		1																												
12	身体にむくみがある		1																												
13	胸痛がある							1																							
14	喉が痛い	1			1																										
15	吐き気がある					1	1			1	1																				
16	腹痛がある									1																					
17	意識がもうろうとしている					1																									
18	めまいがする					1																									
19	左右どちらかの手足が効かない					1																									
20	目がちかちかする						1																								
21	耳が痛い			1																											

【注意事項】

・[問診票]：該当する症状にチェックを入れる。「わからない」あるいは空白の項目は考慮対象外となる。

・[Rule Base]：プロダクションルールを表す。ルール１個が１行に対応、推論方向によって以下のように読む。

　前向き：IF (症状) THEN (病名１ or 病名２ or ･･･)

　後向き：IF (病名) THEN (症状１ and 症状２ and ･･･)

・[病名リスト]：考慮対象となる病名一覧。[評価値] 欄が、推論状況を記憶する作業域に相当する。

 知識表現（Knowledge Representation）

代表的な知識表現には次のようなものがある。

- **プロダクションシステム**：知識を事物の因果関係ととらえ、これを IF-THEN ルール形式で表現
- **意味ネットワーク（A.M.Collins & M.R.Quillian 1969）**：知識を事物の関係ととらえ、属性つきのネットワークで表現
- **フレームモデル（Marvin Minsky 1975）**：知識を属性を持った事物ととらえ、事物をフレームで表現

述語表現 *3 や手続き表現 *4 など、他の表現方法もあるが、ここではこの 3 種類の知識表現について述べる。

9.1.1 プロダクションシステム（Production System）

知識を事物または事象 a,b に対して「a なら b」というような因果関係と考える。a の部分は条件や原因、b の部分は結果や行動にあたる。これを、次のように記述する。

式9-1

IF a THEN b または **a → b**

このような表現をプロダクションルール（Production Rule）といい、a を条件部、b を帰結部という。プロダクションルールはプログラム言語の条件文と違い、一つずつ独立しており、宣言的である。多数のプロダクションルールの集合によって知識ベースが構成される。一方、知識とは別に実際の環境から得られる観測データがある。これを事実（Fact）という。知識を使うには、事実に一致するような条件部を持つプロダクションルールを探し、その帰結部を実行すればよい。

プロダクションルールは追加や更新が容易で、帰結部に複雑な処理も記述できるので、柔軟性の高い表現法であるが、全体として矛盾しないように配慮する必要がある。また、どのプロダクションルールが適用されたのかがわかり難く、すべての条件部を調べると非常に遅い、という欠点もある。欠点を補う様々な工夫*5も行われている。

知識表現としてプロダクションルールを用い、それらを扱う仕組みを備えたシステムをプロダクションシステムという。一般的な構成は、次のような3つの部分からなる。

- **ルールベース**：プロダクションルールを格納した知識ベース
- **推論機構**：プロダクションルールの条件部を見て、事実に該当する帰結部を実行し、事実を更新して推論を行う
- **作業域**：推論の途中結果や事実を格納する場所

プロダクションシステムに問題を与えると、推論機構が、①条件と事実を照合、②競合解消、③行動＆事実更新という推論過程を繰り返し、最終的な結論を作業域に残す。競合解消とは、①で条件が事実と一致したプロダクションルールが複数あるとき、実行すべき行動を一つ選ぶことで、次のような考え方がある。

- **First Match**：最初に見つかったものを選択
- **Rule Priority**：各規則に優先順位をつけておき、優先順位の高いものを選択
- **最新事実優先**：作業域内で最近アクセスされた事実と一致したものを選択
- **詳述優先**：最も複雑な条件を持つものを選択

推論方向にも次のような考え方がある。

- **前向き推論（Forward Reasoning）**：特定の事実から出発して結論を得る。データ駆動型ともいう。
- **後向き推論（Backward Reasoning）**：仮説から出発して、特定事実に到達したところで仮説を結論とする。目標駆動型ともいう。

● **双方向推論**：前向き推論で仮説を絞り込み、後向き推論で仮説を検証するなど、両方の特性を活かす。

9.1.2 プロダクションシステムの具体例

シミュレーションで体験した、症状から病名を推論するプロダクションシステムを詳しく見てみよう（図 9-1）。

プロダクションルールの条件部には症状を、帰結部には可能性のある病名を記述する。一つの症状に対して、可能性のある病名は複数あるので、帰結部は or で記述する。すなわち、プロダクションルールは一般に次のような形になる。

IF (症状) THEN (病名 1) or (病名 2) or・・・

例えば、

IF (熱がある) THEN (風邪) or (インフルエンザ) or (中耳炎)・・・
IF (体がだるい) THEN (風邪) or (インフルエンザ)

例えば今、患者の症状が「体がだるい、頭が痛い、だけど熱はない、等々」ということで、これが事実となる。この事実をプロダクションルールの条件部と比較して、一致する帰結部の病名に 1 票投じる。逆に、明確に事実と反する条件を持つようなプロダクションルールに対しては、該当する帰結部に現れる病名から 1 票減じる。条件部に事実に該当する記述がないものは何もしない。これをすべてのプロダクションルールに対して行い、最も得票が多い病名が結論ということになる。

ここでは、「IF（症状）THEN（病名）」というプロダクションルールを考えた。この場合、症状から病名を推論するわけだから、前向き推論を行うことになる。一方、図 9-1 のプロダクションルールを「IF（病名）THEN（症状）」の形式にすれば、帰結部と事実（症状）を照合して条件部（病名）を推論する後向き推論を行うことになる。この場合のプロダクションルールは、次のような形になる。帰結部が and になることに注意。

IF (風邪) THEN (体がだるい) and (熱がある) and (頭が痛い) and・・・

Rule Base（知識）

P1　IF（体がだるい）　THEN　（風邪）or（インフルエンザ）or（低血圧）or（内臓障害）or（甲状腺障害）
P2　IF（高熱がある）　THEN　（風邪）or（インフルエンザ）
P3　IF（微熱がある）　THEN　（風邪）or（肺結核）
P4　IF（頭が痛い）　THEN　（風邪）or（インフルエンザ）or（ストレス）or（二日酔い）or（脳障害）
P5　IF（咳が出る）　THEN　（風邪）or（インフルエンザ）or（花粉症）
P6　IF（食欲がない）　THEN　（胃潰瘍）or（風邪）or（インフルエンザ）or（夏バテ）
P7　IF（吐き気がある）　THEN　or（食中毒）or（脳障害）or（風邪）
P8　IF（胃が痛い）　THEN　（胃潰瘍）or（ストレス）
P9　IF（関節が痛い）　THEN　（関節炎）or（インフルエンザ）

Fact（患者の容態）

・体がだるい
・頭が痛い
・食欲がない
・熱はない
・咳は出ない
・吐き気がある
・胃は痛くない
・関節は痛くない

作業域の対応箇所を
・条件がYesなら+1
・条件がNoなら−1
・条件または行動が該当しないところはそのまま

作業域初期状態

風邪=0　インフルエンザ=0　低血圧=0　内臓障害=0　甲状腺障害=0　肺結核 =0　ストレス=0
二日酔い=0　脳障害=0　花粉症=0　胃潰瘍=0　夏バテ=0　食中毒=0　関節炎=0

推論過程（該当箇所の数値は正の整数。ルール適用順によって結果は異なる可能性がある）

P1	Yes	→	風1	イ1	低1	内1	甲1	肺0	ス0	二0	脳0	花0	胃0	夏0	食0	関0
P2	No	→	風0	イ0	低1	内1	甲1	肺0	ス0	二0	脳0	花0	胃0	夏0	食0	関0
P3	No	→	風0	イ0	低1	内1	甲1	肺0	ス0	二0	脳0	花0	胃0	夏0	食0	関0
P4	Yes	→	風1	イ1	低1	内1	甲1	肺0	ス1	二1	脳1	花0	胃0	夏0	食0	関0
P5	No	→	風0	イ0	低1	内1	甲1	肺0	ス1	二1	脳1	花0	胃0	夏0	食0	関0
P6	Yes	→	風1	イ1	低1	内1	甲1	肺0	ス1	二1	脳1	花0	胃1	夏1	食0	関0
P7	Yes	→	風2	イ1	低1	内1	甲1	肺0	ス1	二1	脳2	花0	胃1	夏1	食1	関0
P8	No	→	風2	イ1	低1	内1	甲1	肺0	ス0	二1	脳2	花0	胃0	夏1	食1	関0
P9	No	→	風2	イ0	低1	内1	甲1	肺0	ス0	二1	脳2	花0	胃0	夏1	食1	関0

結論　風邪か脳障害の可能性が高い。

図9-1　病気診断プロダクションシステム

9.1.3　意味ネットワーク（Semantic Network）

脳の記憶モデルを知識表現にそのまま適用し、事象間の関係をネットワークで表現することを考える。ネットワークは単に線でつなぐだけでなく、どういう理由でつなぐのか、あるいはどういう種類の関係なのか、という線の意味付けも行う。例えば、「風邪」と「咳」という事象に対して、両者を「症状」という意味付けの線でつなぐ。さらには、「咳止め薬」という事象に対して「治療法」という意味付けの線でつなぐわけである。このような知識表現、およびこれを扱う仕組みを含めて、意味ネットワークという。

意味ネットワークは、知識に現れる名詞や動詞を概念として抽出し、それらの間の従属関係を意味付けした線でつないでいけばよい。ところが、自然に構築できる反面、概念も線も非常に多くなり、整理も更新も難しく、また遅いので、近年はあまり使われない。しかし、事象間の従属関係に着目し、事象の階層化と継承という概念を導入した点で、重要な表現法である。継承（Inheritance）は、複数事象に共通な概念を抽出して上位事象とし、共通の性質を上位事象の属性として保持する。下位事象は、その性質を利用するときは上位事象に保持された属性を受け継ぐ。この上位下位の関係を is － a 関係という。

意味ネットワークも、知識ベースと推論機構が分離されており、知識は独立、宣言的に更新可能であるが、関係のある事象すべてを考慮しながら更新する必要があるので、容易ではない。問題が与えられると、推論機構は知識ベース上で、問題のパターンと一致する事象および関係を探し回るわけだが、これは次のような2通りの方法がある。

- **直接照合**：知識ベースの照合から直接解が得られる範囲の推論
- **間接照合**：知識ベースの照合と継承を利用した推論規則を併用して、解を得る推論

9.1.4　意味ネットワークの具体例

平面図形に関する意味ネットワークを考えよう（**図 9-2**）。

階層関係を is－a で表し、その他の関係は、対象と値を属性で意味付けした線でつなぐ。これは大変な作業で、すべてを書き尽くすことはできないと思われるが、ここではごく一部だけを使う。利用時は、問題のパターンがそのまま見つかれば直接照合成功となる。そうでなければ、is－a の継承関係を上位にたどっていって、問題のパターンと一致する上位の対象があれば間接照合成功、なければ失敗である。

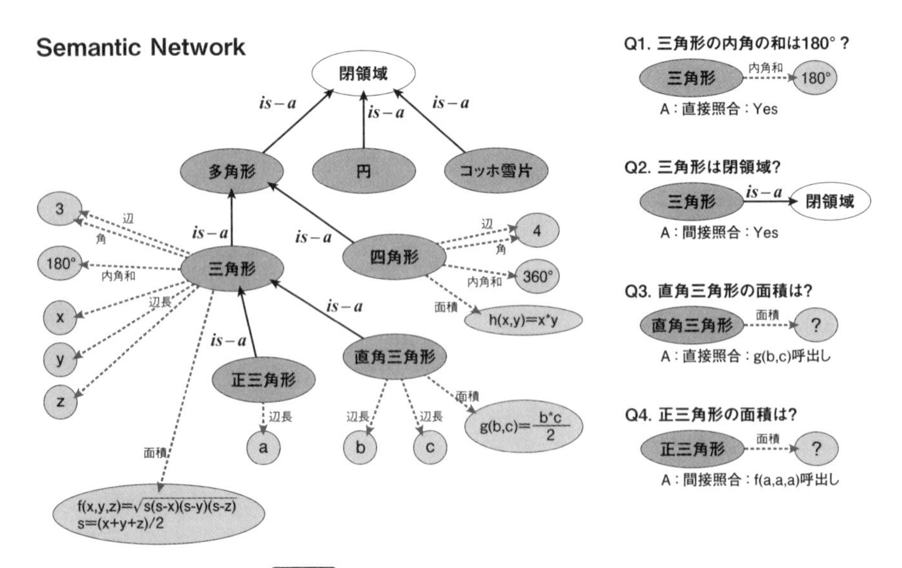

図9-2 平面図形に関する意味ネットワーク

9.1.5 フレームモデル（Frame Model）

脳の記憶モデルを自然に表現するのに、意味ネットワークは複雑で実用的でなかったが、これは事象もその性質もすべて同格で扱い、それらを意味付けされた線で結んだのがいけなかった。事象の性質は、その属性としてまとめて事象の中に記述してしまえば、大幅に線の数を減らすことができるし、事象の整理もしやすい。このような属性込みの事象表現として、フレーム *6 というデータ構造を使用する。

フレームは次のような構造を持つ。

- **スロット（Slot）**：事象の属性とその値を格納する場所。
  継承関係は、is－a スロットに上位へのポインタを格納する。
- **サーバント（Servant）**：事象に付随する動作も一種の属性とみなして、スロットに格納された手続き。明示的に起動する。
- **デーモン（Daemon）**：フレームアクセス時に暗黙的に起動される手続き。
  値の妥当性確認や削除警告などを行う。

フレームは階層化の観点から、次の2種類に分けられる。

- **インスタンスフレーム**：具体的事物を表すフレーム
- **クラスフレーム**：抽象化された共通の性質を表すフレーム

フレームモデルの推論機構は、与えられた問題に対して、フレームを調べ回り、デーモンやサーバントの制御を行い、推論結果をスロットの更新という形で記録していく。最終的に特定のスロットに値が設定される、あるいは見るべきスロットをすべて調べることなどによって終了する。

フレームは、事象の階層化とネットワークの考え方を意味ネットワークから踏襲しつつ、事象の構造化を行う。これにより空間効率を高め、整理しやすく、更新もしやすく、宣言的知識も手続的知識もうまく扱えるので、知識表現の主流となっている。オブジェクト指向による知識表現にもつながる。

9.1.6 フレームモデルの具体例

意味ネットワークで考えた平面図形の知識を、フレームで表現してみよう（**図9-3**）。

事象にはスロットやサーバントが属性として付随し、線は事象の階層関係を表す線だけなので、とても見やすい。実はこの線も、is−a スロットに上位事象へのポインタが入っているので、不要なのである。利用時は、事象のスロットやサーバントを、is−a 継承をたどりながら検索すればよい。

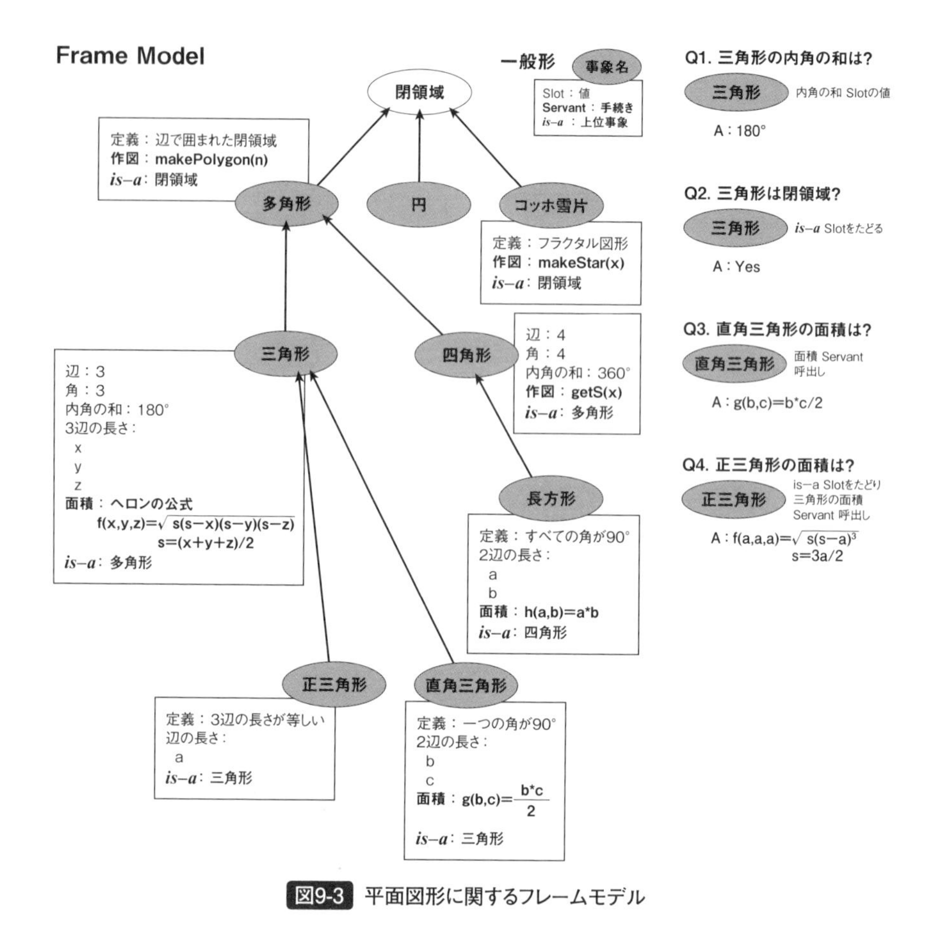

図9-3 平面図形に関するフレームモデル

---

*3 述語表現（Predicative）：a を対象となるモノ（主部）、p をモノの動きを示す部分（述部）として、知識を p(a) の形で表す。

*4 手続き表現（Procedural）：知識を一連の処理の流れで表す。小さいプログラムの集合ともいえる。

*5 高速化のための工夫として、変化しない事実との照合を保存して再照合を省く状態保存法や、照合手順そのものをコンパイルしていちいち推論機構が動かなくて済むようにするReteアルゴリズムなどがある。また、知識更新時の無矛盾性を保証するために、真理維持（Truth Maintenance）という工夫もされている。

*6 フレーム（Frame）は、1975年にミンスキー（Marvin Minsky）が提唱したフレーム理論に基づく。フレーム理論は、人間の脳の認知モデルに関するもので、「人間が何かを理解するということは、あらかじめ経験などによって脳に蓄積された、対象に関する枠組みがあって、それに合致または差異を見ることで、理解したことになる」という考え方である。この枠組みのことをフレームという。

9.2 エキスパートシステム（Expert System）

エキスパートシステムは、知識表現を利用して、専門家の知識をコンピュータで扱えるようにするシステムである。専門家不足を補ったり、知識の伝承としての役割を担ったり、危険作業などを代行したり、幅広く利用できそうである。医療現場でも、医師の補助という形で、初期判断や応急処置に使われる。人間にとって代わる、というような過度の期待をしなければ、有用なものである。

歴史的なエキスパートシステムとして、DENDRAL*7、MACSYMA*8、MYCIN*9がある。それぞれ一定の成果を挙げるとともに、その後の多くのエキスパートシステムの発展の基盤となった。特にMYCINはエキスパートシステム構築ツールの考え方を確立し、以降は知識ベースの内容を入れ替えれば、様々なエキスパートシステムを構築できるようになった。

9.2.1 エキスパートシステムの構造

エキスパートシステムは、知識ベースをもとにしているので、構造的には知識ベースと推論機構、および様々なサービスを行う補助機構からなる。これは一般のデータベースシステムとは狙いが異なる（図9-4）。

データベースには通常、データだけが格納され、操作自体はプログラムに記述される。したがって、問題ごとにデータベースもプログラムも異なる。データベースの枠組み自体はSQLなどの共通ツールがあり、更新や検索は容易だが、検索してから先の問題解決のためのプログラムは別に用意しなくてはならない。データが特定しやすく（表の形にしやすいなど）、操作アルゴリズムが作りやすい、いわば良構造の問題ならば、データベースシステムは有用で、実際最も普及している。

一方エキスパートシステムでは、知識ベースにデータだけではなく、その操作も一緒に格納され、稼働部分として存在する推論エンジンは逆に問題に依存しない。これは、問題依存の部分はすべて知識ベースに吸収されているといえる。そこで、問題無依存の部分を、問題共通のフレームワークとして抽出したのがエキスパートシステム構築ツールである。これを使えば、知識ベースの内容を入れ替えるだけで、いろいろなシステムに対応できるわけだ。人間の知識は良構造ではなく、データを表に整理できない、処理アルゴリズムも定式化し難い、いわば悪構造の場合が多いので、一般のデータベースシステムより、エキスパートシステムのほうが向いている。

エキスパートシステムの構造

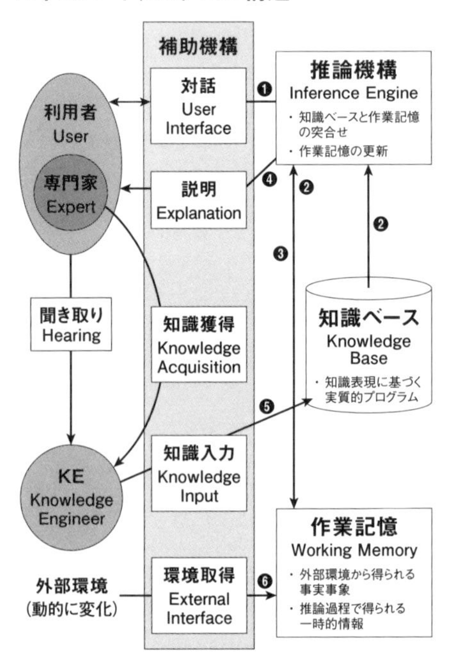

❶利用者の問合せなどにより、推論機構が起動
❷知識ベース上で、作業記憶の状態と一致する知識を検索
❸一致した知識の指示に従って、作業記憶を更新
❹利用者の要求により、推論過程を表示
❺知識ベースは知識入力により、KEが構築
❻作業記憶は環境変化によっても随時更新
※知識ベースと作業記憶の中身以外は共通のフレームワーク
　→エキスパートシステム構築ツール

一般のシステム
（MVC model）

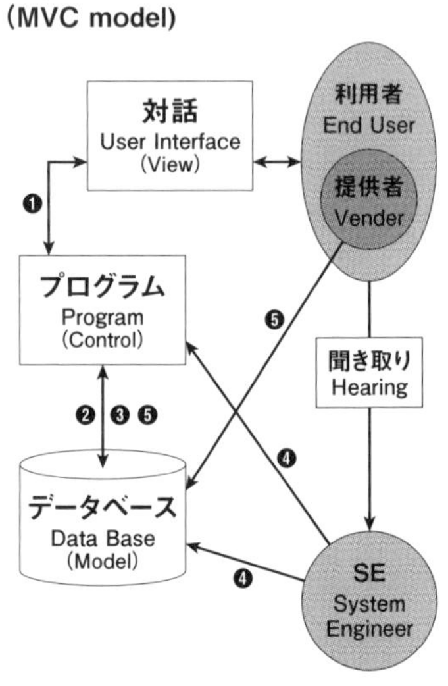

❶利用者は対話機能によりプログラムを起動
❷プログラムは適宜データベースを参照、更新
❸プログラム実行中の一時的情報は、プログラム内、またはデータベース内に保持
❹プログラムもデータベースもSEが構築
❺データベースは提供者が構築する場合もある
　またプログラムからも随時更新
※システムを3分割（Model, View, Control）することで、保守性が高まる。
　→Webシステムでは共通フレームワーク化

図9-4 エキスパートシステムの構造

9.2.2 エキスパートシステムのタイプ

エキスパートシステムは、目的によって次のようなタイプがある。

- **診断型**：観測された事象から原因を推定する。医療診断、故障診断など
- **設計型**：与えられた制約条件の中で最良解を提示する。チップ内配線、建築設計など
- **制御型**：センサなどの観測データから最適制御する。化学プラント、溶鉱炉、地下鉄など
- **相談型**：要求を満たす最良解を提示する。法律相談など
- **教育型**：学習者の理解に応じて最適な指導をする。知的CAIなど

どのようなタイプでも、知識ベースの構築には、専門家の知識を聞き取り、適切な表現に置き換えることが必要で、ここが一番難しい。この作業を知識獲得という。

9.2.3 エキスパートシステム構築ツール

エキスパートシステム構築ツールは、知識ベースの内容以外の枠組みをフレームワークとして提供し、エキスパートシステムの構築を効率化するのが狙いである。推論機構や補助機構は知識表現に依存するので、プロダクションシステムに対応したルール型、フレームモデルに対応したフレーム型、またこれらの複合型などの様々な商用ツールがある。

補助機構には知識獲得を支援する機能もあり、知識の入力を容易にしている。ただし、一般にエキスパートシステムを利用する際のユーザインタフェースは問題固有になるので、別にプログラムを作成する必要がある。

EMYCINから始まったエキスパートシステム構築ツールは、1980年代にはAIブームともいうべき活況を呈し、各企業が商用化にしのぎを削った。*10 ところが、人間の常識まで含めた判断基準からすると、表面的な知識表現では役に立たないことがわかってきて、1990年代以降エキスパートシステムは衰退し

ていった。しかし、利用範囲を誤らなければ、依然として非常に有効な考え方で、法律関係やプラント設備のスケジューリング、医療分野でも心電図解析など、比較的確立された分野での実用化は行われている。

***7** DENDRAL：1965年にスタンフォード大学でファイゲンバウム（E.A.Feigenbaum）らによって開発が開始された、分子構造を推定するプロダクションシステム。原子の質量と分子構成の関係をプロダクションルールで表し、分子量に相当する分子構造を推定する。Lispで書かれた。

***8** MACSYMA：1968年にMITでモーゼス（Joel Moses）らによって開発開始。多項式、三角関数、微積分などの数式処理や、それに付随するグラフ描画などを行う。数式変換をルール化した知識ベースを使用するので、エキスパートシステムと位置づけられている。数式処理としてはMathematicaやREDUCEもあるが、これらは商用のプログラミング言語である。MACSYMAはフリーソフトで、現在はMaximaとして利用可能である。これもLispで書かれている。

***9** MYCIN：1970年代初め、ショートリッフェ（E.H.Shortliffe）らによって開発が開始された、血液感染症の診断と助言を行うプロダクションシステム。患者の容態を聞きながら推論を進める。推論過程の表示や、確信度（CF: Certainty Factor）の導入など、使いやすくなっているが、医療現場で実用化されることはなかった。その後、知識ベースの枠組みや推論機構、対話機能、説明機能などをまとめて、エキスパートシステム構築ツールEMYCINが確立された。MYCINもLispで書かれたが、これはLispの扱うデータ構造がポインタでつながった木構造で、配列と違い大きさや配置を柔軟に扱えるので、知識表現に向いていたからだと思われる。現在ではCやJavaで実装される。

***10** 1980年代にはAIツールの名の下に、国内外で多数の製品が出回った。海外で有名だったものを以下に挙げる。

- ・OPS5 (Carnegie Mellon University)：プロダクションシステム、高速化手法Rete match[*11]を導入
- ・KEE (Stanford University)：フレームシステムにルール型推論を取り入れた複合型
- ・ART (Inference Corporation)：高速前向き推論、正当性維持TMS[*12]を導入

国内でもES/KERNEL（日立）、EXCORE（NEC）、ESHELL/X（富士通）などがあり、名前は様々であったが、海外の特徴的な製品に比べると機能は似たようなものであった。

***11** Rete match：IF ～ THEN形式ルールの、条件部の共通部分の再評価を避ける形にルールを手続き的に翻訳する高速化手法。

***12** TMS(Truth Maintenance System)：知識ベースの正当性を検証、知識の追加や変更・削除で矛盾が生じないようにする。

第10章

人間の自律性を機械にもたせる＝エージェント

エージェント[*1]は、外部環境を把握し、与えられた目標達成のために自律的に問題解決を行うことによって、人間の仕事の補助や代行ができるようなシステムである。

エージェントは、一般のデータベースシステムと何が違うのだろうか。一般のシステムも厄介な処理はサーバが行うわけで、利用者側は所定のユーザインタフェースを通して、サーバに要求するだけでよい。これで十分便利なのだが、もしサーバ側に要求された解がなかった場合、通常サーバはエラーを返すので、利用者は要求を見直すか、要求先を他のサーバに変更しなければならない。

エージェントの場合は、もし要求を解決できなければ、エージェントが自動的に他のエージェントに要求を回し、最終的に必ず何らかの解を利用者に返す。一見、大した違いがないように見えるが、利用者が依頼先の事情に左右されるかされないかは、利用法もシステムとしても本質的な違いがある。

歴史的には、ネットワークによる分散コンピューティング環境が発展してきた 1980 年代以降、マルチエージェントの研究が盛んになった。近年のネットワークの発展に伴い、分散人工知能の重要な研究分野となっている。

*1　Agent：厄介な手続きを代わりに行ってくれる旅行代理店のことをエージェントと呼ぶのと同じ感覚である。

体験してみよう

犯人を捕まえろ!
～追跡問題～

ダウンロードファイル ┆ Ex12_ 追跡問題 .xlsm

古典的なエージェントの問題である、追跡問題を拡張したシミュレーションである。複数の警官が逃亡する犯人を追いかける問題で、警官のいずれかが犯人と同じコマに来たら逮捕成功、犯人がフィールド（外枠）の外に出れば逮捕失敗（逃亡成功）である。

ここでは、警官の動きの組織構造による違いを見るのが目的だが、シミュレーションは本来のエージェントではないので、違いがわかり難いかもしれない。それでも、組織構造に応じた動きの雰囲気はつかめるだろう。

▸Excel シートの説明

［追跡問題］シート：追跡問題シミュレーション

▸操作手順

① ［追跡問題］シートを開く。犯人と警官の動き方をボタンで選択（毎回必ず押すこと）し、警官の数を入力する（デフォルトは４人）。

② ［初期化］ボタンを押して、犯人と警官の位置を自動設定する。手入力で位置変更してもよい（入力後に［再設定］ボタンを押すこと）。犯人は赤、警官は青で示す。

③ ［追跡］ボタンを押し、追跡を開始する。［Step］が 0 なら連続実行、n なら n 回動くたびに止まる。

④ 追跡実行中は、状況がフィールド枠内に表示される。

⑤ 追跡終了（逮捕、逃亡、または［Max］回動いた時点）すると、回数ごとの評価値の変動グラフが表示される。

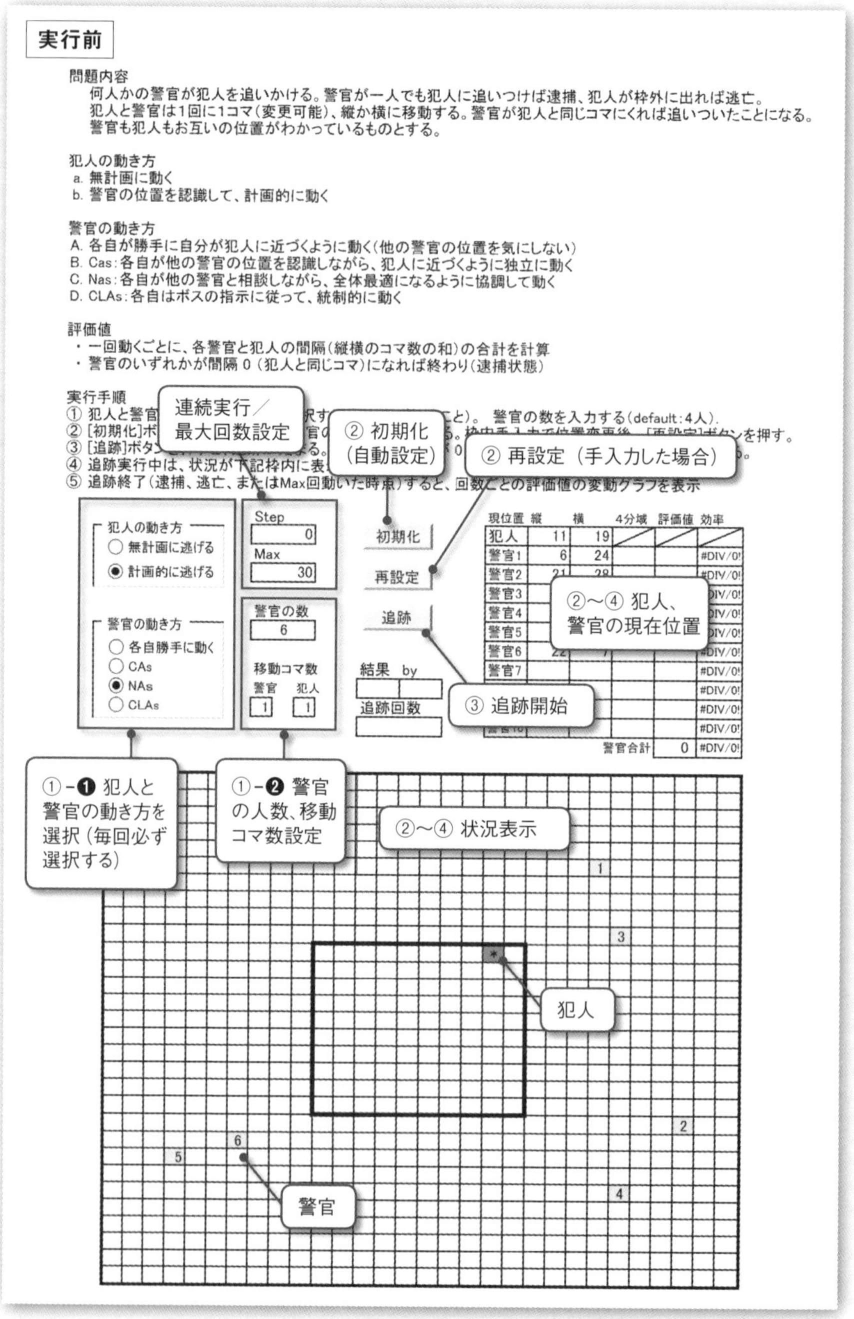

実行前

問題内容

何人かの警官が犯人を追いかける。警官が一人でも犯人に追いつけば逮捕、犯人が枠外に出れば逃亡。
犯人と警官は1回に1コマ(変更可能)、縦か横に移動する。警官が犯人と同じコマにくれば追いついたことになる。
警官も犯人もお互いの位置がわかっているものとする。

犯人の動き方
a. 無計画に動く
b. 警官の位置を認識して、計画的に動く

警官の動き方
A. 各自が勝手に自分が犯人に近づくように動く(他の警官の位置を気にしない)
B. Cas：各自が他の警官の位置を認識しながら、犯人に近づくように独立に動く
C. Nas：各自が他の警官と相談しながら、全体最適になるように協調して動く
D. CLAs：各自はボスの指示に従って、統制的に動く

評価値
・一回動くごとに、各警官と犯人の間隔(縦横のコマ数の和)の合計を計算
・警官のいずれかが間隔 0 (犯人と同じコマ)になれば終わり(逮捕状態)

実行手順
① 犯人と警官　択す　こと)。 警官の数を入力する(default：4人).
② [初期化]ボ　官の　る。枠内手入力で位置変更後、[再設定]ボタンを押す。
③ [追跡]ボタン　る。　0　。
④ 追跡実行中は、状況が下記枠内に表
⑤ 追跡終了(逮捕、逃亡、またはMax回動いた時点)すると、回数ごとの評価値の変動グラフを表示

現位置	縦	横	4分域	評価値	効率
犯人	11	19			
警官1	6	24			#DIV/0!
警官2	21	28			#DIV/0!
警官3					#DIV/0!
警官4					#DIV/0!
警官5					#DIV/0!
警官6	22	7			#DIV/0!
警官7					#DIV/0!
					#DIV/0!
					#DIV/0!
警官10					#DIV/0!
			警官合計	0	#DIV/0!

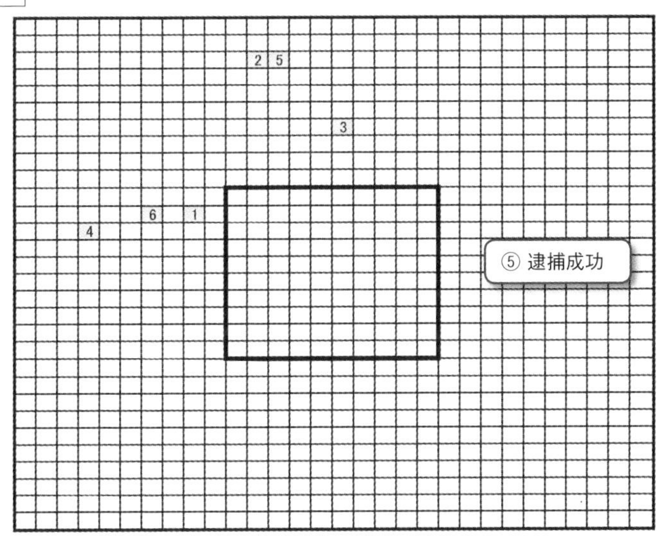

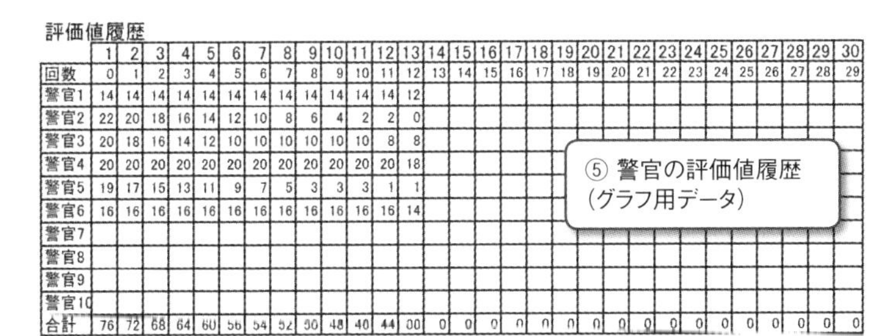

評価値履歴

	1	2	3	4	5	6	7	8	9	10	11	12	13	14	15	16	17	18	19	20	21	22	23	24	25	26	27	28	29	30
回数	0	1	2	3	4	5	6	7	8	9	10	11	12	13	14	15	16	17	18	19	20	21	22	23	24	25	26	27	28	29
警官1	14	14	14	14	14	14	14	14	14	14	14	14	12																	
警官2	22	20	18	16	14	12	10	8	6	4	2	2	0																	
警官3	20	18	16	14	12	10	10	10	10	10	10	8	8																	
警官4	20	20	20	20	20	20	20	20	20	20	20	20	18																	
警官5	19	17	15	13	11	9	7	5	3	3	3	1	1																	
警官6	16	16	16	16	16	16	16	16	16	16	16	16	14																	
警官7																														
警官8																														
警官9																														
警官10																														
合計	76	72	68	64	60	56	54	52	50	48	40	44	00	0	0	0	0	0	0	0	0	0	0	0	0	0	0	0	0	0

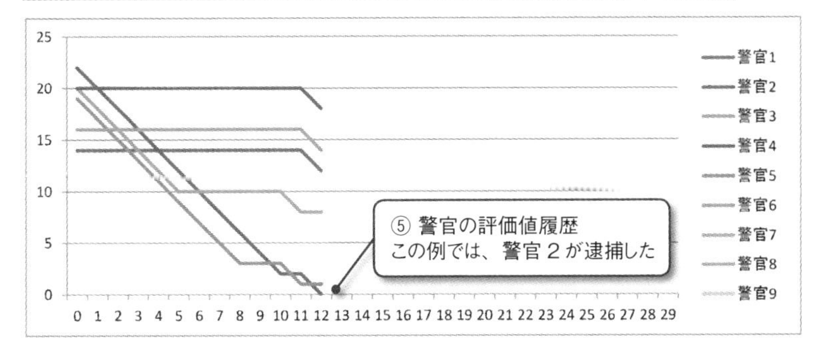

【注意事項】

・[犯人の動き方]：無計画／計画的のいずれかを選択

・[警官の動き方]：各自勝手に／ CAs ／ NAs ／ CLAs のいずれかを選択

　勝手に動く：犯人に近づくように、すなわち犯人との距離（縦横のコマ数の計）が小さくなるように動く

　CAs：各自が犯人を中心とする 4 分域内で犯人に近づく。誰もいない 4 分域があれば自分が移動する

　NAs：同上、ただし誰もいない 4 分域には、そこに最も近い警官が移動する

　CLAs：常に犯人の前後左右をおさえるように警官を配置し、移動後もその形を維持する

・[Step]：0 なら連続実行、n（＞0）1 なら n 回ごとにステップ実行

・[Max]：追跡回数の最大値。この値以下で逮捕／逃亡が決まらなければ失敗とするが、続きの実行も可能

・[警官の数]：4 ～ 10 人を設定可能。

・[移動コマ数]：警官、犯人個別に 1 回で動くコマ数を設定可能。

・フィールド：追跡を行う領域。左上のコマを（1, 1）として、縦横のコマ数で位置を表す。追跡はフィールドの外枠内で行う。犯人が外枠の外に出れば、逃亡成功とする。中枠は初期設定時、犯人をこの中に、警官をこの外に配置するための境界である。

・[評価値履歴]：警官ごとに犯人との距離に基づく評価値を計算し、その推移を表とグラフで表す。

10.1 エージェントの古典的な問題

ここでは、エージェントが内包する特有の課題を扱った、次の3つの古典的な問題を紹介する。

- **タイルワールド** *2：熟考か即応か？
- **追跡問題** *3：エージェント間の連携、組織構造による違いは？
- **囚人のジレンマ** *4：エージェントが非協調状態にある場合の総合的な利得は？

10.1.1 タイルワールド（Tileworld）

ここで扱う課題は、エージェントが要求内容をどれくらい吟味して解を返すのか、ということである。タイルワールドは、1個のエージェントが、与えられた環境下でできるだけ多くの得点を得るために、「即応と熟考のどちらが効果的か」を見る問題である。ここでは環境は、穴、タイル、障壁からなり、エージェントはマス目に沿って動き、タイルを穴の位置に運ぶ。穴がタイルで埋まれば、その穴の得点が得られる。環境は変化することもある（図 10-1）。

エージェントのタイプとしては次のような考え方がある。

- **熟考型（Deliberative）**：毎回すべてのタイル位置と穴の価値、障害壁の位置を調べ、最適配置でタイルを移動する。しかし、環境変化についていけない場合がある。すなわち、考えているうちに環境が変わってしまうかもしれない
- **即応型（Reactive）**：状況に最も則した行動を即時的に行う。つまり、最も近い穴に最も近いタイルを移動する。ただし、最後のほうの穴には残ったタイルを移動できないかもしれないので、目標達成の保証はない
- **複合型（Hybrid）**：上記2通りの欠点を補うために、両者を併用し、初期は熟考、最後は即応とする。エージェントが複数の場合は上位熟考型、下位即応型に分ける。これは、計画は上位者がじっくり行い、実施は下位者が即時的に行う、というイメージである。

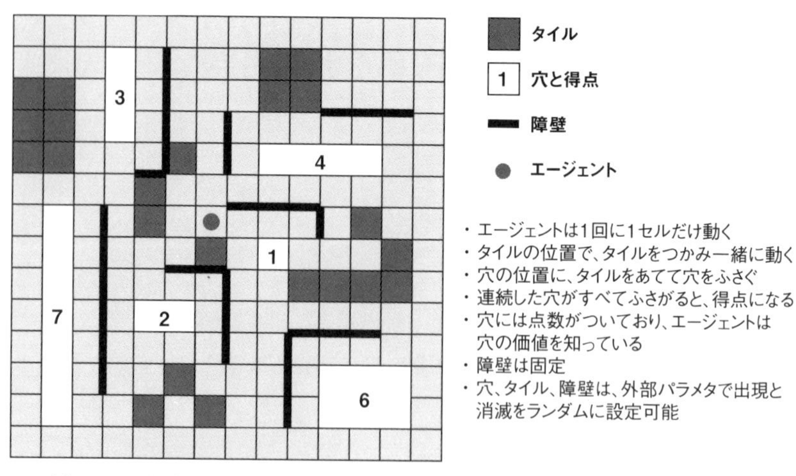

図10-1 タイルワールド

どのタイプがよいかは環境によるが、一般に即応型のほうが一定時間内の得点は高くなる傾向がある。しかし、完全に穴を埋めるということになると、熟考型のほうがよい場合もある。

10.1.2　追跡問題

エージェントが複数の場合は、マルチエージェントという。ここで扱う課題は、エージェント間の連携をどのように行うか、あるいは組織構造によってどのように違ってくるか、ということである。追跡問題は複数人の追跡者が1人の逃亡者を追いかけるというモデルで、追跡者同士の連携方法、あるいは組織構造による追跡者の動き方によって、逃亡者を捕獲できるか否かや、所要時間の違いを見ることができる（図 10-2）。

組織構造としては次のような考え方がある。

- **CAs（Communicating Agents）**：対等な平板構造で、各エージェントは情報交換を行うが、自分だけの価値で動く
- **NAs（Negotiating Agents）**：対等な平板構造で、各エージェントは情報交換を行い、全体最適を考慮して動く
- **CLAs（Controlling Agents）**：階層構造で、上位エージェントが下位の状態を把握し、統制的に動く

どの組織構造がよいかは、逃亡者を捕獲するという点だけを考えれば、CLAsが最適である。しかし、情報交換に伴う通信コスト、あるいは環境変化への追随性など、他の評価要因については、NAsのほうがよい場合もある。CLAsは統制をあまり強くすると、マルチエージェントというより一つのエージェントシステムになってしまう。*5

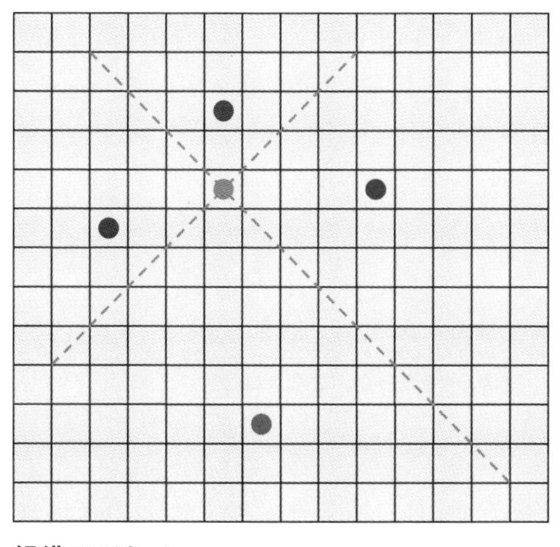

● 逃亡者
● 追跡者

・ 逃亡者は自由に動く
・ 追跡者は逃亡者に近づくように動く
・ 追跡者が逃亡者を封じ込めたらおしまい

【動き方】
a. お互いに位置情報を交換しながら自律的、独立的に動く(CAs)
b. お互いに情報共有して、全体最適となるように自律的に動く(NAs)
c. 全体最適に従い、統制的に動く。自律性なし(CLAs)

組織のパターン

・CAs(Communicating Agents):エージェント間の通信、データ送受信、データ要求
・NAs(Negotiating Agents):交渉組織。データ要求以外の自由交渉、移動など
・CLAs(Controlling Agents):階層組織。一方(master)が他方(slave)を制御可

考察) 動的変化に対してはNAsのほうがCLAsより追従性が高く、通信量も少ないが、合目的性はCLAsがベスト。
ヒューリスティック効率*はNAsのほうがよい。
* 追跡者から逃亡者までの距離の合計 T=ΣNi (i=1〜4)、ヒューリスティック効率 E=Ni/T (i=1〜4, 0<E≦1)

図10-2 追跡問題

10.1.3　囚人のジレンマ

エージェントは常時情報交換を行いながら協調的に動くのが基本だが、場合によっては他の動きがわからなくて、利己的な判断だけで動くこともある。この場合でも、本当に自分の利得だけを考えるか、総合的な利得を考慮するか、それぞれで結果がまったく違ってくる。総合的な利得と自分の利得が一致する場合は問題ないが、一致しない場合は問題である。

囚人のジレンマは、このような課題に着目したシミュレーションで、2 人の囚人が別々に尋問され、協調か裏切りのいずれかの行動をするが、互いに相棒がどう言うかは知らない。得点は両者が協調すれば総合的に最も高くなるが、両者とも裏切れば最も低くなる。また、2 人が異なる行動の場合は、裏切るほうの得点が高くなるように設定される。

このような条件下では、相棒の行動にかかわらず、自分の利得が大きくなるように行動したくなるものである。しかし長い目で見ると、最初は損しても両者が協調することを期待して、協調行動をとるほうがよい結果となる（図 10-3）。

これはエージェント間で相談ができない場合の自律行動の方向性を示唆しており、人間社会全般の契約行為の縮図にもなっている。[*6]

自分の得点

自分＼相手	協調	裏切り
協調	R=3	S=1
裏切り	T=4	P=2

R:双方協調
P:双方裏切り
S:自分が協調したのに、相手は裏切り
T:自分が裏切ったのに、相手は協調

条件:　$T>R>P>S$、　$R>\frac{T+S}{2}>P$

ルール

・2人の囚人が個別に尋問を受ける。
・囚人の態度は以下のいずれか。
　　協調：自分も相手も潔癖です、と主張し続ける
　　裏切り：自分は潔癖だが、相手は悪い、とバラす
・お互いに相手がどう言うかはわからない。
・両方とも協調すれば得点は最高になるが、個別に見れば裏切ったほうが有利なように得点を設定。
・これを何回か続けて、得点が一定時間にある閾値を超えれば無罪放免となる。

期待される経過

・悪い組織（Lose−Lose）：個別には裏切ったほうが得、というので、お互いが裏切り続ける。
・よい組織（Win−Win）：最初は裏切られて損しても、やがてお互いが協調し合うようになる。

図10-3　囚人のジレンマ

*2 Tileworld：1990年にポラック（Martha Pollack, SRI）とリンゲット（Marc Ringuette, CMU）が提案、Common Lispで実装した。

*3 Pursuit Problem：捕獲までの時間を評価、わかりやすいのでエージェントの評価によく利用される。

*4 Prisoner's Dilemma：これも極端なモデルだがよく使われる。企業の社員教育でも対人関係の心構えとしてよく使われる。

*5 組織構造は企業にも当てはまる。欧米の企業はNAs、日本企業はCLAsが多い。

*6 相互協調によって双方が共によい結果を得ることをWin－Win、相互裏切りによって共に悪い結果になることをLose－Loseという。一方だけが得をして他方が損をする、という構図は長続きしない。友人同士も切磋琢磨すればWin－Win、足の引っ張り合いならLose－Loseとなる。

10.2 エージェントの考え方

古典的な問題の考察から、エージェントに求められる要件を改めて整理してみよう。

10.2.1 エージェントの要件

エージェントは、利用者がエージェント側の事情を意識しなくてもよいと述べたが、古典的な問題で考慮した課題をまとめると次のようにいえる。

- 要求内容を、状況に応じて的確に吟味する。即応性も必要である
- 他のエージェントとの連携が必要な場合は、状況に応じて協調して動く
- 個々の利得と全体の利得が必ずしも一致しない場合は、全体の利得を優先する

普通のサーバではこのような課題に悩むことはなく、要求内容を正確に与えられ、その範囲の処理しかしない。要求があいまいならエラーを返すだけである。しかし、エージェントには上記の課題克服のために、以下のような要件が求められる。

- **自律性（Autonomy）**：要求の主旨に沿ってそれなりの処理を行う。あるいは環境から得られる利得を評価し、これを大きくするように動くこと
- **社会性（Social Ability）**：人間や他のエージェントとの相互作用を行う、あるいは協調的に動くこと
- **反応性（Reactivity）**：環境の認識と変化への応答を行い、学習によってより効率的に動くようになること

エージェントには様々な人工知能技術が使われる。知識ベースや社会常識、あいまい性の補完、問題解決、探索または検索、環境からの学習、応答のためのユーザインタフェースなど、環境認識のためのビッグデータ解析やネット

ワーク通信技術も駆使される。

10.2.2 エージェントの例

身の回りにはすでに多数のエージェントが実用化されている。次のようなシステムはエージェントといえる。

- **スマートフォンのパーソナルアシスタント**：所有者の日常行動パターンを学習し、最適行動を示す
- **インターネットショッピング**：利用者の購入記録から興味の傾向を学習し、お薦め商品を提示する
- **複数の図書館にまたがる本の貸出し**：図書館単位の蔵書管理を越えて、本がなければ他の図書館のものも貸し出す
- **お掃除ロボット**:部屋の汚れやすいところを学習、あるいはゴミの種類を学習し、効率的に掃除する

その他、インターネット上の電子商取引、カタログ販売、オークションや、生産管理、在庫管理、物流管理、健康管理、教育支援、協調設計、各種の自律型ロボットなど、エージェントは様々な形で実用化されている。

作業手順を定型化して、一連の体系的な流れとして規定するワークフロー（Workflow）は、作業効率を高めるだけでなく、手順の合理化により信頼性も高まるので、企業活動においては製造ラインから事務管理まであらゆる場面でなくてはならないものである。今やスマートフォンにまでWorkflowというアプリケーションが搭載され、個人の利便性を高めている。

ワークフローを容易に構築できるようにするための枠組みを提供するソフトウェアをワークフローエンジン（Workflow Engine）というが、これも一種のエージェントである。例えば、いろいろな場所、部門、資源にまたがる作業を、いちいちそれらを意識することなく、あたかも自席の1台のPCで処理しているかのようなワークフローを構築することができる。これはエージェント機能

によって、必要な場所や資源を探し、必要な処理を起動して、その結果を次の資源に引き渡す、というようなことが自律的に行われるからである。**図 10-4** にワークフローエンジンのイメージを示す。*7

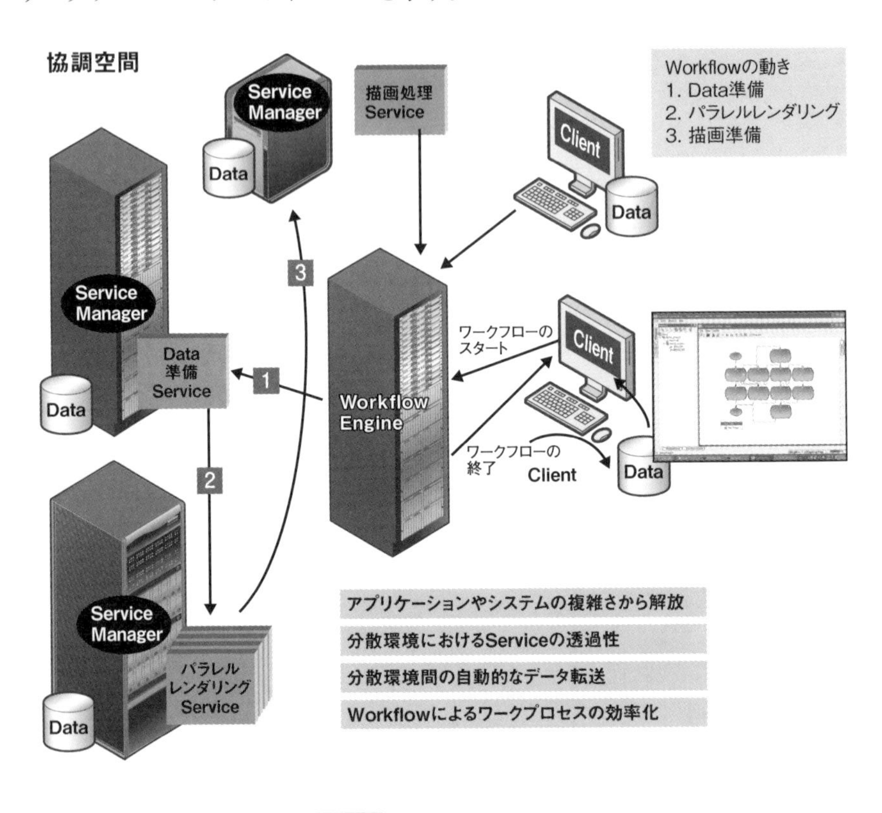

図10-4 ワークフローエンジン

*7 これは筆者の会社勤務時代に商品化に携わったシステムで、協調空間と呼んでいた。遺伝的アルゴリズムの応用例（第 4 章）で述べた配置表示の例は、このワークフローを可視化したものである。

10.3 マルチエージェント（Multi-Agent）

シミュレーションの追跡問題や前節で述べたワークフローエンジンは、複数のエージェントが協調して動く。これをマルチエージェントシステム（Multi-Agent System：MAS）といい、エージェント間の連携方法が重要な課題となる。

10.3.1 マルチエージェントの歩み

エージェント間の連携は、互いの通信、あるいは情報共有ということになるが、古くは1950年代末のパンディモニアム *8 に始まり、以降、様々な情報共有の仕組みが提案されてきた。

1970年代後半に登場した、情報共有のための黒板モデル *9 は、複数のエージェントがそれぞれいくつかの知識を受け持ち、黒板という共有空間を介して相互作用を及ぼし合うことで情報共有を行う仕組みである。単なる共有空間ではなく、読み書きがエージェントごとに独立に、かつ並列に行われるので、実時間応答性に優れている。

1980年代後半には、包摂アーキテクチャ *10 というエージェント間の制御構造が提案された。これは知的に見える処理を、単機能部品の階層制御構造によって実現する手法で、移動ロボットに適用された。

1990年代には、エージェント間での情報授受のための会話プロトコル *11 が開発された。エージェント間の連携を文字列でやりとりしていたのでは非効率的なので、依頼（ask）や返答（tell）といったコマンドでやりとりするものである。これは、ことばの持つ意味をより深く共有するためのオントロジー *12 の研究へと進化してきた。

近年は通信技術の発達により、エージェント間の物理的な通信（通信速度、実時間応答性）は問題ないと思われるが、通信内容まで踏み込んだ連携は依然として重要な研究課題となっている。

10.3.2 マルチエージェントの交渉戦略

マルチエージェントでは、各エージェントの連携方法として次の2通りが考えられる。

- **協調型（Cooperative MAS）**：一般に階層構造のタスク構成で、組織的協調を行う。タスク共有ともいう
- **競争型（Competitive MAS）**：タスクは独立で個々に目標を持つ。交渉戦略による競合解消が必要。結果共有ともいう

エージェントの組織構造としては、CAsとNAsは競争型、CLAsは協調型といえる。協調型は全体の方向性が一致しているので行動戦略をたてやすいが、競争型は個々の方向性が異なる可能性があるので、何らかの調整が必要になる。これを交渉戦略という。CLAs以外でも、個々の目標が同じ方向であれば交渉戦略は必要ないので、協調型といってよい。*13

交渉戦略とは、エージェント間の目標を同じ方向に向けていくこと、といってよい。エージェントの目標範囲を集合ととらえれば、各エージェントの目標範囲の共通部分が、交渉の余地のある部分となる。これを交渉集合という。交渉戦略とはエージェント間の交渉集合を拡大すること、ともいえる。

交渉戦略は、交渉集合の状態によって、次のようなパターンがある（図 10-5）。

- **競合：交渉集合が空**　…各エージェントは目標を修正する必要があるが、ケリがつかなければ終わり。
- **妥協：交渉集合があるが、消極的**　…同上。事態が改善しなければ適当に先へ進むことになる。
- **協調：交渉集合があり、積極的**　…各エージェントの目標を最大化するように進めることができる。

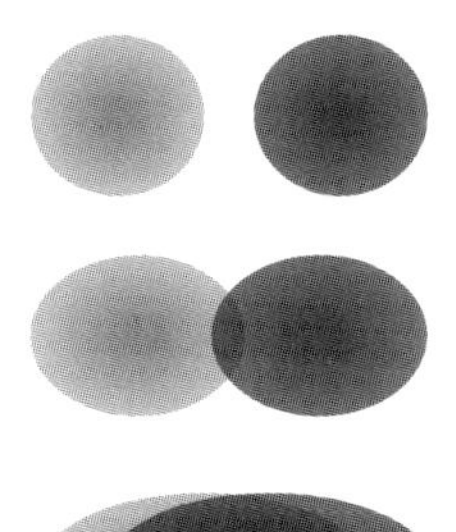

競合: 交渉集合が空
お互いに目標集合を拡大して
歩み寄る必要がある

妥協: 交渉集合があるが消極的
お互いに目標集合の重みを
変える努力が必要

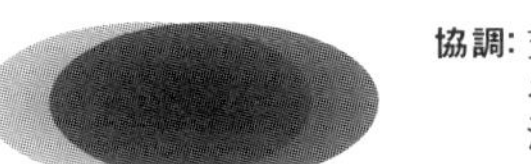

協調: 交渉集合があり積極的
お互いに相手の目標集合を
活用することでシナジ効果を狙う

図10-5 交渉集合と交渉戦略

特に交渉集合が空の場合、つまり競合状態にある場合の交渉戦略は重要で、互いの歩み寄り、すなわち競合解消が必要である。競合解消には、次のような典型的なパターン *14 がある。

- **信長型：**自分の目標だけを考え、相手を排除する
- **秀吉型：**相手の目標を変更させて自分の目標に引き込む。これはさらに、次のようなパターンがある
  - 説得：相手の価値を真に高めるように誘導する。相手も納得する
  - 脅迫：相手が譲歩しなければよけい悪くなるような奥の手を示す。相手は渋々従う
- **家康型：**時間経過とともにお互いの目標が変化することを期待、自分の目標も拡大するよう努力する

信長型は即決できるがWin – Loseになる可能性が高い。秀吉型は相手が渋々では Win – Lose だが Win – Win の可能性も高い。家康型は時間がかかるが、必ず Win – Win になる。逆に見れば家康型は Win – Win になるまで調整を続ける。

10.3.3 マルチエージェントのための実装技術

単独のエージェントは、常識に基づいて自律的に動く知識処理システムといえる。一方のマルチエージェントは、一つ一つが自律システムでありながら、全体としても統合化された自律システムなので、エージェント間のコミュニケーションや前提知識の共有なども必要になる。

人間はこれを言語や身振り手振りで行い、また社会常識や動物としての本能で共通の行動を取ることができるわけだが、これをコンピュータ上で実現するための実装技術について考えてみよう。エージェントの研究初期から様々な技術が提案されており、黒板や包摂アーキテクチャもその一つである。

第 9 章で述べた知識表現は既存の知識の範囲でしか推論できないので、エージェントとしては、さらに次のような技術的要件も求められる。

- 既存の知識範囲では解決できない場合の対応
- 新しい知識の取込み（学習）
- 常識的な知識の共有
- 複数の知識ベース間の連携

この大前提となるのは、入力された要求やことばの意味を正しく理解する能力である。「字面ではなく、ことばの意味をコンピュータが本当にわかるのか？」という疑問はあるが、状況に即したことばの意味を的確に把握することが必要となる。これは社会常識、慣用、人間の本能といったコンピュータには苦手な要素が含まれる。

深層学習ではこのような要素、すなわち意味の理解を無視しても、類別という観点では非常に役に立つことが示された。しかしやはり究極の課題として、意味の理解は必要である。

○オントロジー（Ontology）

哲学用語で「概念体系の共有」というような意味合いであるが、意味理解のために、単なる辞書とは違う、ことばの抽象的な概念を記述した一種の知識ベースが考えられてきた。ことばを扱う機械翻訳や自然言語処理では重要な技術であるが、エージェントでも必要な技術である。人間が個々の閉じた脳に知識を蓄えていながら協同作業ができるように、コンピュータ上でもエージェントの知識表現の体系化の方法を決めることによって、知識の共有を図ろうというのである。

分野別に特殊なことばや概念を共有するためのドメインオントロジー（Domain Ontology）と、それらに共通の一般知識や方法論、あるいは常識を共有するための上位オントロジーがある。医療分野ではすでに病気や器官単位に多くのオントロジーが作られており、人体に関する共通知識が上位オントロジーとなっている。ただし、上位オントロジーは一般常識まで含めると際限がない[*15]。

オントロジーは論理的な記述や自然言語に近い記述も可能だが、現状ではオブジェクト指向[*16]的な考え方で構築されることが多い。現在はインターネット上に無限の情報があるので、ここから自動的にオントロジーを構築することも期待される。すでにWikipediaをベースにしたオントロジーの研究が進んでいるが、今後は深層学習を取り入れて成長するオントロジーも可能性がある。

オントロジー記述言語[*17]としては、概念とその意味記述を括弧で囲む、あるいはXML[*18]のタグで概念記述を行うものが多いが、今後は記述形式自体も変わっていくだろう。

◯会話プロトコル（Conversation Protocol）

エージェント間コミュニケーションのための、通信手順の取り決めのことである。インターネットにはTCP/IPなどの通信プロトコルがあるが、エージェント間の通信にも類似の取り決めが必要で、エージェント通信プロトコル、契約ネットプロトコル、オークションプロトコルなどがある。

エージェント通信プロトコル[*19]は、エージェント間でお互いを識別したり、問合せ、応答、情報交換、その他の通信制御を行うための、エージェント間通信の基本となる取り決めからなる。

契約ネットプロトコル[*20]は、競争型エージェント間での交渉のために、管理者と契約者の間の一対一の交渉通信を行う。管理者の開札、契約者の入札、管理者の落札という基本手順がある。具体的には交渉対象、例えば資源の種類や量、金額などを提示したり、受諾あるいは拒否したり、場合によっては譲歩の幅を設定したりするための取り決めからなる。

オークションプロトコル *21 は、売り手と買い手の一対多の情報交換を行う。最高値と最安値のマッチングだけでなく、偽装を防ぐためなど、様々な工夫がされている。売り手の資材が複数の場合は、複数の買い手に対し、すべての資材が重複なく入札されることを期待する組合せ最適化問題の要素も含む。また、調達の場合は売り手と買い手が逆の多対一のオークションになる。

◯仲介エージェント（Mediator Agent）

マルチエージェント間コミュニケーションの中継となる隠れたエージェントで、中間エージェント（Middle Agent）*22 ともいう。仲介エージェントは、複数のエージェントのタスクの需要と供給、すなわち誰が何をできるかを把握しており、要求者からのタスクを転送する役目を果たす。同時に、エージェント間のオントロジーの整合性を図るために必要な変換も行う。

さらに、性能面からも大幅な向上が見込まれる。すなわち、各エージェントが互いに会話プロトコルで直接やりとりすると、2 乗（n^2）オーダの通信が発生するが、仲介エージェントがあれば線形（2n）オーダの通信で済む。

***8** Pandemonium：セルフリッジ（Oliver Selfridge, 1959）が考案した脳のパターン認識のモデル。認識の各段階をつかさどるデーモン（daemon）の連鎖としてモデル化したもので、一種のエージェントシステムといえる。

知覚情報→イメージデーモン→特徴抽出デーモン→認知デーモン→決定デーモン→行動　（下線部が脳内モデル）

***9** Blackboard Model：Hearsay Ⅱという音声理解システムで導入された情報共有の仕組み。

***10** Subsumption Architecture：ブルックス（Rodney Brooks, 1986）はこの考え方を移動ロボットに適用した。Sony の AIBO も可動部は単機能の集まりで、上位層が単機能を制御することで、全体として的確な反応を実現していたと考えられる。

***11** Conversation Protocol：1990 年代初頭に米国 DARPA で開発された KQML（Knowledge Query and Manipulation Language）を始め、いくつかのプロトコル（取り決め）が作られた。インターネットの通信プロトコルのエージェント版と思えばよい。

***12** Ontology：エージェント間で情報解釈に違いが出ないようにするための共通の概念体系。一般には情報の意味付けを行う概念体系のことで、知識表現や Web データ記述など、様々な局面で必要になる。1990 年代半ばから本格的に研究され始めた。

***13** 協調型は必ず Win － Win の状態になるが、競争型は必ずしもそうはならず、Win － Lose で終わる場合もある。

***14** 第 1 章で触れた気質分類と並んで、戦国 3 武将は典型的な行動パターンとして引き合いに出される。この考え方は、人間社会にそのまま当てはまる。自分の行動パターンを見直すよい指標になる。

***15** Cyc プロジェクトは一般常識の知識ベース構築を目指して 1984 年に開始、2001 年から OpenCyc を公開中。

***16** オブジェクト指向（Object Oriented）：事物を共通概念で括りながら階層化し、手続き（ふるまい）も属性として内包させることで、多数の事物を体系的に整理するという考え方。共通概念を括り出すことを抽象化（Abstraction）といい、抽象化によって新たにできた概念をクラス（Class）、そのクラスに該当する現実の事物をインスタンス（Instance）という。例えば「猫」というクラスに対して、猫と犬の共通概念として「動物」という抽象化クラスがあり、うちの猫の「ミケ」や隣家の猫の「トラ」は猫のインスタンスである。抽象化は is-a 概念といい、「猫 is-a 動物」というように記述する。また、事物の関係には構成要素を表す part-of 概念や、その他付随する性質を表す属性がある。オブジェクト指向の考え方は、コンピュータ言語としても、手続き型、宣言型と並んで重要で、多くの言語の仕様に取り入れられている。

***17** 代表的なものに、Ontolingua（Stanford 大学）、KIF（Knowledge Interchange Format）、OWL（Web Ontology Language）などがある。

***18** XML（Extensible Markup Language）：「< タグ 値 >内容記述</ タグ >」という基本的な形式で概念記述を行う。Web で使う HTML も、タグが固定されてはいるが類似の形式である。

***19** Agent Communication Protocol：KQML（Knowledge Query and Manipulation Language）などで記述。

***20** R.G. Smith / Contract Net Protocol（1980）

***21** Auction Protocol：Vickrey オークション、これを一般化した VCG オークションなど。

***22** 中間エージェントという場合は、一般的な機能に加えて、役割に応じた次のような呼び方もある。

- Match Maker：エージェント間の通信確立後はエージェント同士で直接通信を行う。
- Broker：エージェント間の通信確立後もすべての通信を中継する。
- Facilitator：エージェント情報をとりまとめて便宜を図る。

第11章

人工知能の草分け的コンピュータ言語 ＝ Lisp

人工知能のプログラミングでは、従来 Lisp（List Processor）という言語が使われてきた。人間の記憶は配列的 *1 ではないし、数値より記号 *2 やイメージでパターン化されているわけで、このような特性を表現するためには、Fortran のような数値計算用のコンピュータ言語は不向きであった。Lisp はリスト構造 *3 という非配列的データを扱うことができるので、このような目的には最適だったのだ。

また、Lisp は関数型という計算モデル *4 を確立したことでも重要な存在である。Lisp は現在では直接使われることは少なくなったが、他の言語（Java、C など）や OS などの基本ソフトウェアにも影響を与えているので、理論的背景として重要な、リスト処理とラムダ計算に重点を置いて解説する。

*1 配列的：同じ型を持つデータが連続的に配置され、各要素が先頭からのインデックスで参照できる構造。
*2 記号：名前や文字列、抽象概念など、数値以外のデータのこと。
*3 リスト構造：データが連続的ではなく、ポインタでつながって任意の位置に配置される構造。
*4 計算モデル：ソフトウェアが実行される手順（ルール）。

11.1 リスト処理（List Processing）

リスト構造または単にリストというのは、ポインタ *5 でつながれた2分木構造 *6 のことである。各ノードに位置する記憶単位を、セル *7 という。2分木構造なので、各セルは2方向へのポインタを持つ。これを CAR 部／ CDR 部 *8 という。

リスト構造を扱うデータ処理をリスト処理といい、数値計算処理と並んで古くから研究されてきた。1960 年代初頭にマッカーシー（John McCarthy, MIT）が、ラムダ計算に基づいたリスト処理言語の研究成果として Lisp1.5 *9 を発表したのが最初である。リスト処理は数値計算処理とは異なり、記号やデータ構造自体を操作するので、知識表現など、人工知能分野には最適であった。

11.1.1 リスト処理の具体例

小さな仏英辞典を考えよう。

AMI ⇒ FRIEND / LOVER　　JE ⇒ I　　JEU ⇒ PLAY
（仏）　（英）　　（仏）（英）　　（仏）（英）

次ページの**図 11-1** では、上記 3 個の仏単語に対応する英単語が、S を起点とするリスト構造で表現されている。単語数も訳語数も不定で、柔軟に変更できる必要があり、また全体として常にアルファベット順に並べたいので、配列構造は向かない。

このリスト構造を使って、仏単語に対応する英単語を取り出したり、新しい英単語を訳語として追加したり、様々な操作が考えられる。このように、リスト構造をたどってデータ検索や登録などを行うのが、リスト処理である。

リスト処理は、配列のようにインデックスで各要素を一発で取り出すことができず、ポインタを順にたどっていかなければならないので、とても面倒そうに見える。しかし、途中にデータを挿入したり、削除したりするような場合は、ポインタの付け替えだけで済むので、とても簡単である。これが配列なら、データをすべてずらさないといけない。

11.1.2 原始関数（Elementary Functions）

リスト処理は、次の 7 種類 *10 の基本的な操作の組合せで行うことができる。

① セルの CAR 部を取り出す。 → car
② セルの CDR 部を取り出す。 → cdr
③ 値がポインタなのか、データなのかを区別する。データのとき、これをアトム *11 という。 → atom
④ 2 つのリスト構造が同じかどうか、すなわち 2 つのポインタが同じ *12 か否かを判断する。 → eq
⑤ 2 つのポインタを CAR 部、CDR 部とする新しいセルを造る。 → cons*13
⑥ セルの CAR 部を入れ替える。 → rplaca*14
⑦ セルの CDR 部を入れ替える。 → rplacd*15

これらの基本的な操作を、リスト処理の原始関数という（図 11-1 を参照）。

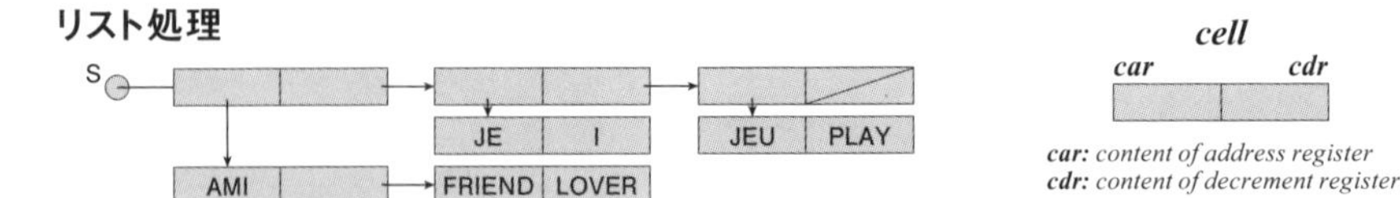

Q1：AMIの訳語は?
・Sの指しているcellの左側（CAR）の内容①
・①の指しているcellの右側（CDR）の内容②
・②の指しているcellの左側（CAR）の内容を取り出せば、FRIEND
Q2：別の訳語が欲しいときはどうすればよいか?
Q3：では、JEの訳語はどう取り出すか?
Q4：TUの訳語を取り出そうとするとどうなるか?
Q5：仏単語TUと訳語YOUを辞書に追加するには?
Q6：仏単語JEUの訳語にGAMEを追加するには?

原始関数	意 味	S式表記
car	セルのCAR部取出し	(car x)
cdr	セルのCDR部取出し	(cdr x)
atom	セルの末端と中間（ポインタ）の区別	(atom x)
eq	セルの比較	(eq x y)
cons	セルの新規作成	(cons x y)
rplaca	セルのCAR部更新	(rplaca x y)
rplacd	セルのCDR部更新	(rplacd x y)

S式（Symbolic expression）

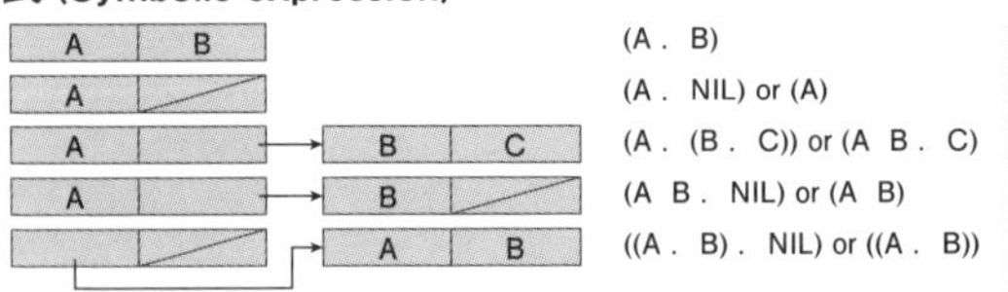

S:= ((AMI FRIEND . LOVER)
(JE . I)
(JEU . PLAY))

Q1: (CAR (CDR (CAR S))) → FRIEND
Q6: (RPLACD (CADDR S) '(PLAY . GAME))
→ (JEU PLAY . GAME)

S:= ((AMI FRIEND . LOVER)
(JE . I)
(JEU PLAY . GAME))

図11-1 リスト処理と S 式

11.1.3　S式（Symbolic Expression）

リスト構造を記号列として表記する際の基本は、セルのCAR部とCDR部をドット（.）で区切って全体を括弧で囲む。

式11-1

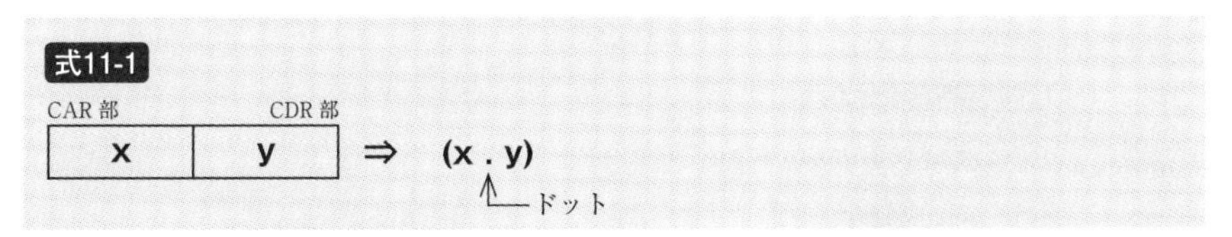

これをドット対（Dot Pair）という。一般にCDR部はリスト構造へのポインタであることが多く、例えば(x . y)のyが(z . w)というセルへのポインタだとすれば、(x .(z . w))と表記する。また(x . y)のyが空リスト( )のときは、リストの終わりを示すNILで表す。すなわち、(x .()) = (x . NIL)である。さらに、ドットと直後の括弧の対は省略することにする。すると(x .(z . w)) = (x z . w)、さらにwがNILなら(x z . NIL) = (x z)となる。

これにより、複雑に見えるリスト構造を、集合の要素を並べるように、セルのCAR部の値を並べて括弧で括る*16ことで表記できる（**図11-1**を参照）。

このように、リスト構造を括弧とドットで区切られた記号列として表記する記法をS式という。S式は厳密には次のように定義される。

定義11-1　S式（Symbolic Expression）

S式：＝アトム ｜ (S式 . S式) ｜ NIL

↑ドット（表記法として、直後の括弧の対とともに省略可能）

アトム：＝名前アトム ｜ 数値アトム ｜ 文字列アトム

アトム（Atom）は基本的なオブジェクト（事象、データなど）を表す。
名前アトムは変数名や定数名を表す。　*e.g.* abc、X5、@123、T、PI など
数値アトムは数値定数、文字列アトムは文字列定数を表す。 *e.g.* 3.14　1.23e−5 “xyz” など

NIL：空リスト（）を表す。NILはアトムの性質も持つ。

S式は、基本的にはS式のドット対として再帰的に定義される。これをドッ

ト記法（Dot Notation）という。ドット記法は括弧が多くなって見にくいので、上述のようにドットと直後の括弧の対を省略することにする。すると、(S式 . (S式)) というような括弧の入れ子構造が、(S式 S式）という形の簡素な表記になる。これをリスト記法（List Notation）という。

リスト記法はS式の定義には含まれないが、リスト構造を表現する場合に普通に使われ、むしろドット記法が使われることのほうが少ない。そこで通常は（S式 S式　・・・）というように「S式を並べて（）で囲んだ形」をリスト（List）という基本的なデータ構造とみなす。NILはアトムとリストの両方の性質を持つ特別な記号で、何もないこと、あるいはリストの終わりを表す。

11.1.4　フォーム（Form）

Lispではデータだけでなく、プログラムもリストで表す。リストをプログラムとみなす場合は、これをフォーム *17 という。フォームは【式11-2】のような形のリストで、先頭要素は関数、それ以外は引数データ *18 として扱われる。

式11-2

(f x_1 ⋯ x_n)

f：関数　　$x_1 \cdots x_n$：引数データ

原始関数をフォームで表現すると、次のようになる。

① x = (A B C) のとき、(car x) = A*19　…S式の先頭要素を取り出す

② 同、(cdr x) = (B C)　…S式の先頭要素を除いた残りのリストを取り出す

③ (atom (car x))=T、(atom (cdr x))=NIL　…引数データがアトムならT、ポインタならNIL*20を返す

④ (eq x x) = T、(eq x (cdr x)) = NIL　…2つの引数データが同等ならT、そうでないならNILを返す。

⑤ x = (A B C)、y = (D E) のとき、(cons x y) = ((A B C).(D E)) = ((A B C) D E)　…2つのS式からドット対を造る。

⑥ 同、(rplaca x y) = ((D E) B C)　…S式の先頭要素を入れ替える

⑦ 同、(rplacd x y) = ((D E)D E)　…⑥に続けてS式の先頭以外の部分を入れ替える

フォームの先頭要素、すなわちCAR部は、関数名を表すアトムの場合もあるし、関数定義を表すラムダ式（後述）の場合もある。リスト処理は原始関数の組合せなので、この組合せを関数定義として関数名を付与しておけば、この関数名を使って様々なリスト処理を行うことができる。実際には原始関数だけではなく、Lisp処理系にあらかじめ定義されている関数も使って、新しい関数を定義する。これがLispのプログラムである。

Lispのプログラムがデータと同じリストで構成されるということは、Lispのプログラム実行も一種のリスト処理といえる。リストをフォームとみなし、これをプログラムとして実行することを評価 *21 という。Lisp処理系の基本部分はLispインタプリタ *22 というが、これはフォームを評価するためのLispプログラムである。

---

*5　Pointer：データの値ではなく、データの記憶場所を示す。

*6　多方向分木や逆ポインタも考えられるが、ここでは2方向だけとする。それで十分実用的である。

*7　Cell：細胞の意味。データの最小アクセス単位。

*8　最初に実装されたDEC−10コンピュータのアクセス単位がAddress部（Content of Address Register）とDecrement部（Content of Decrement Register）の対であったので、頭文字をとってCAR、CDRと命名された。内容がポインタではなくデータの場合もある。

*9　なぜ初版が1.5なのか、真意は不明だが、Lisp処理系としての最小仕様と期待仕様の中間ということだったらしい。

*10　原始関数としてはrplaca、rplacdを除く5種類という考え方もあるが、それでは既存のリスト構造の変更ができず、毎回すべてをコピーしないといけないので大変である。Lisp1.5も7種類で、5種類で考える場合はPure Lispと呼んでいた。

*11　セルの内容がデータの場合は、それ以上たどることはないので、末端構成物という意味でatom（原子）という。

*12　リストの形が等しいというのではなく、ポインタが同じという意味で、equate（同等）という。等しい（equal）というのは別にある。

*13　造る、という意味でconstruct（組立て）という。

***14** CAR 部を入れ替えるので、replace CAR という。

***15** CDR 部を入れ替えるので、replace CDR という。

***16** 逆の説明もある。すなわち 、(x y z) という表記は、これが集合なら要素の集まり、配列ならこの順に並んでいることを示すが、リストの場合は x → y、y → z というポインタが付随している、という説明である。このほうがわかりやすいが、セルのドット対表記の説明が抜けてしまうので、ここではあえて Lisp1.5 にならった。

***17** Form：形式ともいうが、あまりに一般的なことばなので、ここではフォームという。

***18** 関数が処理する実データの意味。単に「引数」というと、関数を定義するときに外部から値を受け取る変数名のことを指す。

***19** わざわざ大文字にしたのは、ポインタを値とする変数アトムではなく、A という定数としての名前アトムのつもりだからである。car と cdr はリストをたどる際に頻繁に使うので、a と d だけ使って、(car (cdr (car x))) = (cadar x) という簡易表記もある。

***20** 真理値 True と False を、Lisp では T と NIL で表す。

***21** Evaluate：Lisp ではプログラムもデータと同じリストなので、「実行する」ではなく「評価する」という。評価は、フォームの先頭要素を関数とみなして、残りの引数データにその関数を適用（apply）する。

***22** Lisp Interpreter：リストをフォームとみなして、評価と適用を繰り返す。マッカーシーの原著 *23 には、インタプリタの Lisp プログラムが記載されていた。一般にインタプリタはソースコードを一つずつ解釈実行する処理系のことであるが、ソースコードを内部コードに一括変換する場合はコンパイラ（Compiler）という。Lisp では関数単位にコンパイルすることもできる。

***23** John McCarthy ほか *Lisp1.5 Programmer's Manual*（MIT Press 1962）

11.2 ラムダ計算（Lambda Calculus）

ラムダ計算 *24 は、1930 年代半ばに発案された関数型の計算モデルの体系であり、チューリングマシン *25 と並ぶ、計算機科学の基礎となる概念である。学校で習う関数やコンピュータプログラムも、厳密に見ればラムダ計算に基づいている。

11.2.1 ラムダ式（Lambda Expression）

私たちは計算というと四則演算などの数値計算を思い浮かべるが、コンピュータにとっては、命令の実行手順を正確に規定することが計算であり、命令部分に確実にデータを受け渡す仕組みが必要である。ラムダ計算はラムダ式を使ってこの仕組みを実現している。ラムダ式は次のように定義される。

定義11-2 ラムダ式（Lambda Expression）

ラムダ式：＝変数 ｜(λ(変数) ラムダ式) ｜(ラムダ式　ラムダ項)

変数（Variable）は記号アトム、λはギリシャ文字のλ *26、ラムダ項（Lambda Term）はラムダ式である。
外側の括弧をつけない定義もあるが、Lisp 言語への展開を考慮して外側に括弧をつけて説明する。

「(λ(変数) ラムダ式)」の形は関数の定義を表し、ラムダ式が関数の本体となる。この場合の変数はラムダ変数（Lambda Variable）と呼ばれ、関数本体を表すラムダ式にも現れ、関数に外部からのデータを引き渡す引数の役割を担っている。関数本体のラムダ式に現れる、ラムダ変数以外の変数は、自由変数（Free Variable）と呼ばれ、引数にはならない。

「(ラムダ式　ラムダ項)」の形は関数の適用を表す。すなわち、左側のラムダ式が関数に相当し、右側のラムダ項が引数に相当し、この結果ラムダ式をラムダ項に適用する、すなわちラムダ式を評価する、ということになる。

x,y を変数、M,N をラムダ式（ラムダ項）とするとき、以下はラムダ式である。

① x　② (x y)　③ (λ(x)M)　④ (λ(x)(λ(y)M))
⑤ ((λ(x)M) (λ(y)N))　⑥ (x (λ(y)N))

すなわち、①は変数 x の値を取り出す、②は x を関数として y に適用する、③は関数の定義、④は関数本体に 2 つのラムダ変数がある場合の入れ子になった定義、⑤は (λ(x)M) の x に (λ(y)N) を渡して M を評価する、⑥は x を関数として (λ(y)N) に適用する、ということを表す。

しかし、⑦ (λ(x y)M) はラムダ式ではない。これはラムダ式としては上記④のように定義すべきである。この場合の M の中の変数 x,y について、 y は M の引数でラムダ変数であるが、x は (λ(y)M) の中では M の自由変数であり、外側のラムダ式の中で初めてラムダ変数となる。この違いを以下に示す。

⑦の表記法　((λ(x y) (+ x y)) 5 7) = (+ 5 7) = 12
④の表記法　((λ(x)((λ(y)(+ x y)) 5)) 7) = ((λ(x)(+ x 5)) 7) = (+ 7 5) = 12

厳密なラムダ式の定義に従えばラムダ変数は一つだけなので、上記④のように、複数の引数を持つ関数を定義するときはラムダ式の入れ子になり、括弧が多くなって見にくい。関数本体の引数は、いずれはラムダ変数として扱われるのであるから、最初からすべての引数をラムダ変数として定義できると便利である。そこで、ラムダ式の略記法として、ラムダ式の入れ子の代わりに複数のラムダ変数を指定する表記法も略記法として許すことにする（⑦）。

定義11-3 ラムダ式の略記法

ラムダ式：＝ (λ($x_1 \cdots x_n$) M)

ただし、x_i はラムダ変数、M はラムダ項を表す。

関数は $f(x_1,\cdots,x_n)=M$ のように定義し、呼び出すときは f(a,b,c) のように使う。これは関数名 f を使っている。しかしラムダ式には関数名が現れない。関数名は関数定義の中で使われなければ、本来は不要なのである。*27

ラムダ式は、関数本体に現れる変数のうち、どれが引数かを明確に定義し、関数呼出し時の引数データを正確に対応づける。通常はラムダ式の略記法に従って、【式 11-3】のようなフォームによって関数の定義と評価を行う。引数に指定されていない（すなわちラムダ変数でない）関数本体中の変数は、本体の中で定義される局所変数か、関数呼出し時とは無関係に外部で定義される広域変数のいずれかである。

式11-3

((lambda (X1･･･Xn) M) c1･･･cn)

関数の定義　　**引数 X1…Xn に渡すデータ S 式** *29

例えば、a＝(A B C)、b=(D E) のとき、

((lambda (x y) (cons (car x) (cdr y))) a b) = (A E)

ラムダ式 / x に渡すデータ (A B C) / y に渡すデータ (D E)

11.2.2　簡約（Reduction）

フォームの評価は、次のような 3 段階の簡約（または変換）を経て行われる。*30

- **α 変換（Alpha Conversion）**：ラムダ式の引数名を変更する
- **β 簡約（Beta Reduction）**：ラムダ式の引数に引数データを対応づけて、本体を書き換える
- **δ 簡約（Delta Reduction）**：フォームの評価を行う

α 変換は単に変数名の変更だが、ラムダ式が入れ子になって、内側と外側で同じ引数名が使われているような場合に、混乱しないようにどちらかの引数名を変更する、といった使い方がある。

(lambda(x y) (＋ x ((lambda(x) (＊ x 10)) y)))　は　x ＋ y＊10 を計算するが、x の重複を次のようになくすと、見やすくなる。

➡ (lambda(x_1 y) (＋ x_1 ((lambda(x_2) (＊ x_2 10)) y)))

β 簡約は、関数本体中の引数部分を、引数データで置き換える。

((lambda(x_1 y) (＋ x_1 ((lambda(x_2) (＊ x_2 10)) y))) 5 7)　は x_1 ← 5、y ← 7 で置き

換えると、次のようになる。

➡ (+ 5 ((lambda(x_2) (＊ x_2 10)) 7))

➡ (+ 5 (＊ 7 10))

δ簡約は、フォームの最終的な値を求める段階で、上例で＋や＊の計算を行い、75 という値を得る。

11.2.3 簡約戦略

ラムダ式の引数とデータの対応づけという意味で、β簡約が最も重要な段階であるが、ラムダ式をどういう順序で変換するか、あるいはどこまで変換するか、ということを簡約戦略という。

変換の順序に関しては、入れ子のラムダ式の外側から先に変換する方法と、内側から先に変換する方法の 2 通りがある。外側からの場合を最外戦略、内側からの場合を最内戦略という。例えば、先のβ簡約の説明の例は最外戦略であるが、これを次のように内側のラムダ式を先に変換するのが最内戦略である。[*31]

((lambda(x_1 y) (+ x_1 ((lambda(x_2) (＊ x_2 10)) y))) 5 7)

➡ ((lambda(x_1 y) (+ x_1 (＊ y 10))) 5 7)

➡ (+ 5 (＊ 7 10))

どちらの戦略でも、最終的には同じではないか？と思われるかもしれないが、そうではない。

ラムダ式の置換え可能な部分を簡約項（Redex）という。また、β簡約によって簡約項がなくなった状態をβ正規形という。上例では、最外戦略でも最内戦略でも、β正規形は (+ 5 (＊ 7 10)) となるが、そうならない場合もある。例えば、引数の評価を必要になるときまで遅らせる、という遅延評価を考えてみよう。これは最外戦略なら可能である。ちなみに次のようなラムダ式の場合は、これは入れ子ではなく、引数データにもラムダ式が現れる例で、最外戦略ならすぐにβ正規形になる。しかし、最内戦略では引数データを先に簡約するために、

fooという関数定義のラムダ式がうまく簡約できなかったりすると、β正規形が得られない。

((lambda(x y) (+ x 1)) 5 ((lambda(z) (foo z)) 7))
　最外戦略では、y ← (foo 7) は使われないので、
　➡ (+ 5 1)
　最内戦略では、まず引数データに現れるラムダ式を先に簡約するので、
　➡ ((lambda (x y) (+ x 1)) 5 (foo 7))

関数の実行は、引数データがすべてそろってから行われることが多いが、一方で、最外戦略に基づき、引数データが未定義状態でも関数本体の実行をする、という遅延評価は、近代のコンピュータ言語には重要な考え方となっている。

---

*24 Lambda Calculus：チャーチ（Alonzo Church 1936）*The calculi of lambda conversion*

*25 Turing Machine: チューリング (Alan Turing 1936) が提唱。命令が書かれた長いテープがあり、これを一つ読み取って命令処理し、内部状態を変更、テープに出力を書き戻し、テープを右か左に一コマ送る、ということを終了命令まで繰り返す仮想機械。コンピュータの原型とされる。

*26 関数を表すのにギリシャ文字のλを使う慣習があった。文法的には lambda と書く。

*27 関数が再帰的に定義される場合は関数名が必要になる。この場合はラベル表現 *28 など特別なラムダ式で関数名を定義する。

*28 Label Notation：(label f (lambda($x_1 \cdots x_n$) M))
label で始まり、関数名とラムダ式を引数データとするフォーム。関数名 f は関数本体 M の中でのみ使用できる。

*29 通常のプログラミングの用語では実引数という。これに対してラムダ変数は仮引数に相当する。

*30 簡約にはη変換（Eta Conversion）もある。どのような引数に対しても同じ値になるような関数は同値とみなせるので、これを利用してラムダ式の冗長性をなくす、という変換である。例えば、次のように定式化される。
　((λ(x)M) x) → M
これは引数 x が何であっても ((λ(x)M) x) と M は同じなので、M に変換できる。ただし x が M の自由変数のときは変換できない。例えば ((lambda (x) (+ x y)) x) は x が何であっても (+ x y) なので変換できるが、((lambda (x) (+ x y)) y) は (+ y y) にできない。

*31 最内戦略は必ずしも簡約項が一つとは限らないので、左から順に簡約する、という最左最内戦略という言い方もある。

11.3 Lisp 言語

Lisp というコンピュータ言語は、リスト処理とラムダ計算をもとに記号処理用として 1960 年代に作られた Lisp1.5 が始まりである。1970 年代には様々な処理系が作られ、1980 年代に Common Lisp*32 に集大成され、1990 年代には標準化された *33。数値計算用の Fortran と並んで最も歴史が長い言語であるが、産業界ではあまり使用されなかったこともあり、表舞台には登場してこない。

しかし、プログラムもリストなので、リスト処理でプログラムを自動生成したり、最適化する研究も行われている。学習の分野でも類別学習で重み行列を変化させるだけでなく、プログラムとして書かれた行動ルール自体を変化させていく、という成長型の学習も期待できる。今後も一般ユーザに見えないところで、Lisp 言語あるいは派生技術が使われていく可能性は高い *34。

11.3.1 Lisp の言語仕様

Lisp 言語の構文は単純で、リストの第 1 項（car 部）が関数、それ以外（cdr 部）が引数、というフォームが基本である。すでに述べたようにリスト処理の原始関数は 7 個あり、すべての関数はこの合成で作られるが、実際には多くの関数が組込み関数として用意される。

また、データの記述方法、ラムダ計算に伴うラムダ変数の束縛 *35 方法、関数の定義方法、定義済みの関数の翻訳方法なども既定される。

○ Lisp1.5

Lisp の基本的な言語仕様は Lisp1.5 で形作られた。リスト処理に伴う様々な操作や数値計算含めて、150 個ほどの組込み関数が用意されていた。

プログラムは関数として定義する。関数定義は、原理的にはラムダ式を関数名の名前アトムの属性リスト *36 に載せるのであるが、通常は関数定義用の組込み関数で簡便に定義できるようになっていた。関数単位で S 式を翻訳してバイナリコード化するコンパイラも、最初から仕様に含まれていた。データとしては記号（S式）だけでなく数値も扱え、数値計算にも対応できた。特徴的なのは無限多倍長整数 *37 という任意桁数の整数で、これは内部的にリスト構造ですべてのデータを管理する Lisp ならではの仕様である。

○ Common Lisp

Common Lisp は様々な Lisp 言語仕様の集大成であり、次のような特徴を持つ。

- データとして配列や構造、オブジェクトを追加
- 数値データは整数（Integer：fixnum, bignum）、分数（Ratio）、実数（Floating-Point Number）、複素数（Complex Number）が扱える。fixnum は通常の整数、bignum は無限多倍長整数である
- 変数や名前のスコープとエクステントを規定（次項で述べる）
- マクロ（Macro）:呼び出された場所に定義本体の S 式を展開する。関数と違い、実行評価は行わない
- クロージャ（Closure）：関数定義に定義時環境を含めた概念で、動的な関数定義や関数引数などを扱う場合、グローバル変数の値など、関数定義環境として定義時の状態を保存できるので、動作時の状態に左右されることがなくなる。関数閉包ともいう。
- パッケージ（Package）：名前空間を表し、大規模プログラムで名前の重複を避けることができる。

これらの機能は、Lisp 以外の言語では普通の機能であるが、Lisp はリスト処理特有の機能に加えて普通のプログラムにも対応できる、ということで実用的な仕様になったといえる。

○ ISLISP

Common Lisp は ANSI 規格（米国）であるが、そのままの形では国際規格にならず、仕様を簡素化する方向で ISO 標準規格として ISLISP が制定された。大きな特徴はデータがすべてクラスを基本に構成され、他の言語の型（type）

の概念がクラス（class）に吸収されている。構造（structure）もクラスに吸収された。実用面から Common Lisp の方が普及している *38。

11.3.2 スコープとエクステント（Scope & Extent）

Common Lisp の重要な概念の一つに、スコープ *39 とエクステント *40 がある。これは、変数名などの名前の見え方と死活に関する概念である。普通は局所（local）変数とか広域（global）変数という概念で済ませているが、Common Lisp では空間的な側面と時間的な側面を分けて、スコープとエクステントという概念を規定している。

○スコープ（Scope）

名前は、変数名や関数名として使われる。変数名の場合は、通常は定義された関数内でしか使えないが、関数名の場合はプログラム全体で使える。ところが変数名でも、関数名と同じようにプログラム全体で使えるものもある。また、関数名でもラベル表現のような関数定義内でのみ使える、というものもある。そうすると、「入れ子になった関数定義の中で、外側の関数定義で使われた変数名を、内側の関数定義内で使えるのか？」「外側と内側の関数定義で、同じ変数名が現れた場合はどうなるのか？」というような疑問が生じる。そこで、名前の見える範囲を規定するのがスコープである。

スコープには、文脈に依存する静的スコープ *41 と、文脈に依存しない無制限スコープ *42 がある。

関数の引数や、関数内で定義される局所変数は、静的スコープを持つ。関数が入れ子になっている場合、内側の局所変数は外側からは見えないし、逆に外側の局所変数も内側からは見えない。したがって両者で同じ変数名が使われていても何ら問題ない。一方、関数名 *43 や定数としての名前、およびプログラム全体で定義される広域変数は無制限スコープを持つので、文脈にかかわらずどこからでも見える。

○エクステント（Extent）

他の言語では、外側の局所変数が内側でも見えるという場合もある。Common Lisp では、通常はそうはならないが、逆にそうしたい場合は特殊変数 *44 を使う。特殊変数は、広域変数でもないのに無制限スコープを持ち、宣言以降の関数呼出し系列の中で見えるので、動的な束縛になる。この両者の違いがエクステントに現れる。すなわち、広域変数はいつでも見えるが、特殊変数は特定の文脈実行中にしか見えない。このように、どこから見える、ではなく、いつ見える、ということを規定するのがエクステントである。

エクステントには、実行文脈に依存する動的エクステント *45 と、依存しない無制限エクステント *46 がある。

特殊変数は動的エクステントを持ち、変数名の special 宣言を含む関数の実行中であれば、その中で呼ばれる他の関数の中も含めてどこからでも見える。変数名や関数名以外にも、エラー処理時の受け口名 *47 など様々な名前があり、これらは固有のスコープとエクステントを持つ（図 11-2）。

ScopeとExtent

Scope：空間的（文脈的）な有効範囲
Extent：時間的な存在期間

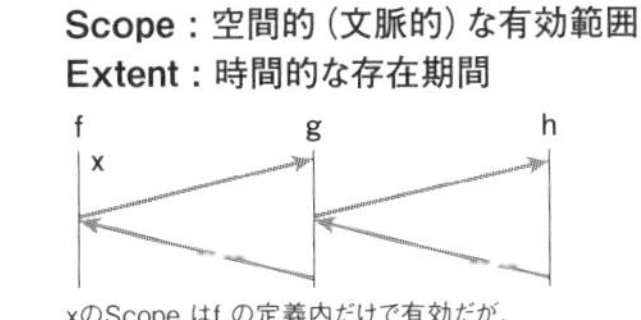

Extent / Scope	Dynamic（動的） 事象が存在する間は活性化	Indefinite(無制限) 参照可能な間は活性化
Lexical（静的） 文脈的制約あり	block出口、goタグ	関数の引数、local変数
Indefinite（無制限） 文脈的制約なし	special変数、catchタグ	関数、定数、global変数

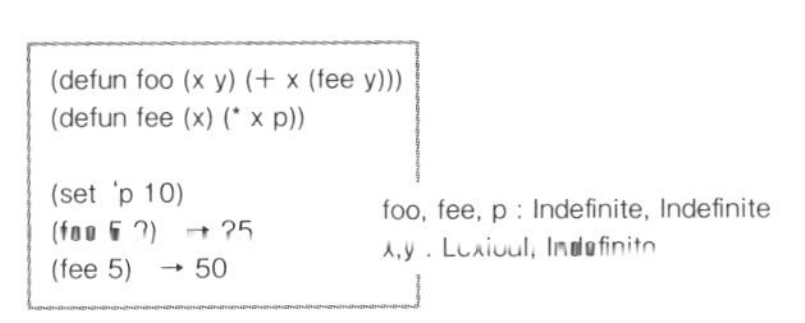

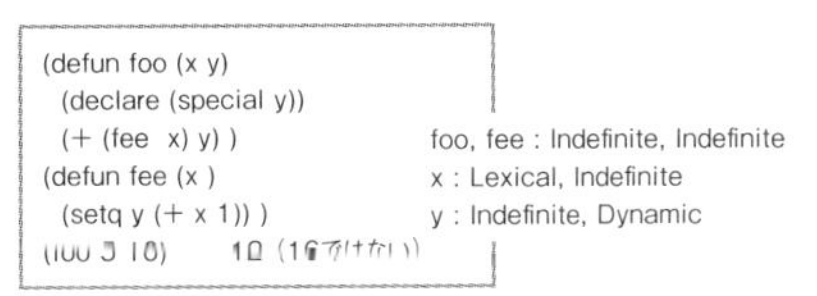

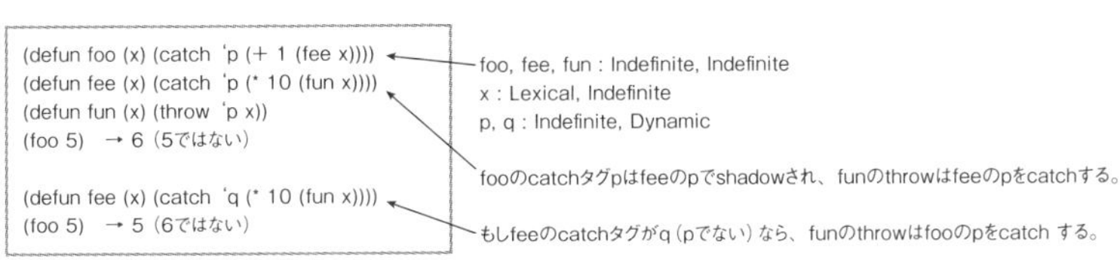

図11-2 スコープとエクステント

図 11-2 の右側の例で、特殊変数の効果がわかるように、**図 11-3** に special 宣言の有無で答えが違う様子を示す。これは Windows 上での GNU Common Lisp による実行例であるが、Lisp1.5 ではこのような概念がなかったので、**図 11-3** (2) のプログラムで、fee の中で foo の y を書き替えてしまい（foo 5 10）の値が 12 になってしまう。foo 以下の呼出し系列で局所変数しか使わない、ということならいいのだが、fee のように自分の局所変数以外を使っているような場合は、foo の定義が保証できないことになる。Common Lisp のスコープとエクステントはこういう問題を解決したわけだ。

```
>(defun foo(x y)
   (declare (special y))
   (+ (fee x) y))

FOO

>(defun fee(x)
   (setq y (+ x 1)))

FEE

>(foo 5 10)

12

>y

Error: The variable Y is unbound.
Fast links are on: do (si::use-fast-links nil) for debugging
Error signalled by EVAL.
Broken at EVAL.  Type :H for Help.
>>:r

Top level.
```

(1) special宣言あり

(foo 5 10)でx/5, y/10に束縛され、(+ (fee 5) y) でfeeの 中 でy/6に な り、(fee 5) は setqの値6なので、(+ 6 6) = 12になる。
特殊変数 y はfooとfeeで共有されるが、広域変数ではないのでトップレベルで直接参照するとエラーになる。fooの加算順序が逆、すなわち (+ y (fee x)) なら(+ 10 6)=16

```
>(defun foo(x y)
   (+ (fee x) y))

FOO

>(defun fee(x)
   (setq y (+ x 1)))

FEE

>(foo 5 10)

16

>y

6

>
```

(2) special宣言なし

fooのyは静的スコープを持つ局所変数、fee の yは広域変数。fooの中ではy/10のままなので、(+ 6 10) = 16になる。
yはfooとfeeで別物である。

図11-3 特殊変数の効果

***32** Guy L. Steele Jr. Common Lisp（Digital Press 1984）、Common Lisp 2nd edition（Digital Press 1990）

***33** 標準化：

1994 年　ANSI Common Lisp

1997 年　ISO ISLISP（ISO/IEC 13816）、ただし Common Lisp のサブセット

1998 年　JIS ISLISP（JIS X 3012）、ISO に準じる

2007 年　ISO ISLISP 改訂

***34** なぜ商用に向かないか。言語仕様がリストという特殊性と、処理系がインタプリタなので、アプリケーションプログラムを単独のバイナリコードにできないことによる性能面と操作性の問題と思われるが、プログラミングはデバッグ含めて柔軟に行えるので、研究用途やプロトタイピングには依然として重宝される。見えないところで使われている例としては、UNIX 系 OS の Emacs エディタは Lisp で書かれていたし、リストの概念は C++ 始め多くの言語に取り入れられている。

***35** 束縛（binding）：ラムダ変数に実際の引数データを割り当てること。代入（assign）とは異なり、ラムダ変数の有効範囲外に出ると、束縛された値は見えなくなる。

***36** 属性リスト（Property List）：名前アトムに付随する、役割ごとの属性と値を持つためのリスト。名前アトムが変数として使われる場合は APVAL、関数名として使われる場合は EXPR、その関数が翻訳されると SUBR といった、属性と対で値や関数定義を持つようになっていた。したがって Lisp では一つの名前を変数、関数、その他複数の用途に使うことができた。なお、Lisp1.5 では関数定義用に define という、関数定義のリストを関数名アトムの属性リストに EXPR 属性と対で登録する組込み関数が用意されていたが、その後の Lisp では defun という名前に統一されていった。

***37** Lisp1.5 の言語仕様書では明確に規定していなかったが、Lisp では当初から実装マシンに制約されない整数演算ができるようになっていた。富士通の Lisp ではこれを拡張整数と呼び、通常の整数演算でオーバフローが起きると、自動的にリスト構造の拡張整数に変換するようになっていた。例えば、2^{128} というような整数も 1 の位まで正確に扱うことができる。

***38** オブジェクト指向のクラスはユーザ定義の型、という見方もできる。そのため型の概念をクラスとして一本化するのは仕様としてはきれいだが、他の言語も含めて、既存の型に慣れたユーザには、やや抵抗があるかもしれない。構造についても、表現としてはクラスで代替できるが、実装上は性能面などの違いが出てくるので、簡素化され過ぎという気がする。

***39** Scope：名前の見える範囲。ISLISP の JIS 規格では「有効範囲」という。

***40** Extent：名前の活きている範囲。ISLISP の JIS 規格では「存在期間」という。1960 年に発表された Algol 60 ですでに考慮されていた概念で、サブルーチンの局所変数がそのサブルーチンの実行後も残るような性質を own 属性といった。

***41** Lexical Scope：定義される場所を含む関数やブロック（文法上の区画）の中だけに限定される。JIS 規格では「静的」という。

***42** Indefinite Scope：定義される場所にかかわらずどこからでも見える。限定されない、不定、という意味で、JIS 規格では「無制限」という。

***43** 関数とその名前の定義は defun によって行う。ただし、ラベル表現の関数名は関数定義内だけで見えるので、静的スコープである。

***44** Special Variable：special 宣言によって定義する。

***45** Dynamic Extent：関係する文脈実行中にだけ見える。JIS 規格では「動的」という。

***46** Indefinite Extent：どの文脈を実行していてもいつでも見える。限定されない、不定、という意味で、JIS 規格では「無制限」という。

***47** Catch Tag：catch で受け口を用意し、throw で受け口に制御を渡す。この受け口の名前が catch tag で、動的エクステントを持つ。

11.4 Lisp 処理系

Lisp は、Lisp1.5 以降多くの処理系が作られたが、現在も活きている処理系の多くは Common Lisp 仕様である *48。ここでは、Lisp の処理系に共通の主な仕組みについて述べる。

11.4.1 Lisp 処理系の基本構造

Lisp 処理系の基本構造は Lisp1.5 で形作られた。主な仕組みについて述べる。

○インタプリタ（Interpreter）

フォームを評価する Lisp 処理系の中枢であり、これ自身もリスト処理のための Lisp プログラムとしてリストで定義できる。

Lisp を起動したときに最初に動き出すプログラムは eval という関数で、その中でラムダ変数を束縛して、フォームの第 1 項にある関数を実行するために apply という関数を呼び出し、apply の中で再帰的に eval が呼ばれ、最終的に原始関数または組込み関数が実行される。

図 11-4 に Lisp インタプリタのイメージを示す *49。

○変数の束縛方式

Lisp1.5 では、変数の束縛は単純な動的束縛であり、結合リスト（Association list）という仕組みで、変数とその値からなる cons セルをつなげておき、参照するときは先頭から変数名に一致するセルの値を取り出していた。

この方式は広域変数と局所変数が同じ名前であっても、結合リスト上では先に局所変数が見つかるので、普通に使えば問題ないのだが、**図 11-2** で見たような静的なスコープを実現できない。そこで結合リストの代わりに、通常はスタックに環境情報を一緒に保存するような方式が使用される *50。

```
(eval x a) :=                                        ; フォーム x を結合リスト a 上で評価
  [ (atom x) -> (value x a) ;                        ; 変数の値取出し
    (atom (car x)) ->                                ; x: (func arg)
       [ (eq (car x) 'quote) -> (cadr x) ;           ; 引用値そのまま
         (eq (car x) 'cond) -> (evcon (cdr x) a) ;   ; 条件式評価
          t -> (apply (car x) (evlis (cdr x) a) a) ] ; ; 定義関数を適用
    t -> (apply (car x) (evlis (cdr x) a) a) ] ]     ; ラムダ関数を適用

(apply fn x a) :=                                    ; 関数 fn を引数 x に適用、結合リスト a
  [ (atom fn) -> [ (eq fn 'CAR) -> (car x)) ;             ; フォームが原始関数 car
                   (eq fn 'CDR) -> (cdr x)) ;                        ; cdr
                   (eq fn 'ATOM) -> (atom x)) ;                      ; atom
                   (eq fn 'EQ) -> (eq (car x) (cadr x));             ; eq
                   (eq fn 'CONS) -> (cons (car x) (cadr x));         ; cons
                   (eq fn 'RPLACA) -> (rplaca (car x) (cadr x));     ; rplaca
                   (eq fn 'RPLACD) -> (rplacd (car x) (cadr x));     ; rplacd
                   t -> (apply (eval fn a) x) a ] ;             ; 関数定義本体取出し、適用
    (eq (car fn) 'LAMBDA) -> (eval (caddr fn) (pairlis (cadr fn) x a)) ]   ; ラムダ式本体評価

(value x a)       ; 結合リスト a から x の値を取り出す
(evcon x a)       ; McCarthy の条件式を処理、条件部が真の対を探し、帰結部評価
(evlis x a)       ; 結合リスト a 上で引数を評価し、各評価値のリストを返す
(pairlis x y a)   ; ラムダ変数 x とデータ y の cons 対のリストを結合リスト a に加える
```

図11-4 Lisp インタプリタのイメージ

○コンパイラ

定義された関数をリストからバイナリコードに変換する、すなわち関数単位で翻訳することで、フォームの評価が格段に高速化される。フォームの第1項の関数が翻訳済みであれば、インタプリタは引数を処理して組込み関数同様にバイナリコードに制御を渡せばよい。ただし通常のコンパイラ言語とは異なり、あくまでインタプリタの配下で稼働する。部分的に完成した関数だけを翻訳してリストのままの関数と混在して使うこともできる。

通常インタプリタ言語は実行速度が遅いが、すべてを翻訳すれば最初にインタプリタを起動する手間以外は、ほぼコンパイラ言語のバイナリコードと同程度の高速化が図れる。

○メモリ管理

Lisp はデータとプログラムのリスト構造をメモリに動的に作る、あるいは削除するので、ヒープ（heap）という動的作業域を使う。通常は高速化のために必要な領域をどんどん確保し、削除された領域があってもそのままなので、い

ずれは領域が枯渇してしまう。そこで、ときどき削除された領域を集めて再利用できるようにする必要がある。これをゴミ集め（Garbage Collection）という。これはLispに限らず、他の言語でも、またOSでも必要な仕組みである。代表的な方法を下記に述べる。

11.4.2 Lisp マシン

Lisp処理系は当初は汎用コンピュータ上に実装された。しかしより高速化を図るために、次のような考え方で、1980年代には商用マシンも含めて多くのLisp専用マシンが作られた *51。

- 束縛機構をレジスタで構成したハードウェアスタック
- セルのハードウェアタグによる属性管理
- Cdr コーディング（セルの連続配置によりcdr部を省略して効率化）
- インタプリタ（eval、apply、その他組込み関数）のファームウェア化

現在は汎用CPUの進化により、このような取組みは重要視されないが、いつの時代もそのときの技術の限界を乗り越えるための工夫がある。それは将来陳腐化するかもしれないが、考え方自体は次の時代へのヒントになる。

11.4.3 ゴミ集め（Garbage Collection）

コンピュータのメモリやディスクの領域管理では一般に、不要になった記憶域を集めて、次に使えるようにする、という作業が必要である。これをゴミ集めという。コンピュータ言語も領域を使いっ放しではなく、適宜ゴミ集めを行うが、この技術はリスト処理から発展してきた。ゴミ集めに限らず、リスト処理から発展した技術は多い。*52

ゴミ集めは一般に次の2段階で行う。

①**セルの死活の決定**：Marking や、Reference counting などによる
②**セルの移動（Compaction）**：領域の断片化（fragmentation）を避けるために、

活セルを再配置する

また、ゴミ集めのタイミングには次のような考え方がある。

- **一括型**：領域が尽きたときにまとめて回収する（図 11-5）
  mark-and-sweep：活セルをたどって印をつけ、印のつかないものを回収する
  コピー方式：活セルをたどりながら、別領域にコピーする。Compaction も同時に行われる
- **随時型**：領域解放時に随時回収する
  Reference counting（参照計数）：被参照数をカウントし、0 で回収、隣接ゴミをまとめる
  並列 GC*53：回収専用スレッドで、実際の作業と並行して随時回収する
- **世代更新型**：領域のアクセス状況により、活領域をレベル分けして回収の効率化を図る

GC Mark&Sweep

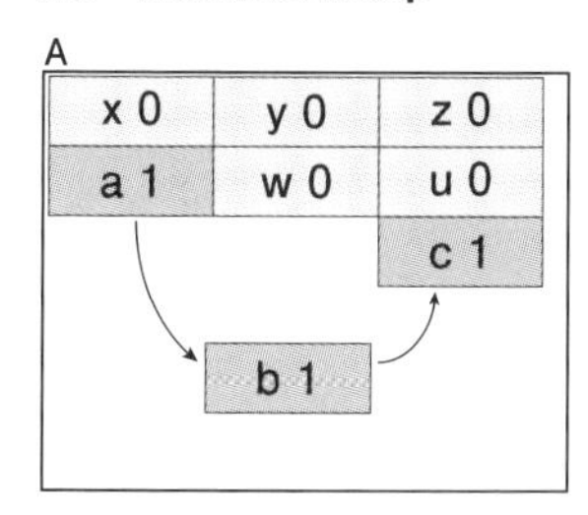

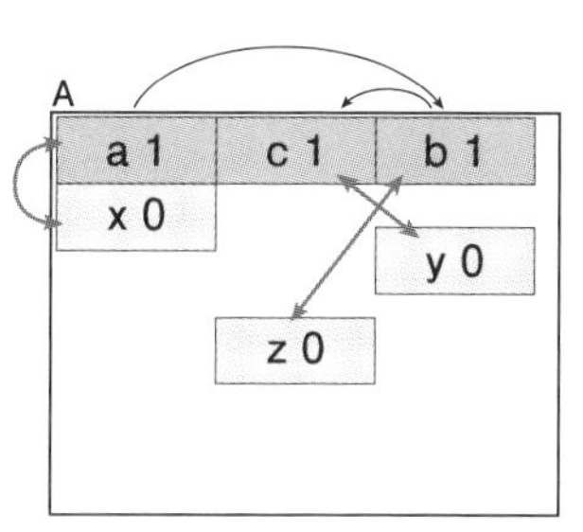

❶活セルにmarking
❷先頭から活セルと死セルを順に探索し、入れ替える。
入替え時、活セルの移動先を元の場所に記憶しておく。
❸どちらかの探索が領域端に到達したら終わり。遅いが、領域は一つ。

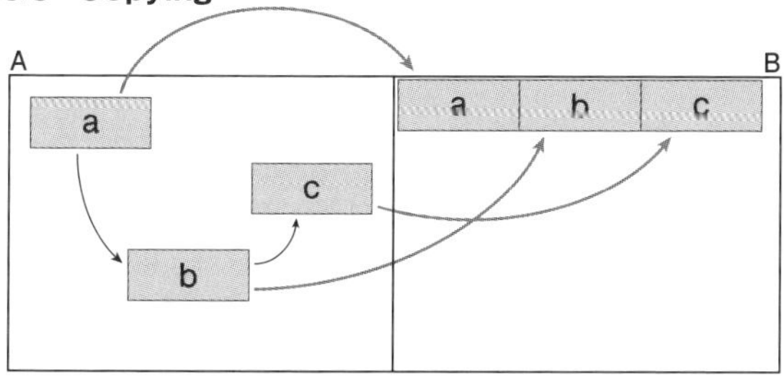

同じ大きさの領域を2つ用意しておき、一方から他方へ、活セルを順にコピーする。
移動する活セルが別のセルからリンクされている可能性があり、コピー元に移動先を覚えておく。
速いが、領域が2倍必要。

図11-5 一括型ゴミ集め

***48** Common Lisp 以前の処理系（言語仕様も含めて）で有名なものは、MACLISP（MIT、1970 年代）、InterLisp（BBN、1970 ～ 80 年代）、Scheme（MIT、1970 年代）などがあり、これらが Common Lisp として集大成された。日本でも UtiLIsp（東京大学、1980 年代）、KCL（京都大学、1984、日本初の Common Lisp）などがあった。現在使える処理系としては、ACL（Allegro Common Lisp、Franz Inc.）、GCL（GNU Common Lisp）などがあり、Linux や Windows 上で使える。

***49** J.McCarthy の Lisp1.5 原著に記載されているものをもとに、筆者が重要な部分だけを取り出したので、あくまでイメージである。組込み関数、翻訳済み関数は未考慮だが、考慮するなら apply の原始関数の後に、組込み関数名をチェックしてそのコードに制御を移すような記述を入れる。:= は関数定義を、[a->x ; b->y ; t->z] は条件式（if a then x else if b then y else z）を表す（11.1 節 *22、*23 参照）

***50** これを浅い束縛（Shallow binding）という。変数参照時に保存された環境情報からすぐに値を取り出せる、という感覚である。これに対して、結合リストや、スタックでも環境情報を保存しない場合は、該当する変数の情報を結合リストやスタック上で探すので、すぐには値が得られない、という感覚で深い束縛（Deep binding）という。

***51** 主な Lisp マシンには次のようなものがあった。

・FLATS（理化学研究所）：ハッシュ、GC、スタックなどのハード実装、REDUCE3 搭載

・Symbolics3600（Symbolics）：タグマシン、Cdr coding、スタックマシン

・FACOM α（富士通）：64KB ハードウェアスタック、インタプリタのファーム化

***52** 名前の管理に使うハッシュ表（hash table）の一つであるバケツ（bucket）法は、リスト処理そのものである。

***53** GC：Garbage Collection はゴミ集めというより、GC というほうが多い。昔の GC は本来の処理への影響が大きかったが、並列 GC なら OS レベルで本来の処理とは別のスレッドが面倒な回収処理を受け持つので、本来の処理への影響は見えない。

第12章

ものごとの関係を記述するコンピュータ言語＝Prolog

Prolog（Programming in Logic）はLispの10年後、1970年代に述語論理の言語への適用という形で発表され（Alain Colmerauer 1972）、最初の処理系となるDEC-10 PROLOGがエジンバラ大学で開発された（Robert Kowalski & David Warren 1974）。

人間の思考は必ずしも手続き的[*1]ではなく、記憶構造はものごとの概念をそれらの関係として蓄えていると考えられる。このような構造特性を記述するには、宣言的[*2]な記述を行うPrologが有用であり、推論、並列性などの特徴も重要である。Prologは述語論理に基づく言語である。述語論理は記号論理[*3]の中の一つの論理体系であるので、本章ではまず、最も基本的な命題論理とその発展形である述語論理に重点を置いて解説し、Prologの言語として重要な点について述べる。

---

*1　手続き的（Procedural）：計算手順を示すこと、How（どのように）を記述すること。

*2　宣言的（Declarative）：ものごとの関係を示すこと、What（何々である）を記述すること。学校で習う関数も、左辺と右辺の関係を表す宣言的な表現であった。

*3　記号論理（Symbolic Logic）には、様々な種類がある。問題を真偽値を持つ命題として扱う命題論理（Propositional Logic）、問題を述語で表す述語論理（Predicate Logic）、さらに、記号に不完全性や時間的要因、非単調性、といった高度な概念を導入して、厳密性を維持しながら、より柔軟に適用できるようにする様々な論理体系がある。

12.1 命題論理（Propositional Logic）

問題を真偽（TRUE／FALSE）を値とする形で表現したものを命題（Proposition）という。命題論理は、命題を記号で表して、複雑な命題も記号の操作だけで真偽判断を行うような論理体系である。ここではまず、記号や記号の操作とはどういうものかを見るために、命題論理の概要を述べる。

12.1.1 命題変数（Propositional Variable）

「明日は晴れまたは曇りです」という文を命題として考えるとき、「明日は晴れ」をA、「明日は曇り」をBで表し、さらに「または」を∨という記号で表すと、この文はA∨Bという記号列になる。この記号列に対し、本当に「明日が晴れ」ならAは真なので、元の命題A∨Bは真だが、天気予報が「明日は雨」ならAもBも偽なので、A∨Bは偽である。

別の文「明日晴れたらピクニックに行く」を命題として、「明日は晴れ」をP、「ピクニックに行く」をQ、「～ならば」という表現を→という記号で表すと、この文はP→Qという記号列になる。天気予報が晴れで予定通りピクニックに行けるなら、PもQも真で、この命題P→Qも真であるが、もし急用ができてピクニックが中止になったら、Pは真だがQは偽なので、P→Qは偽となる。では明日曇りの予報だったら？ 晴れではないからピクニックに行かないのか、というと実はそうとは限らないので、この場合はP→QはQの真偽にかかわらず真と考える。これはそもそも「～ならば」の前提がくずれているのでその先を考えてもしかたがない、ということになる。

命題を記号列で表すとき、個々の命題を表す記号を命題変数（Propositional Variable）という。上記のAやB、PやQは命題変数である。命題変数はいったん記号で表せば、もはやその意味については考えないで、記号列の操作を行うことができるが、真偽についても考慮するときは命題変数が何を表すかによって真偽が決まり、命題の全体の真偽も決まる。

12.1.2　論理結合子（Logical Connective）

上記の例で命題変数をつないでより複雑な命題を表すために、∨や→を使ったが、このような記号を論理結合子（Logical Connective）*4 という。命題論理では次の5種類の論理結合子を使う。ここで、・・・の部分は命題を表す。

①否定（NOT; Negation）～　（・・・でない）
②論理積または連言（AND ; Logical Conjunction）　∧　（・・・かつ・・・）
③論理和または選言（OR ; Logical Disjunction）　∨　（・・・または・・・）
④含意（IMP ; Implication）→　（・・・なら・・・）
⑤同値（EQ ; Equivalence）　≡　（・・・と・・・が同じ）

論理結合子の演算を表12-1に示す。

P	Q	～P	P∧Q	P∨Q	P→Q	P≡Q
F	F	T	F	F	T	T
F	T	T	F	T	T	F
T	F	F	F	T	F	F
T	T	F	T	T	T	T

注）P,Qは命題、Tは真、Fは偽を表す

表12-1　論理結合子の演算

12.1.3　命題論理式（Propositional Expression）

命題を論理結合子でつなぐとより複雑な命題を表す記号列になるが、これを命題論理式（Propositional Expression）といい、次のように定義する。

定義12-1　命題論理式

・Pが命題変数のとき、Pおよび～Pは命題論理式である。これらをリテラル（Literal）と呼ぶ。
・P、Qが命題論理式のとき、～P、P∧Q、P∨Q、P→Q、P≡Qは命題論理式である。
・命題論理式は上記だけから生成される。

命題論理式の定義に従えば、命題変数だけが並んでいるものや、～以外の論理結合子が連続するようなものは命題論理式ではない。例えば、P ∧～ P や P ∨～～ Q は命題論理式だが、P Q ～ R や P ∧∨ Q は命題論理式ではない。

命題論理式は、その中に含まれる命題変数の真偽を考慮することによって、全体の真偽が決まる。どのような場合でも必ず真となるような命題論理式を恒真式（Tautology）といい、必ず偽となる命題論理式を恒偽式（Contradiction）という。例えば、P ∨～ P は恒真式であり、P ∧～ P は恒偽式である。

12.1.4 真理値表（Truth Table）

命題変数の真偽のパターンに対して命題論理式全体の真偽値を示した表を真理値表（Truth Table）という。**表 12-2** に真理値表の例を挙げる。

表 12-2 は、P、Q を命題変数とするときの、P → Q（含意）と P ≡ Q（同値）の真理値表を示しているが、それぞれ～ P ∨ Q、(P → Q) ∧ (Q → P) の真理値表と一致することがわかる。真理値表が一致するような 2 つの命題論理式は同値 *5 といい、一方から他方に変形することができる。同じ真理値表なのに形の異なる命題論理式が複数あるときは、一つの形に統一するほうが都合がよい。

P	Q	P → Q	～ P	～ P ∨ Q	P ≡ Q	Q → P	(P → Q) ∧ (Q → P)
F	F	T	T	T	T	T	T
F	T	T	T	T	F	F	F
T	F	F	F	F	F	T	F
T	T	T	F	T	T	T	T

一致　　　一致

表12-2 含意・同値の真理値表

12.1.5 節形式（Clausal Form）

リテラルの論理和からなる命題論理式を節（Clause）、節の論理積を節形式（Clausal Form）*6 という。すなわち、下記のように定義される。

定義 12-2 節形式

P_{ij} をリテラル（命題変数、またはその否定）とするとき、

節　　：$C_i = P_{i1} \lor P_{i2} \lor \cdot\cdot\cdot \lor P_{ij} \lor \cdot\cdot\cdot \lor P_{in}$

節形式　：$(C_1 \land C_2 \land \cdot\cdot\cdot \land C_i \land \cdot\cdot\cdot \land Q_m)$

12.1.6 同値変形

同じ真理値表を持つ、形の異なる命題論理式が複数あるときは、節形式に統一するのがよい。一般に任意の命題論理式は、同値変形（真理値表を変えない変換）によって、節形式に変換できる。同値変形には、**図 12-1** に示すようなパターンがある。

図 12-1 の同値変形のパターンは、それぞれ≡の両側が書換え可能なことを示す。すなわちこれらの真理値表が一致するのであるが、⑩含意・同値除去については、**表 12-2** ですでに一致することを見たので、⑨ド・モルガン律についても見ておこう（**表 12-3**）。

任意の命題論理式を節形式に変換するには、次の手順に従って同値変形を行えばよい。

①含意（→）と同値（≡）を除去
②否定（～）除去：二重否定、ド・モルガン律の適用
③分配律、結合律、交換律、その他を適用

①相補律
P ∨～ P ≡ T（排中律）
P ∧～ P ≡ F（矛盾律）

②べき等律
P ∨ P ≡ P
P ∧ P ≡ P

③恒真律・恒偽律
P ∨ T ≡ T、P ∧ T ≡ P
P ∨ F ≡ P、P ∧ F ≡ F

④交換律
P ∨ Q ≡ Q ∨ P
P ∧ Q ≡ Q ∧ P

⑤結合律
(P ∧ Q) ∧ R ≡ P ∧ (Q ∧ R)
(P ∨ Q) ∨ R ≡ P ∨ (Q ∨ R)

⑥分配律
P ∨ (Q ∧ R) ≡ (P ∨ Q) ∧ (P ∨ R)
P ∧ (Q ∨ R) ≡ (P ∧ Q) ∨ (P ∧ R)

⑦吸収律
P ∨ (P ∧ Q) ≡ P
P ∧ (P ∨ Q) ≡ P

⑧二重否定除去
～ (～ P) ≡ P

⑨ド・モルガン律
～ (P ∧ Q) ≡ ～ P ∨～ Q
～ (P ∨ Q) ≡ ～ P ∧～ Q

⑩含意・同値除去
P → Q ≡ ～ P ∨ Q
(P ≡ Q) ≡ ((P → Q) ∧ (Q → P))

注）P,Q は命題論理式、≡は書換え可能なことを示す。

図12-1 命題論理式の同値変形

P	Q	P ∧ Q	～(P ∧ Q)	P ∨ Q	～(P ∨ Q)	～P	～Q	～P ∨～Q	～P ∧～Q
F	F	F	T	F	T	T	T	T	T
F	T	F	T	T	F	T	F	T	F
T	F	F	T	T	F	F	T	T	F
T	T	T	F	T	F	F	F	F	F

一致　一致

表12-3 ド・モルガン律の真理値表

例として、(P ∧～ Q) → (Q ∧ R)という命題論理式を節形式に変換してみよう。

$(P \wedge \sim Q) \rightarrow (Q \wedge R)$

$\equiv (\sim(P \wedge \sim Q)) \vee (Q \wedge R)$　　含意の除去

$\equiv (\sim P \vee (\sim\sim Q)) \vee (Q \wedge R)$　　ド・モルガン律

$\equiv (\sim P \vee Q) \vee (Q \wedge R)$　　二重否定除去

$\equiv ((\sim P \vee Q) \vee Q) \wedge ((\sim P \vee Q) \vee R)$　　分配律

$\equiv (\sim P \vee (Q \vee Q)) \wedge ((\sim P \vee Q) \vee R)$　　結合律

$\equiv (\sim P \vee Q) \wedge ((\sim P \vee Q) \vee R)$　　べき等律

$\equiv \sim P \vee Q$　　吸収律

元の命題論理式は複雑で真偽判定が難しいが、節形式はとても簡単になった。もう一つの例として、(P → Q) ∨～ Q　という命題論理式を節形式に変換してみよう。

$(P \rightarrow Q) \vee \sim Q$

$\equiv (\sim P \vee Q) \vee \sim Q$　　含意の除去

$\equiv \sim P \vee (Q \vee \sim Q)$　　結合律

$\equiv \sim P \vee T$　　排中律

$\equiv T$　　恒真律

この例は、元の命題論理式が恒真式であることを示している。この真理値表はP、Q の真偽にかかわらず常に真になる。

以上が命題論理の概要であるが、現実の問題を命題論理式で表して問題解決を図る、というのは可能であろうか。単純すぎてとても実用にはならない、と感じるかもしれないが、実は最終的に真か偽どちらか、という局面（あるいは二者択一といってもよい）は多々あり、その過程を機械的に表現するのにとても便利なのだ。例えばハードウェアの論理設計の検証に使うモデルチェッカ（Model Checker）は、時間的要因を加えた論理体系に基づいているが、命題論理の形式の論理式で記述されている。つまり検証の自動化は命題論理に支えられているわけだ。

*4 論理演算子（Logical Operator）ともいう。私たちが普段使う自然言語でも、「〜でない」「かつ」「または」「〜ならば」といった表現はよく使われるが、これらが論理結合子に相当し、複雑な論理的表現を簡潔に記述できる。
〜は¬、→は⇒、≡は⇔と表記されることもあるが、ここでは〜、→、≡を使う。また、〜の優先順位は他より高いものとする。

*5 論理結合子の同値（≡）と意味合いは異なる（こちらは変形可能の意味）が、真理値表が一致するという見方をすれば両者を区別する必要はないので、同じ用語と記号（≡）を用いる。

*6 この形は連言標準形（Conjunctive normal form: CNF）という。これに対して、∧と∨の位置を変えた形は選言標準形（Disjunctive normal form : DNF）という。CNF ではどれか一つの節が偽なら全体が偽とわかるし、DNF ではどれか一つの節が真なら全体が真とわかるので都合がよい。節形式は CNF である。

12.2 述語論理（Predicate Logic）

命題論理の枠組みでは、命題変数は真偽の値だけを考え、これらの変数が何を表しているのかは考えなかった。

例えば､「明日晴れか曇りならピクニックに行く」というような文を記号で表現するには、命題論理なら P ∨ Q → R と記述できるが、元の文の意味は消えてしまう。そこで次のような表現にしてみよう。

式 12-1

fine(tomorrow) ∨ cloudy(tomorrow) → go(picnic)　あるいは

fine(X) ∨ cloudy(X) → go(Y)

これなら元の文の意味も表現されている。述語論理はこのように問題の意味も記号で表現できる論理体系である。ここでは述語論理が、Prolog 言語の理論的な基礎となっていることを見るために、その概要を述べる。

12.2.1　述語論理式（Logical Expression in Predicate Logic）

上記【式 12-1】に現れる fine(tomorrow) や fine(X) といった記号の並びを述語という。問題に表れるオブジェクト（事象やデータ）を tomorrow、picnic、X、Y、といった記号で表し、同時にオブジェクトの性質やふるまいも fine、cloudy、go などの記号で表している。述語は一般に「〜が〜である」とか「〜を〜する」というような、オブジェクトの性質やふるまいを表す。これを論理結合子でつないだ論理式を述語論理式という。

例えば次の式は述語論理式である。

∀ X (〜 rain(X) → ∃ Y walk(Y))　雨でなければ毎日どこかを散歩する。

∀ X (bird(X) → wing(X))　すべての鳥には羽根がある。

∀ X (bird(X) → ∃ Y(wing(X) ∧ 〜 fly(X,Y)))

鳥なのに羽根があっても飛べないものがある。

述語論理式は次のように定義する。

定義 12-3 述語論理式 注）以下の定義で「＊」は繰返しを、「｜」は選択を表す。

述語　　：＝述語記号（項＊）

述語（Predicate）は述語名を表す述語記号とその引数である項の並びからなり、項の間の関係やオブジェクトの性質やふるまいを表す。引数に述語記号は指定できない。*7

項　　：＝ 変数｜定数｜複合項

複合項　　：＝ 関数子（項＊）

項（Term）は、変数か定数か複合項からなる。

変数（Variable）はオブジェクトを値とする名前（大文字）。

定数（Constant）は特定のオブジェクトを表す記号、数字、名前（小文字）。

複合項（Compound Term）は関数子とその引数である項の並びからなる。

関数子（Functor）はオブジェクトの性質や操作を表す名前または記号である。

アトム　　：＝項｜述語

アトム（Atomic Formula）は最も基本的な論理式で、項または述語からなる。素論理式ともいう。

論理結合子：＝ ～｜∧｜∨｜→｜≡

論理結合子（Logical Connective）は命題論理の場合と同じ

リテラル　　：＝アトム｜～アトム

リテラル（literal）はそれ以上分解できない論理式で、正リテラルか負リテラル（～がつく）からなる。

限量子　　：＝∀｜∃

∀　全称限量子（Universal Quantifier）「すべての～に対して・・・である」

∃　存在限量子（Existential Quantifier）「ある～に対して・・・である」

述語論理式 ：＝アトム ｜
論理結合子で結ばれた述語論理式 ｜
限量子つきの述語論理式

12.2.2 述語論理の節形式

述語論理の場合も、命題論理の節形式に限量子がついた形の節形式（Clausal Form）がある。節の途中にある限量子はすべて節形式の先頭に出すことができる。この形を冠頭節形式または冠頭標準形（Prenex Normal Form）といい、次のように定義する。

定義 12-4 冠頭節形式

P_{ij} をリテラル（アトム、またはその否定）とするとき、

節 ： $C_i = P_{i1} \vee P_{i2} \vee \cdots \vee P_{ij} \vee \cdots \vee P_{in}$

冠頭節形式 ： $\tau\ x_1, \cdots, \tau\ x_m\ (C_1 \wedge C_2 \wedge \cdots \wedge C_i \wedge \cdots \wedge Q_m)$

↑ τは∀か∃

12.2.3 述語論理式の同値変形

任意の述語論理式は、同値変形によって冠頭節形式に変換できる。これは、命題論理の範囲での同値変形に加えて、限量子を考慮した変形（**図 12-2**、**図 12-3**）を行う。この過程で【式 12-2】に従って限量子を∀だけに置き換えることをスコーレム化（Skolemization）と呼び、最終的には限量子は∀だけとなり、省略することができる。

式 12-2

スコーレム関数 $\forall X_1, \cdots, \forall X_m, \exists Y\ P(X_1, \cdots, X_m, Y))$ のとき

$Y = f(X_1, \cdots, X_m)$ と置き換えることで

スコーレム標準形 $\forall X_1, \cdots, \forall X_m\ P(X_1, \cdots, X_m, f(X_1, \cdots, X_m))$ に変形できる。

すなわち∃Yを消去できる。

$\sim\forall X\ P(X) \equiv \exists X\ (\sim P(X))$
$\sim\exists X\ P(X) \equiv \forall X\ (\sim P(X))$
$\forall X(P(X) \wedge R) \equiv \forall X(P(X)) \wedge R$
$\forall X(P(X) \vee R) \equiv \forall X(P(X)) \vee R$
$\exists X(P(X) \wedge R) \equiv \exists X(P(X)) \wedge R$
$\exists X(P(X) \vee R) \equiv \exists X(P(X)) \vee R$
$\forall X(P(X) \wedge Q(X)) \equiv \forall X(P(X)) \wedge \forall X(Q(X))$
$\exists X(P(X) \vee Q(X)) \equiv \exists X(P(X)) \vee \exists X(Q(X))$

注）X は変数、P, Q は X を項として含む述語論理式、
　R は X を項として含まない述語論理式

図12-2 限量子つきの同値変形

① 同値と含意を除去
② 限量子の前の否定を後に移動
③ 述語論理式を節形式に変換
④ スコーレム化（「∃」を除去）
⑤ すべての限量子を述語論理式の前に移動
⑥ 述語論理式を冠頭節形式に変換
⑦ 限量子を省略

図12-3 冠頭節形式への変換手順

例1：

$\forall X(P(X) \rightarrow (Q(X) \wedge \exists Y \sim R(X,Y)))$	
$\equiv \forall X(\sim P(X) \vee (Q(X) \wedge \exists Y \sim R(X,Y)))$	**①含意を除去**
$\equiv \forall X(\sim P(X) \vee (Q(X) \wedge \sim R(X,f(X))))$	**④スコーレム化 Y=f(X)**
$\equiv \forall X(\sim P(X) \vee Q(X)) \wedge (\sim P(X) \vee \sim R(X,f(X))))$	**③分配律**
$\equiv (\sim P(X) \vee Q(X)) \wedge (\sim P(X) \vee \sim R(X,f(X))))$	**⑦限量子を省略**

例2：

$\forall X(human(X) \rightarrow \exists Y\ mother(X,Y))$	人には必ず母がある。
$\equiv \forall X(\sim human(X) \vee \exists Y\ mother(X,Y))$	①含意を除去
$\equiv \forall X(\sim human(X) \vee mother(X,f(X)))$	④スコーレム化 Y=f(X)
$\equiv \sim human(X) \vee mother(X,f(X))$	⑦限量子を省略

例3：（例1と同じ）

$\forall X(bird(X) \rightarrow (wing(X) \wedge \exists Y \sim fly(X,Y)))$	すべての鳥に対し羽根があっても飛べないものがある。…(a)
$\equiv \forall X(\sim bird(X) \vee (wing(X) \wedge \exists Y \sim fly(X,Y)))$	①含意を除去
$\equiv \forall X(\sim bird(X) \vee (wing(X) \wedge \sim fly(X,f(X))))$	④スコーレム化 Y=f(X)
$\equiv \forall X(\sim bird(X) \vee wing(X)) \wedge (\sim bird(X) \vee \sim fly(X,f(X))))$	③分配律
$\equiv (\sim bird(X) \vee wing(X)) \wedge (\sim bird(X) \vee \sim fly(X,f(X))))$	⑦限量子を省略

(鳥でないか羽根がある) かつ (鳥でないか飛べない) …(b)
X が鳥でなければ、羽根の有無や飛べるか否かにかかわらず、$T \wedge T \equiv T$ …(c)
X が鳥なら、(羽根がある) ∧ (飛べない) …(d)
文 (a) は標準形 (b) に変換でき、直感的な意味は文 (c) か文 (d) なので (a) と同じ。

12.2.4 導出原理

限量子つき節形式は全称限量子だけなのでこれを省略し、残った節形式に含まれる節の集まりを節集合という。節集合には相矛盾するリテラル（P と～ P）を含む節が対で現れることがある。この場合、この矛盾するリテラルを取り除いた新しい節を、次のように作ることができる。これを導出原理（Resolution Principle）という。

式 12-3

導出原理：節集合 $\Gamma = \{C_1, \cdots, C_n\}$ で

$C_i = P \vee Q$、$C_j = \sim P \vee R$ のとき、$C_k = Q \vee R$

ただし、$1 \leqq i, j \leqq n$、$k>n$

導出原理を繰り返し適用することによって、節集合から相矛盾する節が取り除かれていき、最終的に節を一つも含まない空節になってしまうと、元の節集合は充足不能であるという。これは変数をどう設定しても式全体が真になることはない、ということを示す。

この考え方が Prolog の理論的基盤であり、述語論理式∃ X P(X) を証明するために、背理法を用いて元の式の否定～ (∃ X P(X)) すなわち∀ X(～ P(X)) を作り、～ P(X) と既存の節（確定節という。後述）の節集合に対して導出原理を適用して、最終的に空節になることを示せば、「～ P(X) は誤り」すなわち「P(X) は正しい」ことが証明できる。

*7　一階述語論理（First-order Predicate Logic）の枠組みでは述語記号を述語の引数に指定できない。

12.3 Prolog言語への発展

Prologは述語論理をそのまま記述できるコンピュータ言語であるが、述語論理の節をそのまま使うのではなく、制限された形の節（ホーン節）を使う。本節では、ホーン節と導出原理からどのようにProlog言語に発展していくかを述べる。

12.3.1 ホーン節（Horn Clause）

正リテラル（～がつかない）が高々一つだけであるような節をホーン節（Horn Clause）という。*8 ホーン節には次の2種類がある。

定義12-5 ホーン節

① $A \vee \sim B_1 \vee \cdots \vee \sim B_n$ 正リテラルがある場合、書き換えると $A \vee \sim (B_1 \wedge \cdots \wedge B_n)$

② $\sim B_1 \vee \cdots \vee \sim B_n$ 正リテラルがない場合、書き換えると $\sim (B_1 \wedge \cdots \wedge B_n)$

Prologではこのように多少の制約を加えた論理式を扱う。これは言語の文法を規定する上で都合のよいようにするためであるが、これによって述語論理本来の利便性と信頼性を損なうわけではない。論理式は通常正リテラルと負リテラル（～がつく）が複数混在しているが、正リテラルを高々一つだけ含む論理式だけを扱うことで言語仕様が簡素化され、宣言的な記述が容易になる。

12.3.2 Prologの構文

Prologの構文は、ホーン節を変形して、末尾に「.」（ピリオド）をつけた形で、次の4種類がある。これは←の左辺を右辺で定義する、という感覚で見ることができる。

定義 12-6 Prolog の構文

① $A \leftarrow B_1,\cdots,B_n.$	確定節（Definite Clause）
② $\leftarrow B_1,\cdots,B_n.$	目標節（Goal Clause）
③ $A \leftarrow .$	単位節（Unit Clause）
④ $\leftarrow .$	空節（Empty Clause）

Prologの構文は、ホーン節を次のように変形したものと考えられる。

① $A \vee \sim (B_1 \wedge \cdots \wedge Bn)$ を含意を使って同値変形し $B_1 \wedge \cdots \wedge Bn \rightarrow A$。
　→を←に、∧を「,」（コンマ）に代え、両辺を入れ替える。
② $\square \vee \sim (B_1 \wedge \cdots \wedge Bn)$ を同様に同値変形すると $B_1 \wedge \cdots \wedge Bn \rightarrow \square$。
　同様に変形すると $\leftarrow B_1,\cdots,Bn$（□は省略）。
③ Bi が一つもないときは、①の特別な形
④ A も Bi もないときは、②の特別な形

12.3.3 SLD 導出 (Selective Linear resolution for Definite clause)

目標節←Pに対して、Pに含まれる左端の項から順に、導出原理を使って、同じ項を左辺に持つ確定節または単位節で置き換えていき、空節に到達したら終わる。この操作は、目標節または確定節の右辺の項を、その項を左辺に持つ確定節の呼出しとみなす、という普通の感覚で行うことができる。これをSLD導出という（**図 12-4**）。

PrologのSLD導出

←P,C　　P←D

←D,C

目標節でPが現れたら、その定義であるPの定義で置き替える、あるいは先に定義部分のDを実行する、と考えてよい。他のコンピュータ言語での関数呼出しと同じように見えるが、実際は右のように導出原理が適用される。最下段のD∧C→□ をPrologで書けば ←D,C となる。

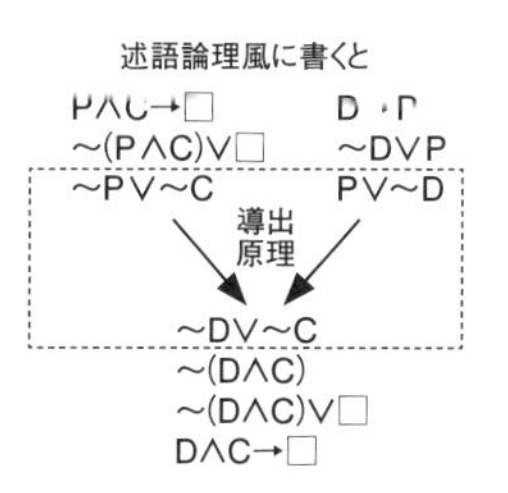

図12-4 SLD 導出

空節が導出されれば元の目標節は充足不能となり、目標節← P は～ P なので～ P が誤り、すなわち P は正しいということになって、プログラムの実行は成功したことになる。

例として 2 つの引数を結合する append の Prolog プログラムを**図 12-5** に示す。普通の言語とかなり印象が違うが、Prolog の特徴をよく表している。①は単位節、②は確定節、? の行は目標節である。この例では 2 つの目標節があり、それぞれ、変数 V に結果を求めている。

述語定義
append([ ],X,X). …①
append([W | X],Y,[W | Z]) :- append(X,Y,Z).…②

実行
? append([a,b],[c],V) ⇒ V＝[a,b,c]
? append([a,b],V,[a,b,c]) ⇒ V＝[c]

注）記法上、:- は確定節の←、？ は目標節の←を表す。
[a | X] はリスト（項の並び）で、a が先頭要素、[X] が残りのリストを表す。
append は組込み述語（後述）なので、実際に動作確認する場合は定義なしで直接実行できる。定義の確認をする場合は、名前を変更して入力する。

図12-5 append の定義と実行

12.3.4 ユニフィケーション（Unification）

Prolog の実行は導出原理に基づくが、**図 12-4** の導出過程で目標節の P と確定節の P が構文上まったく同じ記号列とは限らない。例えば、目標節の定数 a に対し、確定節の対応する位置に変数 X があるとき、両者は記号列としては異なるが、X と a が同じ、すなわち X は具体的には a を表す、と考えれば、導出原理を適用できる。定数同士や異なる述語に対してはこのようなことはできないが、一方が変数であれば、これは可能である。この操作をユニフィケーション [*9] といい、ここでは (X/a) と表すことにする。ユニフィケーションは Prolog の SLD 導出を行う上で必要な操作で、この過程で変数の値が決まっていく。[*10]

図 12-5 に示した append の定義①②に対して、2 つの目標節の SLD 導出を**図 12-6** に示す。

12.3.5 バックトラック（Backtrack）

Prolog の SLD 導出はユニフィケーションによって進むが、空節に到達する

いろんな導出

```
append([a,b],V,[a,b,c])
  ↓  ②(a/W,[b]/X,V/Y,[b,c]/Z)
append([b],V,[b,c])
  ↓  ②(b/W,[ ]/X,V/Y,[c]/Z)
append([ ],V,[c])
  ↓  ①(V/X,[c]/X)  => V=[c]


append([a,b],[c],V)
  ↓  ②(a/W,[b]/X,[c]/Y,V/[a|Z1])
append([b],[c],Z1)
  ↓  ②(b/W,[ ]/X,[c]/Y,Z1/[b|Z2])
append([ ],[c],Z1)
  ↓  ①([c]/X,Z2/X)  => Z2=[c], Z1=[b,c], V=[a,b,c]
```

図12-6 appendのSLD導出

前に、導出原理を適用できる節がなくなってしまった場合は失敗である。これは途中でユニフィケーションの選択を誤った可能性があるので、やり直す必要がある。すなわち、同じ左辺を持つ確定節が複数あるとき、どの確定節とユニフィケーションを行うのが正しいのか、その時点ではわからないので、とりあえず先に進んで、失敗したらその時点まで戻って、別の確定節とユニフィケーションを行う。これをバックトラック*11という。

次の例を見てみよう。Q2で、確定節の選択を誤ってバックトラックする様子がわかる。

friend(X,Y) :- love(X,Y).	**①XがYを好きなら、XとYは友達(確定節)**
friend(X,Z) :- love(X,Y), friend(Y,Z).	**②XがYを好きで、YとZが友達なら、 XとZも友達(確定節)**
love(boy,girl).	**③少年は少女を好き(単位節)**
love(girl,cat).	**④少女は猫を好き(単位節)**
? love(girl,X).	**Q1:少女は誰を好きですか?(目標節)**
X＝cat	**④(X/cat)これはすんなりユニフィケーション可能**

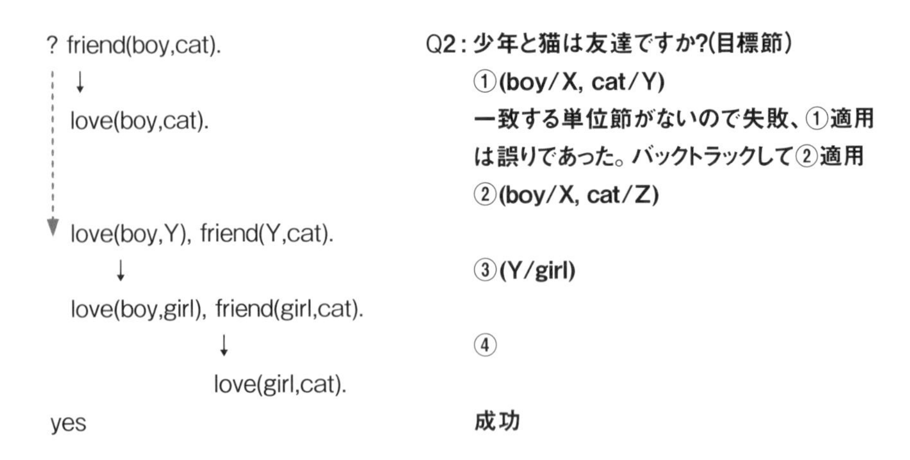

図12-7 に Windows 上での GNU Prolog による、バックトラックの実際の動きを示す。ここでは、バックトラックの動きがわかるように、カット（Cut、後述）というバックトラックを阻止する機能もあわせて示す。

述語 friend2 は 1 行目にカットを含むので、friend とは違う動きになっている。

D:/friend.txtの内容

```
friend(X,Y):-love(X,Y).
friend(X,Z):-love(X,Y),friend(Y,Z).

love(boy,girl).
love(girl,cat).

friend2(X,Y):-!,love(X,Y).
friend2(X,Z):-love(X,Y),friend2(Y,Z).
```

- friend2の1行目の！がカットを表す。
- consultでファイルからプログラムを読み込む。
- friendの実行ではバックトラックが行われる。
- friend2の実行では、カットがあるのでバックトラックしない。

GNU Prolog実行

```
| ?- consult('D:/friend.txt').
compiling D:/friend.txt for byte code...
yes

| ?- friend(boy,cat).
true ?
yes

| ?- friend2(boy,cat).
No

| ?- friend(boy,X).
X = girl ? a
X = cat
(16 ms) no

| ?- friend2(boy,X).
X = girl
yes
| ?-
```


図12-7 バックトラックとカット

*8 なぜホーン節などという限定された節を考えたか？ これは様々な事象をホーン節だけで記述でき、しかも効率的なためである。ホーン（Alfred Horn 1951）が提唱した。ホーン節は、少し変形されてはいるが、そのまま Prolog の構文になっている。

*9 Unification：単一化、同一化、統一化、などと訳される。一つのもの、同じもの、という意味だが、ここではカナのまま用いる。
厳密には次のように定義される。
項 t_1 と t_2 に対し、適切な代入 θ により、$t_1\theta$ と $t_2\theta$ を同一の記号列にすることをユニフィケーションという。
例 t_1=X（変数）、t_2=a（定数）なら、θ={Y → a} により、$t_1\theta$ = a = $t_2\theta$ でユニフィケーション可能。
また t_1=f(X,a)、t_2=f{b,Y} なら、θ={X → b, Y → a} により、$t_1\theta$ = f(b,a) = $t_2\theta$ でユニフィケーション可能。
このような θ を単一化子（Unifier）という。

*10 ユニフィケーションは、他のコンピュータ言語でいう代入とは違うので、変数は一度値が決まれば変更されることはない。述語論理では、ほとんどの推論ステップで述語同士の構文上の同一性を実現するため、ユニフィケーションが必要になる。

*11 Backtrack：後戻り、撤回、巻き戻し、などと訳されるが、ここではカナのまま用いる。

12.4 Prolog 言語

Prologは、DEC-10 PROLOG以降、多くの処理系が作られ、1995年にはISO PROLOGとして標準化された[*12]。宣言的で並列性の高い優れた言語であり、ICOTの研究ベースにもなったが、一般のユーザには手続き的な表現のほうがわかりやすいためか、産業界ではあまり使われていない。しかしLisp同様、見えないところで使われており、知識表現のような宣言的な記述が必要な場面では、今後も生き続けると思われる[*13]。

12.4.1 Prologの言語仕様

Prologの構文は前節で述べたように、述語論理のホーン節を変形した形であり、SLD導出によって実行される。述語は宣言的に定義されるので、ものごとの関係をそのまま記述でき、変数がどこにあってもよい。前出のappendを見れば、プログラムの定義は同じでも、実行で変数Vの位置がどこにあっても答えが求められた。通常の手続き型の言語ではこうはいかない。

言語仕様としては、データや述語の記述形式、述語の定義方法、定義済みの述語の翻訳方法、あらかじめ用意された組込み述語、演算子などが規定される。

○ DEC-10 PROLOG

Prologの基本的な言語仕様はDEC-10 PROLOGで形作られた。

データは項（Term）といい、定数、変数、複合項からなる。複合項は関数子（Functor）とその引数（Argument）で構成され、複雑なデータ構造を表すことができる。リスト（List）も複合項で、関数子の特別な場合の簡易的な記述法である。[*14] 例えばlove(i,you)というデータはloveを関数子とする複合項である。また、[a,b,c]、[[1,2],[10,20]]、“ABC”といったデータはリストである。配列はリストの入れ子で表す。“ABC”は文字のリストである。

プログラムは述語の集まりで、述語定義を行うことがプログラミングとなる。組込み述語は、実行制御や述語操作が中心で、述語定義のファイル入力、動的な定義、翻訳、あるいは複合項の合成や分解といった機能がある。

数値計算や論理演算はisという述語で式を評価する。式は2項演算子を使って普通の数式あるいは論理式の感覚で記述できるが、演算子には優先度と結合性という厳密な規定がある[*15]。

実行制御に関わる重要な機能にカット（Cut）がある。これは際限のないバックトラックを防ぐために、カットを通過したらそれより前にはもうバックトラックしない、すなわちそのような必要が起こった場合は実行全体を失敗とみなす仕組みである。

○ ISO PROLOG

PROLOGのISOでの標準化は次のような3段階で検討されてきた。

- Part Ⅰ：DEC-10 PROLOGから翻訳（Compile）とDCG[*16]を除いた基本部分
- Part Ⅱ：モジュール（Module）[*17]
- Part Ⅲ：広域変数、配列、DCG

これらの審議は難航し、Part Ⅰでは DEC-10 PROLOGの基本部分にエラー処理（catch/throw）を加えた形で規格化され、続いて大規模実用プログラムに対応するために名前空間に相当するmoduleがPart Ⅱとして規格化された。その後、DEC-10 PROLOGのDCGが見直され、さらに他のコンピュータ言語には常識である広域変数の扱いなどが審議されてきたが、標準化には至っていない[*18]。

---

*12 1995 ISO PROLOG Part Ⅰ（ISO/IEC 13211-1）
2000 ISO PROLOG Part Ⅱ（ISO/IEC 13211-2）
2001 JIS PROLOG（JIS X 3013:2001）

*13 IBM Watsonの知識ベースはPrologで記述されているとのことだ。

*14 リストは、Lispにおける S 式のドット記法とリスト記法の関係との類似性から、関数子「.」（ドット）の特別な記法とみなすことができる。すなわち、リスト [a,b,c] は複合項 .(a,.(b,.(c,[]))) と同じである。[] は空リストを表す。

***15** Prolog は述語論理式に基づいているので、式を並べただけでは、ユニフィケーションは行われるが計算までは行われない。計算まで行うためには、is という演算子を使う。例えば A = 5 + 10 では計算まで行われず、A is 5 + 10 で初めて A = 15 になる。さらに、Prolog の演算子は単項と2項があり、単項には前置（prefix）と後置（postfix）があるので、通常の演算子間の優先順位だけでなく、結合性という厳密な規定がある。これは、演算子を f で、結合性なしを x で、結合性ありを y で表し、結合性のない単項演算子は fx（前置）、xf（後置）、2項演算子は xfx、また結合性のある単項演算子は fy（前置）、yf（後置）、2項演算子は xfy（右結合）、yfx（左結合）という属性表記をする。

***16** DCG（Definite Clause Grammar：確定節文法）：Prolog は当初、機械翻訳への応用を意図して開発されたということで、単語の訳語と文の生成規則を簡便に記述できるような特別な記法を含んでいたのだが、述語の直接記述ではなく、一皮被せた（いわゆる Syntax sugar）文法だったので、言語の標準化からは外された。DCG を使うと、単語の直接置換えの翻訳が簡単にできる。例えば、

?- statement(Tran,[flower,is,plant] .

と入力すると、

Tran=[花 , は , 植物 , です]

と返ってくるイメージで、statement や単語間の関係を DCG で規定された文法に従って記述する。

***17** Module：一般の言語の名前空間（Name Space）に相当する。すなわち、大規模開発において、複数人で分担して開発する場合に、名前の衝突を避けるために、各自の名前の唯一性を保証する仕組みである。具体的には、名前の前に「モジュール名:」と記述するか、その代わりに module 文で名前空間を宣言する。

***18** 筆者は一時期 JIS の PROLOG WG に参加し、主査の方がご苦労されていた姿を覚えている。私見であるが、通常の言語は変数の代入という概念に基づいて広域変数を自然に定義できるが、Prolog のユニフィケーションは代入とは異なるので、概念定義が難しい。DCG は現在このような手法で機械翻訳を行うことはないとしても、応用プログラムライブラリとしてとてもよくできているので、研究用あるいは学習用には最適である。

12.5 Prolog 処理系

Prolog は DEC10-PROLOG 以降、数多くの処理系が作られ、いくつかは現在も活きている *19。ここでは、Prolog の処理系に共通の主な仕組みについて述べる。

12.5.1 Prolog 処理系の基本構造

Prolog処理系の基本構造はDEC-10 PROLOGで形作られた。主な仕組みについて述べる。

○リゾルバ（Resolver）

プログラムは述語の形で書かれ、メモリ内に読み込まれて解釈実行されるが、このためのインタプリタをリゾルバという。実行は書かれた順番ではなく、SLD導出によって行われる。リゾルバの基本動作はユニフィケーションとバックトラックである。

○コンパイラ

定義された述語を項の形からバイナリコードに変換する、すなわち述語単位で翻訳することで、リゾルバはそれを呼び出せばよくなるので、実行速度が格段に向上する。ただし通常のコンパイラ言語とは異なり、リゾルバ配下で稼働する。部分的に完成した述語から翻訳して、項のままの述語と混在して使うこともできる。

すべての述語を翻訳すれば、最初にリゾルバを起動する手間以外はほぼコンパイラ言語のバイナリコードと同程度の高速化が図れる。

コンパイラも DEC-10 PROLOG で原型が作られ、WAM という中間言語が考案された。WAM については項を改めて述べる。さらに近年では、リゾルバのいらない独立型のバイナリ出力も行われ、普通のコンパイラと同じような使い方ができるようになってきた。

○スタックとメモリ管理

Prolog は SLD 導出を行うために、特別なスタック制御を行う。普通スタックは実行状態を記憶するために一つあればよいが、Prolog の場合は、SLD 導出状態を記憶する通常のスタックとは別に、バックトラックを迅速に行うための特別なスタック *20 も使われる。

Lisp 同様、述語もプログラムで合成できるので、プログラムもヒープ領域に置かれるが、Prolog の場合は通常データとプログラムは別に管理される。

12.5.2 Prolog マシン

Prolog 処理系は、当初は汎用コンピュータ上に実装された。しかし Lisp マシン同様、より高速化を図るために次のような考え方で、1980 年代には多くの Prolog 専用マシンが作られた *21。

- SLD 導出に適した複数の専用ハードウェアスタック
- 変数の束縛状態チェックのためのハードウェアタグ
- 述語定義の効率的格納
- リゾルバと主要組込み述語のファームウェア化
- WAM のハードウェア命令化

Prolog マシンも高速化の観点では、現在は汎用 CPU で十分なのだが、コンパイラで考案された WAM の中間言語（抽象命令）がそのままハードウェア命令になるので、この考え方はとても有用な示唆を含んでいる *22。

12.5.3 WAM（Warren's Abstract Machine）

Prolog のプログラムは宣言的に記述されるので、他のプログラミング言語に慣れた目からは難解であるが、処理系の立場からはとてもよく整理されている。目標節に対して、ユニフィケーションを適用できる確定節や単位節を検索しながら、SLD 導出を進めるという、一連の基本操作の組合せで構築できるのである。

このような考え方に基づいて体系化された仮想機械を、考案者の名をとってWAM（David Warren 1983）と呼ぶ。各基本操作を抽象命令といい、これは特定のコンピュータを想定したものではなく、Prolog プログラムを実行する上で必要な操作、という観点で体系化されている。そのため、これ以降の Prolog 処理系はみな内部的な中間表現として WAM を採用し、WAM 以下を特定のコンピュータ向けのライブラリとして実現するようになった。さらに WAM をファームウェア化すれば高速の Prolog 専用マシンにもなり得た。

○抽象命令

抽象命令は、Prolog 処理系の基本操作に対応して、次のような種類がある。

- **put**：節の引数をレジスタに設定する
- **get**：レジスタから引数を取り出し、ユニフィケーションに備える
- **unify**：構造体引数の要素ごとにユニフィケーションを行う
- **switch**：候補節を引数の型（通常は第1引数）で絞り込む
- **try / retry / trust**：候補節の先頭に置かれ、出現順によるバックトラック点を示す
- **proceed / execute / call**：節を組み立て、環境整備し候補節に制御を移す
- **allocate / deallocate**：変数のスタックへの割付けと解放を行う

Prolog のプログラムは、抽象命令のレベルでは次のような手順で実行される（図 12-8）。

① put / unify で実引数をレジスタに設定
② call で候補節呼出し
③ switch で候補節決定
④ get / unify でレジスタから引数を取り出し、ユニフィケーション続行

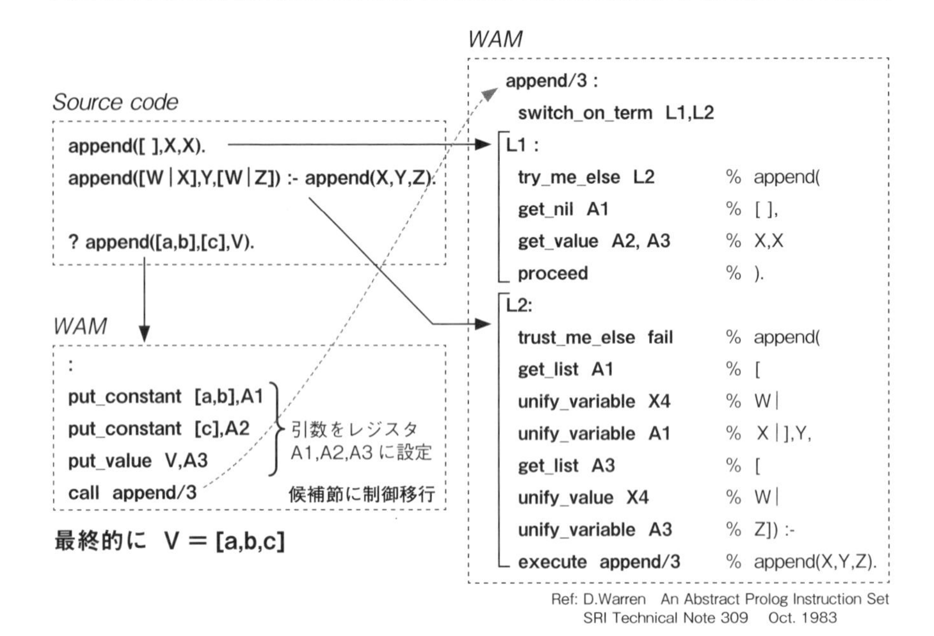

図12-8 WAMの実行手順

***19** 主な処理系にはQuintus Prolog（現在はSICStus Prolog）、SWI Prolog、GNU PROLOGがあり、Windows、Linux、Mac OSで使える。いずれもISO PrologにGlobal変数、DCG、独立バイナリ出力コンパイラ、Cその他の言語との結合などの機能強化を図っている。

***20** Prolog処理系は通常専用の役割を持つ複数のスタックを持つ。バックトラック用の再開点を記憶するスタックは航跡スタック（Trail Stack）と呼ばれ、新しい述語に進むたびに、そのアドレスを記憶する。したがって、バックトラック時は常に航跡スタックの先頭から環境を復元できる。

***21** 主なPrologマシンには次のようなものがあった。
- PLM（California大学Berkeley校）：WAMレベルの並列プロセス命令
- PEK（神戸大学）：WAMコードをマイクロプログラムで解釈実行
- PIM（ICOT）：タグ、パイプラインなど、三菱電機、富士通、日立、沖電気各社の合作
- GHC（ICOT）（Guarded Horn Clause）：PIMの上で動く処理系言語仕様

***22** 中間言語のハードウェア化という考え方は、例えばJavaバイトコード[*23]専用マシンがあれば高速Java環境ができるし、LLVM IR[*24]専用マシンがあれば、LLVMの上のすべての言語が高速実行できることになる。

***23** Bytecode：Javaの内部的な中間コードで、機械依存の部分はバイトコードを処理する仮想機械（Java VM）で吸収できる。現在商用のコンピュータはすべてJava VMを内蔵しているので、Javaはどこでも使える。

***24** LLVM IR：LLVMは言語処理系の基盤としてイリノイ大学で考案された。IR（Intermediate Representation）はすべての言語の中間表現で、機械依存の部分はIRを処理する部分（コンパイラの用語でBackendという）に吸収できる。したがってLLVMの上では、すべての言語が同じIRに変換されて実行されるので、異種言語の組合せも比較的自由に行うことができる。

巻末付録

本書を理解するための数学

1. 数列、ベクトル、行列

数列：数の並び　$a_1, a_2, a_3, \cdots, a_i, \cdots, a_n$

$\{a_i\}$ $(1 \leqq i \leqq n)$　と書く。n が無限の場合は無限数列

例）自然数列、偶数列など

数列の和：$a_1 + a_2 + a_3 + \cdots + a_i + \cdots + a_n$

$\sum_{i=1}^{n} a_i$　と書く。　Σはギリシャ文字のシグマ（sigma）、Σの下に添え字の初期値、上に最終値を書く。

添え字の範囲が自明の場合はΣ_i のように略記することもある。

ベクトル（Vector）：多次元空間で向きと大きさを持つ、何らかの量を表す概念。

$V=(a_1, a_2, \cdots, a_i, \cdots, a_n)$ $(1 \leqq i \leqq n)$　と書く。ただし a_i は第 i 次元の成分（要素）V[i] を表す。

注）$V=[a_1, a_2, \cdots, a_i, \cdots, a_n]$ のように [ ] で囲んで書くこともあり、n 要素（次元）ベクトルという。

注）大きさだけで向きのない量（数値）はスカラ（Scalar）という。

例）1 次元ベクトル V1=(10)、2 次元ベクトル V2=(10,20) 、3 次元ベクトル V3=(10,20,30)、スカラ S0=10

行列（Matrix）：縦横に並んだ数字、または n 次元ベクトルを m 個縦に並べると、m 行 n 列の行列となる。

$$A = \begin{pmatrix} a_{11} & a_{12} & \cdots & a_{1n} \\ a_{21} & a_{22} & \cdots & a_{2n} \\ & & \cdots & \\ a_{m1} & a_{m2} & \cdots & a_{mn} \end{pmatrix}$$

注）m 行 n 列の行列を m×n 行列という。a_{ij} は要素 A[i,j] を表す。n 要素ベクトルを 1×n 行列と見るとき、行ベクトル（横ベクトル）、n×1 行列と見るときは、列ベクトル（縦ベクトル）ともいう。

注）コンピュータ言語では $n_1 \times n_2 \times \cdots \times n_r$ の配列を r 次元配列と呼んでいるが、数学的には「次元の数が r 個」

2. ベクトル（Vector）と行列（Matrix）の和と積

ベクトルの和

$X=[x_1,x_2,\cdots,x_n]$, $Y=[y_1,y_2,\cdots,y_n]$ のとき

$X+Y=[x_1+y_1, x_2+y_2, \cdots, x_n+y_n]$（要素ごとの和）

ベクトルの内積（Inner Product）

$$XY = x_1y_1 + x_2y_2 + \cdots + x_ny_n$$

$$= \sum_{i=1}^{n} x_iy_i \quad \text{（要素ごとの積の和）}$$

スカラ

参考 高校数学ではベクトルの内積を

$|X||Y|\cos\theta$（$|X|$, $|Y|$：ベクトル X, Y の大きさ、θ：X,Y のなす角度）

と定義するが、上記はこの成分表現に相当

ベクトルの直積（Direct Product）

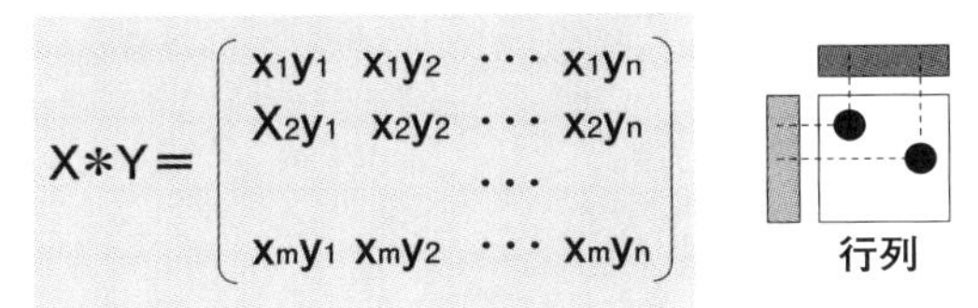

行列の和（m×n 行列の要素ごとの和で m×n 行列）

$$A+B = \begin{pmatrix} a_{11}+b_{11} & \cdots & a_{1j}+b_{1j} & \cdots & a_{1n}+b_{1n} \\ \vdots & & \vdots & & \vdots \\ a_{i1}+b_{i1} & \cdots & a_{ij}+b_{ij} & \cdots & a_{in}+b_{in} \\ \vdots & & \vdots & & \vdots \\ a_{m1}+b_{m1} & \cdots & a_{mj}+b_{mj} & \cdots & a_{mn}+b_{mn} \end{pmatrix}$$

行列の積（m×n 行列と n×l 行列の積和で m×l 行列）

$$AC = \begin{pmatrix} \Sigma_j a_{1j}c_{j1} & \cdots & \Sigma_j a_{1j}c_{jk} & \cdots & \Sigma_j a_{1j}c_{jl} \\ \vdots & & \vdots & & \vdots \\ \Sigma_j a_{ij}c_{j1} & \cdots & \Sigma_j a_{ij}c_{jk} & \cdots & \Sigma_j a_{ij}c_{jl} \\ \vdots & & \vdots & & \vdots \\ \Sigma_j a_{mj}c_{j1} & \cdots & \Sigma_j a_{mj}c_{jk} & \cdots & \Sigma_j a_{mj}c_{jl} \end{pmatrix}$$

行列の積イメージ

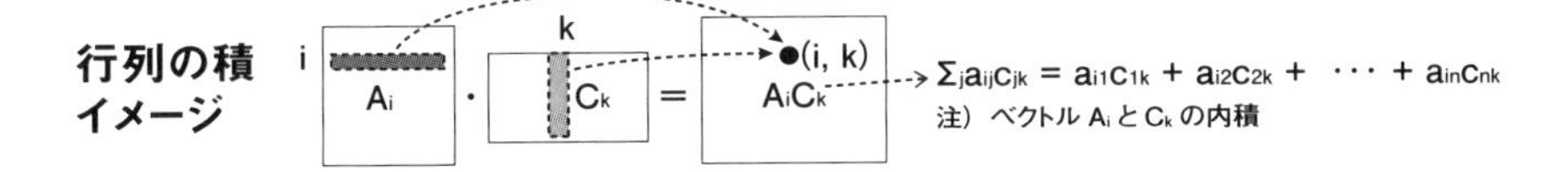

3. 行列の操作（ベクトルの場合は、縦ベクトルまたは横ベクトルとして考える）

転置（Transpose）

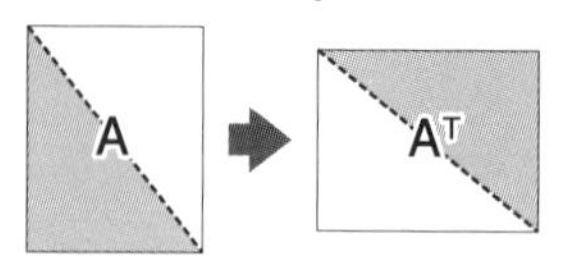

$$A=\begin{pmatrix} a_{11} & a_{12} & \cdots & a_{1n} \\ a_{21} & a_{22} & \cdots & a_{2n} \\ & & \cdots & \\ a_{m1} & a_{m2} & \cdots & a_{mn} \end{pmatrix}$$

$$A^T=\begin{pmatrix} a_{11} & a_{21} & \cdots & a_{m1} \\ a_{12} & a_{22} & \cdots & a_{m2} \\ & & \cdots & \\ a_{1n} & a_{2n} & \cdots & a_{mn} \end{pmatrix}$$

$$X=\begin{pmatrix} x_1 & x_2 & \cdots & x_n \end{pmatrix} \rightarrow X^T=\begin{pmatrix} x_1 \\ x_2 \\ \vdots \\ x_n \end{pmatrix}$$

正方行列（Square Matrix）

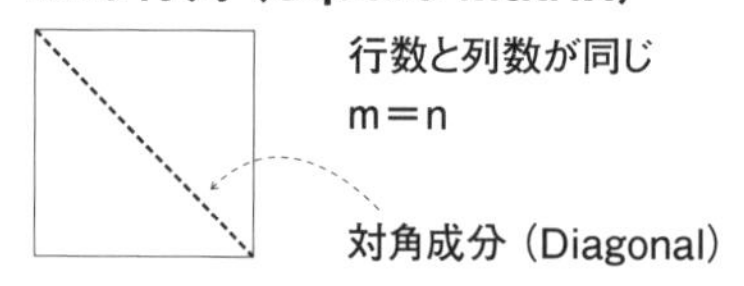

三角行列（Triangular Matrix）

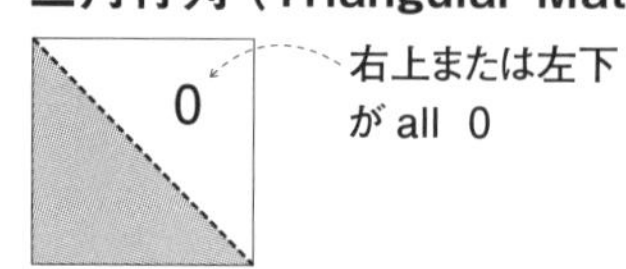

対称行列（Symmetric Matrix）

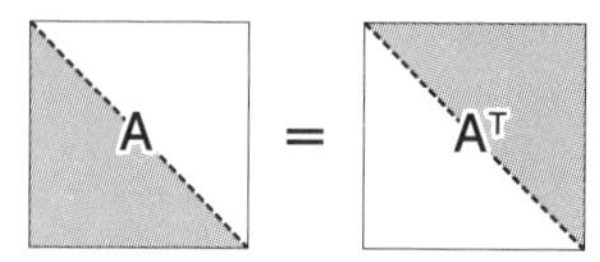

※パーセプトロンの重み学習（行列の積）

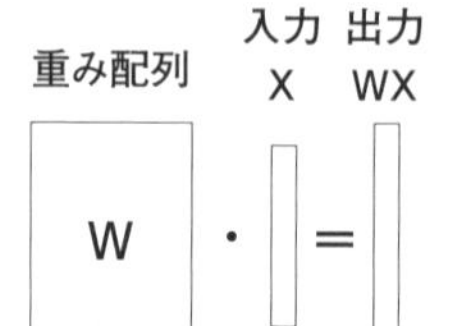

注）入力を縦ベクトルとみなす

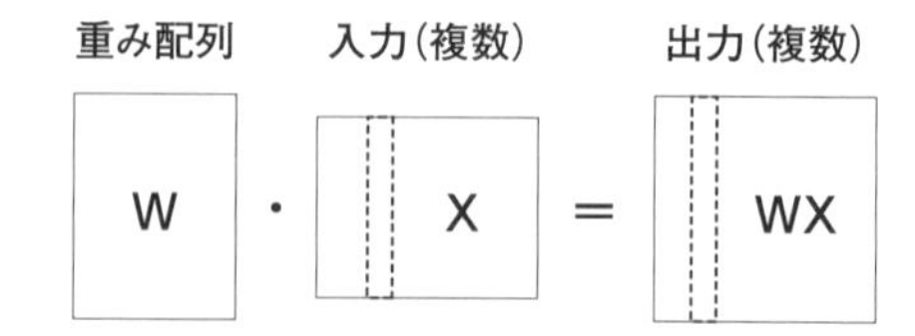

注）入力を複数の縦ベクトルとみなす

※ホップフィールドネットワーク
の重み配列（ベクトルの直積）

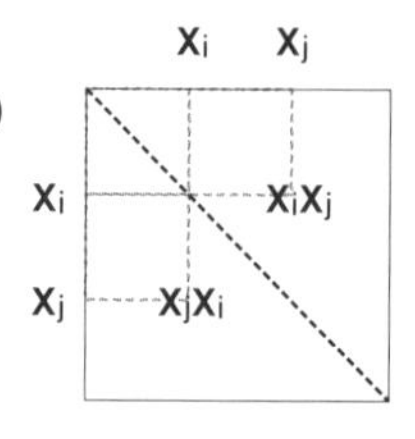

4. 集合 (Set)

A={x|x の条件}　　　例）A={x|x は偶数}
x∈A ：x は A の要素（Element）　　　例）4∈A
x∉A ：x は A の要素でない　例）5∉A
A⊆B：A は B の部分集合（Subset）　A の要素は常に B の要素、A=B でもよい
A⊂B：A は B の真部分集合　A の要素は常に B の要素、A≠B
　　　　　　　　　　　　例）B={y|y は 4 の倍数} のとき、B⊂A
φ：空集合（要素がない集合）

[集合の種類と例]

条件	有限	無限
離散的（可算）	100 以下の自然数	自然数全体
連続的（非可算）	0 ～ 1 の実数	実数全体

集合算

A∪B={x∈A or x∈B}　：和集合（Union）
A∩B={x∈A and x∈B}　：積集合、共通部分（Intersection）
A−B={x∈A and x∉B}　：差集合（Difference）
～A={x∉A}　：補集合（Complement）
～(～A)=A　：二重否定（Double Negation）
A∩～A=φ　：矛盾律（Law of Contradiction）
A∪～A=全体　：排中律（Law of Excluded Middle）
A∪B=B∪A　A∩B=B∩A　：交換律（Commutative Law）
A∪(B∪C)=(A∪B)∪C　A∩(B∩C)=(A∩B)∩C　：結合律（Associative Law）
A∪(B∩C)=(A∪B)∩(A∪C)　A∩(B∪C)=(A∩B)∪(A∩C)　：分配律（Distributive Law）
～(A∪B)=(～A)∩(～B)　～(A∩B)=(～A)∪(～B)　：ド・モルガン律（De Morgan's Law）

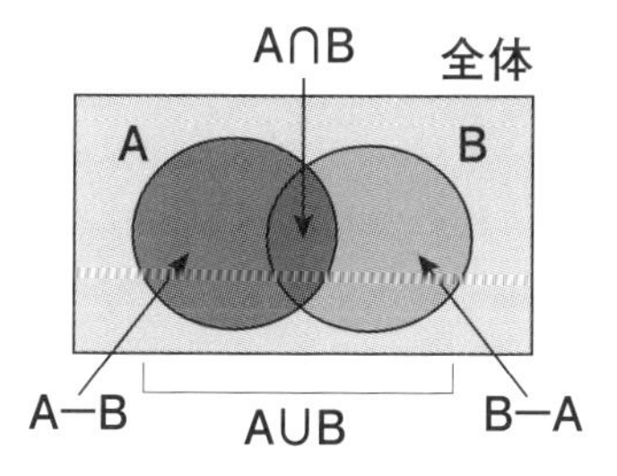

5. 測度（Measure）

ある集合の部分集合を考える。

例えば 100 以下の自然数に対して　A={ 偶数 } や B={4 の倍数 }

測度：部分集合の大きさを表す数値　集合 A の測度　$m(A) \geqq 0$ 、$m(A) > m(B)$

測度の加法性

$m(A)+m(B)=m(A \cup B)+m(A \cap B)$

$m(A \cup B)=m(A)+m(B)-m(A \cap B)$

$m(\phi)=0$,　$m(\sim A)=m(all)-m(A)$

$A \cap B=\phi$ のとき $m(A \cup B)=m(A)+m(B)$

確率測度 (Probability Measure)

$0 \leqq m(A) \leqq 1$

$m(\phi)=0$, $m(all)=1$

加法性は維持

ファジィ測度 (Fuzzy Measure)

$m(\phi)=0$, $m(all)=1$

加法性なし、単調性のみ

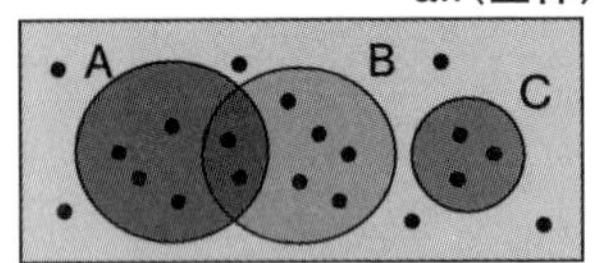

$m(A)=6$, $m(B)=7$, $m(C)=3$

$m(A \cup B)=11$, $m(A \cap B)=2$

$m(A)+m(B)=m(A \cup B)+m(A \cap B)=13$

$m(A \cup C)=m(A)+m(C)=9$

$m(\sim A)=m(all)-m(A)=20-6=14$

[測度の例]

・可算有限集合の場合は、要素数
・非可算有限集合の場合は、長さ、面積、体積
・ファジィ測度はメンバシップ関数の積分

注）集合には濃度（Cardinality）という概念もある。可算有限集合では濃度と測度は同じ値でよいが非可算集合や可算でも無限集合になると異なる。例えば、自然数全体（可算無限集合）の濃度は$\aleph_0$（アレフゼロ）と表すが、測度は定義できない（∞）。またカントール集合（非可算有限集合）の濃度は実数全体（非可算無限集合）の濃度$\aleph$（アレフ）と同じなのに、測度は 0 である。

6. 順列（Permutation）と 組合せ（Combination）

階乗（Factorial）：整数 n(≧0) に対して

$n!=n\times(n-1)\times\cdots\times2\times1$　ただし $0!=1$

n 個の並べ方は n! 通り

先頭の決め方が n 通りあり、それぞれに対し、2 番目の決め方が (n−1) 通りあり、それぞれに対し、
・・・
最後は残り 1 通り
この「それぞれ」というところは掛け算になる。

n 個から r 個（r≦n）取り出すときは?

順列　：r 個の並べ方　$_nP_r=\dfrac{n!}{(n-r)!}$

先頭 n 通り、2 番目 (n−1) 通り、・・・、r 番目 (n−r+1) 通り
$n\times(n-1)\times\cdots\times(n-r+1) = n!/(n-r)!$
r=n のとき $_nP_n=n!$

組合せ：r 個の選び方　$_nC_r=\dfrac{_nP_r}{r!}=\dfrac{n!}{(n-r)!\,r!}$

順列に r! 通りの重複があるので、重複分で割る。
注）重複を許す発展形も考えられるが、基本は重複を許さない。

5 個から 3 個取り出す並べ方

①②③④⑤

123	124	125	134	135	145	234	235	245	345
132	142	152	143	153	154	243	253	254	354
213	214	215	314	315	415	324	325	425	435
231	241	251	341	351	451	342	352	452	453
312	412	512	413	513	514	423	523	524	534
321	421	521	431	531	541	432	532	542	543

$_5P_3=5\times4\times3=5!/(5-3)!=60$

5 個から 3 個取り出す選び方

①②③④⑤

123	124	125	134	135
145	234	235	245	345

$_5C_3={}_5P_3\ /(5-3)!=5!/(3!2!)=10$

注）A さんと B さんは隣り合わない順列、碁石を 10 個取り出すときの組合せなど、いろいろ発展形が考えられる。
注）組合せ最適化問題への応用 TSP→順列、KP→組合せ

あとがき

人工知能の様々な技術の入り口を覗いてきて、人工知能といっても地道な技術の上に成り立っていることが実感できたと思う。

技術の発達に伴い、人工知能が人間以上の仕事をしてくれるのを見ると、本当に人工知能にすべてを任せてもいい、という気になるかもしれない。あるいは、それを脅威と感じるかもしれない。しかし、人工知能の技術も、種を明かせば各ソフトウェアの上に成り立っている。

人工知能は人間の知的活動を強化すべく、ある目的に沿ってコンピュータの特質を活かす範囲で、脳活動の一部を模倣するものと考えれば、いくら発達しても人間の存在が侵されるわけではない。

16年間、高専で教えていると、学生の人工知能に対する印象が、年度初めには便利さに期待しつつも何か理解し難い、恐ろしい、というような感覚であったのが、年度末には基礎的なことを知ってそれほど不思議なものではなくなった、という感想に変わっていくのを感じる。この経験から、人工知能のコンピュータソフトウェアとしての動きを、少しでも実際に見ることはとても大切なことだと考えている。

現在は人工知能の研究分野としてニューラルネットワークと機械学習に注目が集まっているが、本書で述べたテーマを始めとして、人工知能の研究テーマは幅が広く、過去の研究が見直されて再び脚光を浴びると思われる。どのようなテーマも永遠の価値があると思う。

人工知能は面白い。今後ますます発展するこの分野が、人間社会をより豊かにしてくれることを願う。そのためには人間の側も人工知能に対する理解と心構えが大切で、人工知能ということばに幻想を抱くことなく、純粋な科学の一分野として謙虚に臨みたいと思う。

本書の出版にあたり、翔泳社の秦和宏様、スタジオムーンの鈴木和登子様には多大なるご尽力をいただきました。ここに感謝申し上げます。

平成28年3月　著者

参考文献

本書で取り上げたテーマの多くは、下記の参考書からヒントを得て、シミュレーションプログラムを作りました。特に1.と2.は本書のテーマのベースになっているので、より深く探求する際に一読されることをお勧めします。

1. 萩原将文『ニューロ・ファジィ・遺伝的アルゴリズム』産業図書 1994
2. 菅原研次『人工知能』森北出版 1997
3. J. デイホフ（桂井浩訳）『ニューラルネットワークアーキテクチャ入門』森北出版 1992
4. 田中一男『応用をめざす人のためのファジィ理論入門』ラッセル社 1991
5. 北野宏明編『遺伝的アルゴリズム 1』産業図書 1993
6. 北野宏明編『遺伝的アルゴリズム 2』産業図書 1995
7. 北野宏明編『遺伝的アルゴリズム 3』産業図書 1997
8. 荒屋真二『人工知能概論』共立出版 2004
9. J. フィンレー、A. ディックス（新田克己、片上大輔訳）『人工知能入門』サイエンス社 2006
10. G. ポリア（柴垣和三訳）『数学における発見はいかになされるか＜第１＞帰納と類比』丸善 1959
11. G. ポリア（柴垣和三訳）『数学における発見はいかになされるか＜第２＞発見的推論そのパターン』丸善 1959
12. 山田誠二著、日本認知科学会編『適応エージェント』共立出版 1997
13. 西田豊明『人工知能の基礎』丸善 2002
14. 沼岡千里、大沢英一、長尾確『マルチエージェントシステム』共立出版 1998
15. 井田哲雄、浜名誠『計算モデル論入門』サイエンス社 2006
16. J. McCarthy, J., et al.(1962) *Lisp 1.5 Programmer's Manual.* Cambridge: M.I.T. Press
17. ISLisp http://islisp.org/index-jp.html
18. D.L. Bowen (editor), L. Byrd, F.C.N. Pereira, L.M. Pereira, D.H.D. Warren.(1982). *DECsystem-10 Prolog User's Manual.* Edinburgh: University of Edinburgh
19. W.F.Clocksin, C.S.Mellish（中村克彦訳、日本コンピュータ協会編）『Prolog プログラミング』マイクロソフトウェア 1983
20. 柴山潔『並列記号処理』コロナ社 1991
21. 松尾豊『人工知能は人間を超えるか』KADOKAWA 2015
22. 人工知能学会監修『深層学習』近代科学社　2015

Index | 索引

【か】

【さ】

【た】

【な】

【は】

【ま】

【やらわ】

著者プロフィール

淺井 登（あさい・のぼる）

昭和 47 年、名古屋大学理学部数学科卒業。34 年間、富士通株式会社にてコンピュータ言語処理系および人工知能関連の基本ソフトウェア開発に従事。平成 12 年度から 29 年度までの 18 年間、沼津工業高等専門学校 電子制御工学科の非常勤講師（人工知能）。

装丁・デザイン　植竹 裕（UeDESIGN）
DTP　佐々木 大介
吉野 敦史（株式会社 アイズファクトリー）
大屋 有紀子
本文イラスト　浜畠 かのう

はじめての人工知能 増補改訂版
Excel(エクセル)で体験しながら学ぶAI(エーアイ)

2019 年 2 月 18 日　初版第 1 刷発行

著者　淺井 登
発行人　佐々木 幹夫
発行所　株式会社 翔泳社（https://www.shoeisha.co.jp）
印刷・製本　株式会社 ワコープラネット

本書へのお問い合わせについては、10 ページに記載の内容をお読みください。
落丁・乱丁はお取り替えいたします。03-5362-3705 までご連絡ください。

ISBN978-4-7981-5920-1　Printed in Japan